陈刚　主编

贵州少数民族酒文化研究

人民出版社

责任编辑：辛岐波

封面设计：张　军

图书在版编目（CIP）数据

贵州少数民族酒文化研究 / 陈刚主编 . —北京：人民出版社，2020

ISBN 978－7－01－019379－3

Ⅰ. ①贵…　Ⅱ. ①陈…　Ⅲ. ①少数民族－酒文化－研究－贵州　Ⅳ. ① TS971.22

中国版本图书馆 CIP 数据核字（2018）第 105765 号

贵州少数民族酒文化研究

GUIZHOU SHAOSHU MINZU JIUWENHUA YANJIU

陈　刚　主编

人 民 出 版 社 出版发行

（100706　北京市东城区隆福寺街 99 号）

北京建宏印刷有限公司　新华书店经销

2020 年 4 月第 1 版　2020 年 4 月北京第 1 次印刷

开本：710 毫米 ×1000 毫米　1/16　印张：17.75

字数：280 千字

ISBN 978－7－01－019379－3　定价：52.00 元

邮购地址 100706　北京市东城区隆福寺街 99 号

人民东方图书销售中心　电话（010）65250042　65289539

目 录

贵州少数民族酒文化研究

序 言

陈 刚

　　《贵州少数民族酒文化研究》付梓在即，既有收获的欣喜，也有迈入新领域的挫折与困苦，更有忧其不足的惴惴不安。回顾写作历程，五味俱在，构思的困惑、资料的难寻、偶有所得的兴奋、对缺憾的叹息、对难点的争论，仍然历历在目。虽然不可谓不尽力，但由于种种原因，有些问题或悬而未论，或论述不深，或言而不当。全面而系统地查阅资料，实地而细致地调查相关对象，认真而严谨地思考问题，是我们研究酒文化的不变追求，也是本书的最大意愿。尽管本书是初涉酒文化的成果，如能既有独立的学术品格，又不孤芳自赏，有益于社会，实为大幸。

　　举世有几人不知酒？又有多少人知其文化？酒是大自然恩赐和人类智慧的巧妙结合，既是一种物质形态的产品，又是一种服务社会、人生的方式。作为人们日常生活中举足轻重的一种饮品，酒体现着丰富多彩的文化和错综复杂的社会关系。只有把酒放在自然、历史文化和社会中研究，我们才会发掘酒的更多功能和意义。

　　广而言之，酒文化应该包括酒的物质形态和精神形态。其中，精神形态尤能体现风土人情。因而研究酒文化，既需要关注酒的物质形态，更需关注酒的精神形态。贵州少数民族酒文化是指贵州少数民族在生产、销售、消费酒的过程中创造的物质文化和精神文化总称。不仅包括酒的形态、原料、饮用器具、酿造过程、存储器具等物质因素，而且还包括酒在酿造、存储、销售和饮用过程中的习俗、仪礼、情感等文化因素。

多姿多彩的贵州少数民族酒文化既源自得天独厚的自然条件，又产生于悠久丰富的民族文化。贵州气候温润，冬无严寒，夏无酷暑，雨水充沛，山泉清溪随处可见，谷物药材俯拾皆是。温润的气候、丰富的物产为酿酒提供了独特的物质条件。据相关研究，茅台镇地理位置和气候比较特殊，又有千百年的酿酒历史，其上空微生物活跃，且不易被破坏，已经形成了酿造茅台酒"无法复制的天然的"、独一无二的环境。贵州历史悠久，民族众多，民族文化灿烂且多姿多彩。贵州美丽而艰苦的地理位置、气候赋予了贵州人民对美好生活的向往和顽强不屈的生存意志，促使他们创造出了独特的生产生活方式、深邃的思想信仰、欢快而热闹的节日等。酒文化就是贵州少数民族文化的一颗璀璨明珠。勤劳聪慧的贵州少数民族人民不仅酿造出举世闻名的美酒，而且创造了丰富多彩的酒俗，如咂酒、敬客酒、鸡头酒、转转酒、打印酒、拦路酒、迎客酒、送客酒、伴多、栽花竹酒等。

除了少数不饮酒的民族①，酒是贵州少数民族生活中不可或缺的物品，是他们文化中光彩夺目的部分，渗透在他们生活的方方面面和时时刻刻，如出生、婚嫁、生子、丧葬、岁时节日、祭祀、日常生活等。离开酒就难以全面了解他们的社会、文化和思想情感。酒不仅是精心酿制的饮品，而且是丰富多彩的文化，既体现着酿酒的知识与经验，又承载着他们的社会、生活、思想情感。酒与贵州少数民族悠久的历史和灿烂的文化相融合，经漫长岁月"发酵""蒸馏""提纯"而形成贵州少数民族酒文化。从学科属性来看，贵州少数民族酒文化研究既有自身的独立性——具有独立的研究对象、范围，又与其他学科关系密切。酒的原料、酿造和工艺等与生物、化学等专业关系密切；酒文化是民族文化的一部分，与民族学关系密切，甚至有时被当作民族学的一个分支；酒文化包含着丰富的风俗习惯。因此，酒文化又与社会学尤其是民俗学关系密切，贵州民族大学的酒文化专业就设在社会学之下。

---

① 本书所提及的民族不包括不饮酒的民族，为了行文便捷，在此统一说明，后文不再一一注明。

贵州少数民族酒文化是中华优秀传统文化不可或缺的组成部分，而中华优秀传统文化是中华民族的精神源头。"习近平将中华优秀传统文化升华为'中华民族的基因'、'民族文化血脉'和'中华民族的精神命脉'，使其成为民族精神的源头和'老根'，为世界上所有华人提供了'精神家园'，使之找到了自己的'基因'所在，有力增强了民族自信心、民族自豪感和民族凝聚力。"① 因而研究、传承贵州少数民族酒文化是深入了解、研究和弘扬贵州少数民族文化的重要路径。

研究贵州少数民族酒文化不仅是传承优秀传统文化的需要，也是社会发展的需要。贵州地处我国西南的云贵高原，由于种种原因，在历史上发展相对落后。2015年，习近平总书记指出："我们既要绿水青山，也要金山银山。宁要绿水青山，不要金山银山，而且绿水青山就是金山银山。"② 贵州山清水秀，空气温润，民族文化丰富多彩，具有优良的自然生态、丰富多彩的民族文化。因此，贵州提出了三大发展战略："'牢牢守住发展和生态两条底线，全力实施大扶贫、大数据、大生态三大战略行动，牢记嘱托、不忘初心，走好新的长征路。'刚刚过去的贵州省第十二次党代会，在大扶贫、大数据两大战略行动基础上，提出大生态战略行动，这是一个重大的拓展和部署，为贵州以全新的方式谋划跨越发展增添了新路径：以'大扶贫'补短板，以'大数据'抢先机，以'大生态'迎未来，是更好守住发展和生态两条底线的战略思考和路径选择。"③ 全域旅游以"大生态"为基础，是贵州未来发展的重点领域。"新颁布施行的《贵州省旅游条例修正案》，将全域旅游纳入地方法规，为贵州正在大力推进的全域旅游'护航'。"④ 2015年9月24日，时任贵州省委书记陈敏尔在民族民间工艺品文化产品博览会开幕式上表示："多彩和谐的民族民间文化，是推动贵州省文化繁荣发

---

① 薛庆超：《习近平与中华优秀传统文化》，《行政管理改革》2017年第12期。

② 《习近平总书记系列重要讲话读本》，人民出版社、学习出版社2014年版，第120页。

③ 《"三大战略行动"彰显贵州发展新路径》，2017年4月25日，见 http://gz.people.com.cn/n2/2017/0425/c222174-30087730.html.

④ 《〈贵州省旅游条例修正案〉"护航"全域旅游》，2016年5月2日，见 http://www.guizhou.gov.cn/xwzx/gzxw/201605/t20160502_395834.html.

展的动力源泉，是最鲜明的贵州印记、贵州特色、贵州标志。……多彩贵州因保护好生态环境和民族文化两个宝贝，将会变得更加美丽，更加'珍贵'。"① 自然环境、民族文化恰恰也是贵州少数民族酒文化的生存场域。贵州"地无三里平，天无三日晴"的独特地理和气候，既使得贵州沟壑纵横、交通不便，又使得贵州少受其他文化的冲击。因此，贵州保留了众多的青山绿水和丰富灿烂的民族文化。保护青山绿水和民族文化，既直接保护了酒文化的生存场域，也间接保护了贵州少数民族酒文化。同时，贵州少数民族酒文化又会为贵州经济、社会、文化的发展提供宝贵资源。

贵州少数民族酒文化历史悠久、内蕴丰富，却未受到应有的重视。虽然中华人民共和国成立以后，各种研究酒文化的专著、文章如雨后春笋般出现，但全面而深入地研究贵州少数民族酒文化的成果为数不多，有的研究专注于酒歌，有的在于介绍一个民族或某个具体的酒俗，综合研究贵州少数民族酒文化的专著屈指可数。随着酒文化研究的发展，贵州少数民族酒文化研究日益受到重视，在高校已被设置成为可以招收硕士研究生的专业，贵州民族大学与宏宇药业集团合作，在民俗学下设酒文化专业，并于2014年开始招收酒文化研究专业的硕士研究生。

随着酒文化作用的凸显、专业的设置、对专业研究人才的培养，我们对贵州少数民族酒文化的未来充满信心，并决定做一个新的探索，加入研究的行列，希望与有志于贵州少数民族酒文化研究的学人携手共进。

本书以介绍和研究贵州少数民族酒文化为目的，先论述贵州少数民族酒文化的含义、产生、特征，再分述酒类酒器、不同的酒文化，最后介绍其传承、功能，分析酒文化的构成要素，观察其传承与流变，注重分析酒文化的功能和意义。本书共分十章：第一章概述贵州少数民族酒文化的内涵、特征和意义；第二章概论贵州少数民族酒文化史略；第三章概述贵州少数民族的酒类与酒器；第四、五章，分别具体阐述不同民族的酒文化以及茅台酒文化；第六章研究贵州少数民族酒文化与岁时节日；第七章专门

---

① 陈敏尔：《民族民间文化是贵州最鲜明印记》，2015年9月24日，见 http://www.chinanews.com/gn/2015/09-24/7542555.html.

研究贵州少数民族酒文化与人生仪礼；第八章研究贵州少数民族酒歌的内容、形式；第九章研究贵州少数民族酒文化的功能；第十章综述贵州少数民族酒文化的传承与发展。

为了介绍和弘扬贵州少数民族酒文化，力图对贵州少数民族酒文化进行全面梳理、介绍和研究。

本书具有以下特色：

1. 以贵州少数民族酒文化为研究对象；

2. 酿造技术与酒俗并重，偏重于酒俗研究；

3. 全面介绍与重点突出相结合；

4. 事项描述与功能研究相结合。

毋庸讳言，受限于知识水平、人力、财力和时间，本书存在诸多不足：

1. 以文献材料为主，田野材料有待加强；

2. 贵州民族众多，难以一一调查。

贵州少数民族酒文化是一个有价值的研究课题，也是一个任重道远的发展过程。贵州民族众多、历史悠久、酒文化内蕴丰厚，没有长期、深入的调研，难以达到预期目的。另外，同类研究并不多，可供参考的资料很少。以上种种无疑给研究带来巨大挑战，难免遗漏掉许多内容。但是，本书仅仅是一个探索的开始，而不是最终的成果，我们会在不断的探索中使其得到补充和完善。

第一章
贵州少数民族酒文化概述

中国酒文化历史悠久、源远流长、丰富灿烂，是中国文化重要而独具特色的组成部分。贵州少数民族酒文化是中国酒文化不可或缺的组成部分，它既与中国其他地区酒文化相隔相通，又具有鲜明特色。因此，贵州少数民族酒文化研究既要放置于中国酒文化之中，以展现其定位与总体特征，又要重点展现、探析贵州少数民族酒文化的独特形式、内涵和意义等，以突出其地域性和民族性。

第一节　中国酒的起源与酒文化

一、酒的起源

酒历史久远，甚至比人类出现得还早。酒可以分为天然酒和人工酒。天然酒由野果经过自然发酵而成，并没有经过人类加工。野果的出现时间比人类早得多。因此，天然酒也极有可能比人类出现得早。即使是人工酒，其历史也非常古老，在人类社会早期就已经出现。据目前可知的考古发现，酒已经有近6000年的历史。1983年10月，考古工作者在陕西眉县杨家村二组出土了一组新石器时代的陶质酒器，共有五只小杯、四只高脚杯和一只陶葫芦，有 5800—6000 年历史。[①] 这说明中国至少在这个时期就已经开始酿酒和饮酒了。据目前可见的资料，最早的"酒"字出现在甲骨文中。酒有两种写法：一是"酉"的单体象形，一是在"酉"字旁加上表示液体的几个点。甲骨文"酒"字的出现，说明酒在殷商时期很流行，并在社会中占有重要地位。此外，殷商时期不仅出现了名酒——"醴"和"留"，而且出现了"酒池肉林"，据传这个成语就出自商纣王。文字的产生往往比事物出现的时间晚，时间越古老，文字与实物的时间差往往越长。出现在陕西眉县杨家村的酒器与殷商时期的文字相差两千多年，正符合文字产生规律，两者同时证明了中国造酒历史的悠久。

在殷商之后，书写逐渐简易和普及，酒也越来越多地出现在文献中。众多古籍也记载着酒的产生和历史。《孔丛子》："平原君与子高饮，尧舜千钟，孔子百觚，子路嗑嗑，尚饮十榼，古之圣贤，无不能饮也，吾子何辞焉？"[②] 孔融在《与曹操书》中记载："尧不千钟，无以建太平；孔非百觚，无以堪上圣。"[③] 根据上述材料可知，酒在尧舜时就已经出现了，并且尧舜酒量很大，能喝"千钟"。

关于酒的诞生时间、创造者，不同的古籍记载并不相同。《战国策·魏策二》中记载，鲁君兴，避席择言曰："昔者，帝女令仪狄作酒而美，进之禹，禹饮而甘之，遂疏仪狄，绝旨酒，曰：'后世必有以酒亡国者。'"[④] 据《战国策》所载，仪狄奉帝女的命令酿造了酒，并进献给禹，却受到了禹的疏远，因为禹知道酒太味美可口了，后世必定会出现因沉湎于酒而亡国的君主。如果说《孔丛子》《与曹操书》的可信度值得商榷，那么《战国策》的可信度就要高很多了，但其内容与《孔丛子》《与曹操书》相呼应，由此说明：一是《孔丛子》《与曹操书》等古籍所载并非完全虚妄；二是酒在尧

---

① 《宝鸡日报》，1988 年 9 月 1 日。
② 王钧林、周海生译注：《孔丛子》，中华书局 2009 年版，第 162 页。
③ （三国魏）曹植著，赵幼文校注：《曹植集校注》，人民文学出版社 1984 年版，第 126 页。
④ （西汉）刘向集录：《战国策·魏策二》，上海古籍出版社 1985 年版，第 846—847 页。

贵州少数民族酒文化研究

舜禹时期就已经出现，且味道醇美可口。在此之后，关于酒的记载逐渐多了起来。

《礼记·明堂位》："夏后氏尚明水，殷尚醴，周尚酒。"[1] 什么是"明水"？"玄酒，明水也。"[2]

在上述材料的记载中，酒的具体产生时间并不完全一致，《孔丛子》《与曹操书》认为酒在尧时就已经出现，《战国策》认为酒在禹时出现，《礼记》认为酒在夏王朝时出现。

这些记载虽然不像考古资料那样确定无疑，却能说明当时人们思想观念中的酒：一是在传统思想观念中，酒产生于尧、舜、禹时期。这虽然比考古资料要晚很多，但没有任意想象，而有一定的事实依据；二是酿酒在尧、舜、禹时期已经具有较大规模，并且酿造水平也达到较高的水平。考古资料虽然能证明酒的历史更加古老，但不详细；古籍文献虽然不像考古资料那样铁证如山，但内容更加丰富。在酒的产生时间上，考古与文献记载虽然不一致，但都指出酒在人类社会的早期就已经出现。古籍文献与考古资料并不矛盾，而是可以相互印证。既证明古籍文献所载并非全不可信，也使得酒的历史更加丰富。

虽然酒是何人创造、何时产生等问题已经难以考证，但并不妨碍各民族以文化记忆和民间叙事的形式来解释酒的起源，许多民族都创造了酒起源的传说。在这些传说中，酒多是由著名文化英雄在具体时刻创造的。我国主要有以下几种关于酒起源的传说：猿猴造酒说、仪狄造酒说、杜康说、剩饭说等。

猿猴造酒说是指猿猴用野果酿酒。这种观点听起来有些荒诞不经，却有坚实的事实根据。猿猴居住在树林里，经常会采集成熟的野果，并把它们带回巢穴，堆放在一处。野果经过一段时间就会发酵，便形成了天然的野果酒。

---

① （清）孙希旦撰，沈啸寰、王星贤点校：《礼记集释》，中华书局 1989 年版，第 856 页。

② （清）胡培翚撰，段熙仲点校：《仪礼正义》，江苏古籍出版社 1993 年版，第 2258 页。

《紫桃轩杂缀·篷栊夜话》："黄山多猿猱，春夏采杂花果于石洼中，酝酿成酒，香气溢发，闻数百步。"

猿猴不仅能够用果实酿酒，而且能够采集各种花酿酒。

《粤西偶记》："平乐等府深山中，多猿猴，善采百花酿酒。樵子入山，得其巢穴者，其酒多至数石。饮之，香美异常，名曰猿酒。"①

由此可见，猿猴酿酒不仅存在理论上的可能性，而且有实例为证。猿猴酿酒这一观念应该很古老。在漫长的历史长河中，猿猴偶然发现酿酒方法，而这种方法又被人类学到。人类善于观察和学习，偶然间喝了野果酒，觉得味道鲜美，便有可能模仿猿猴酿酒。

仪狄造酒说见于较早的汉语典籍中，是目前被广泛认可的观点之一。

《淮南子》也有类似记载："仪狄为酒，禹饮而甘之，遂疏仪狄而绝旨酒，所以遏流湎之行也。"②《世本》："仪狄始作酒醪，变五味，少康作秫酒。"在这里，少康也成为酒的创造者之一。许慎说："古者，仪狄作酒醪，禹尝之而美，遂疏仪狄，杜康作秫酒。"

在上述汉文典籍中，仪狄被公认为酒的创造者。在提到仪狄的同时，一些典籍中也提到另一位酒的创造者——少康或杜康。在《世本》中，少康发明了秫酒；而在《说文解字》中，作秫酒的人又变成了杜康。少康与杜康是不是同一人，还有待考证，但杜康历来被尊为"酿酒鼻祖"。

杜康造酒说见于《世本》《吕氏春秋》《战国策》《酒史》《酒诰》《酒经》等古籍。相传杜康曾是牧正，偶然间把剩粥放在桑树洞中，过了一段时间再回到这里，"闻有奇味"，而这香味就是桑树洞中的剩饭发酵后溢出的香气，"杜康尝而甘美，遂得酿酒之秘"，此后杜康以酿酒为业。晋人张华《博物志》载："杜康善造酒。"《酒史》载："杜康始作秫酒。"陶渊明《集述酒诗序》载："仪狄造酒，杜康润色之。"因此，在汉文典籍中，仪狄和杜康被看作酒的创造者。

剩饭说是指把剩饭放在某一容器中，如空桑等，一段时间后，剩饭就

① （清）刘祚蕃：《粤西偶记》，《说铃》嘉庆乙卯版，十七卷。
② 何宁：《淮南子集释》，中华书局 1998 年版，第 1427 页。

会发酵成酒。《酒诰》载："有饭不尽，委余空桑，郁积成味，久蓄成芳，本出于此，不同奇方。"剩饭说有时候与文化英雄联系在一起，如与杜康的关联等。

中国民族众多，少数民族有着丰富多彩的造酒传说。郁永清《稗海纪游》载台湾一民族酿酒："其酿酒法，聚男女老幼共嚼米，纳筒中，数日成酒，饮时入清泉和之。"中国各民族文化丰富灿烂，如满天星斗，绝非起源于一地。因此关于酒起源的传说也应是不同地区各自出现，随着民族交往和文化交流，不同文化对酒起源的认识逐渐趋向一致，仪狄和杜康逐渐成为公认的酿酒始祖。

二、中国酒文化概述

中国酒文化历史悠久、丰富多彩、影响深远，是中华文明的重要组成部分。酒最迟在 6000 年前就已经出现，自此伴随着中华民族的文化、历史，绵延数千年而长盛不衰。酒广泛渗透在社会生活的方方面面，反映着人间万象。国家祭祀祈愿，需要用酒；逢年过节，离不开酒；人情往来离不开酒，无酒不成席，无酒不成仪；人逢喜事，需借酒助兴；人遇烦心事，以酒消愁。酒在中国人的生活中几乎无处不在，已经流淌进中华民族的精神深处，就像一部微缩的生活史。

酒文化是什么？它是什么时候出现的？包括哪些内容？这些是酒文化研究不可回避的问题。简而言之，酒文化就是关于酒的文化，又牵涉到文化的概念。"文化"一词在中国传统文化中古已有之。但"文"与"化"最初为两个独立的词。"文"是指各种色彩相互交错的纹理。《易·系辞下》："物相杂，故曰文。"《礼记·乐记》："五色成文而不乱。"《说文解字》："文，错画也，象交叉。"此后，文化又演化出种种不同含义，在此不再一一赘述。"化"本义是改易、生成、造化。《庄子·逍遥游》："化而为鸟，其名曰鹏。"《礼记·中庸》："可以赞天地之化育。"《易·系辞下》："男女构精，万物化生。"《黄帝内经·素问》："化不可代，时不可违。""文"与"化"并用，较早见于战国末年的《易·贲卦·象传》："刚柔交错，天文也。文明以止，人文也。观乎天文，以察时变；观乎人文，以化成天下。"

中国传统的"文化"与现代"文化"并不相同。现代"文化"一词是来自 culture 一词。文化有广义和狭义之分，广义文化包括物质文化和精神文化，狭义文化重在精神文化。这两者虽然各有偏重，但也相互联系，难以截然分开。广义文化范围广，涵盖宽。有助于宏观了解事物之间的普遍联系。随着活动范围日益扩大，人类踪迹几乎无处不在，几乎所有人类接触的事物都成为人类文化的组成部分。狭义文化重点关注人的精神活动及其结果，是文化研究不断积累和深入的结果。而物质和精神本来就难以截然区分开，物质往往是精神的显现方式与形态，如建筑、雕塑、田地、酒等，而精神又往往成为物质脱离自然形态的标志。

文化概念的变迁也反映了广义文化和狭义文化的区别和联系。早在1871 年，爱德华·泰勒就给文化下过一个沿用至今的定义："所谓文化或文明，就其广泛的民族学意义来说，是包括全部的知识、信仰、艺术、道德、法律、风俗以及作为社会成员的人所掌握和接受的任何其他的才能和习惯的复合体。"① 泰勒的文化定义堪称经典，从宏观与微观指出了文化的特质与范畴，但侧重于精神而忽视了文化中的物质因素。随着文化研究的发展，文化仍偏重于精神，但不再拒斥物质因素。

在泰勒文化概念的基础上，马林诺夫斯基在《文化论》中指出："文化是指那一群传统的器物、货品、技术、思想、习惯及价值而言的，这概念包容着及调节着一切社会科学。我们亦将见，社会组织除非视作文化的一部分，实是无法了解的。"② 他还进一步把文化分为物质的和精神的，即所谓"已改造的环境和已变更的人类有机体"。再如 1982 年，世界文化政策会议通过的《墨西哥城文化政策宣言》所说："文化是体现一个社会或一个社会群体特点的精神的、物质的、理智的和感情的特征的完整复合体。文化不仅包括艺术和文学，而且包括生活方式、基本人权、价值体系、传统和信

---

① ［英］爱德华·泰勒：《原始文化》，连树声译，上海文艺出版社 1992 年版，第 1 页。
② ［英］马林诺夫斯基：《文化论》，费孝通译，华夏出版社 2001 年版，第 2 页。

仰。"① 因此，广义文化与狭义文化密切相连、互相补充，文化归根结底是对人的关注。

那么在文化的基础上，什么是酒文化？

虽然中国酒文化历史悠久、丰富灿烂，但据目前可见的资料，"酒文化"一词最早是由我国著名经济学家于光远教授提出来的。此后，酒文化日益为研究者所关注和重视，其内涵与外延也成为研讨的重点。1994年，萧家成提出："酒文化就是指围绕着酒这个中心所产生的一系列物质的、技艺的、精神的、习俗的、心理的、行为的现象的总和。酒文化研究的中心课题自然是酒，但也不局限于酒本身。围绕着酒的起源、生产、流通和消费，特别是它的社会文化功能以及它所带来的社会问题等方面所形成的一切现象，都属于酒文化及其相关的研究范畴。"② 应该说，这个概念包括了物质与精神两个层面，也基本涵盖了酒文化的研究范围，对于酒文化的研究具有启发意义。在此基础上，徐少华继续探讨了酒文化的范围和学科归属。

"从本质上说，酒具有两种属性，即自然属性和社会属性。酒文化研究的对象既包括原料、器具、酿造技艺等自然属性，更侧重于酒的社会属性，即酒在社会活动中对政治、经济、文化、军事、宗教、艺术、科学技术、社会心理、民风民俗等各个领域所产生的具体影响。因而，酒文化是一种综合性文化，是一门边缘学科。"③

酒文化是一种综合性文化，因为酒涉及人类生活的方方面面；酒文化又是一门边缘学科，因为酒文化研究时间较短。随着研究者的关注和研究成果的累积，酒文化将来有可能成为一门显学。限于时代和研究成果，以上两种概念对酒文化精神方面的论述略显平淡，似乎只是列举了文化的一般分类，有些方面还有待于深入分析和探讨。

---

① ［美］欧文·拉兹洛：《多种文化的星球——联合国教科文组织专家小组的报告》，戴侃、辛未译，社会科学文献出版社2001年版。转引自中华文化学院编：《区域文化与中国文化》，知识产权出版社2010年版，第269页。

② 周立平主编：《'94国际酒文化学术研讨会论文集》，浙江大学出版社1994年版，第195—196页。

③ 徐少华：《中国酒文化研究50年》，《酿酒科技》1999年第6期。

关于酒文化的定义，我们可以借鉴马林诺夫斯基的相关论点。"独木舟属于物质文化事项，因而人们可以对其加以描述、拍照，甚至把它放在博物馆里供人欣赏。但是，人们容易忽略的是，即使把一条完美的独木舟标本摆在一个呆在家里的学者眼前，也不能让他认识独木舟的民族志真相。"① 同样仅仅把一瓶酒放在家中，凭借酒的包装和味道，也是看不出其全部文化内涵的。只有把酒放在文化场域中，才能发现其意义和价值。"造独木舟是有一定的用途和明确的目的的，是达到目的的手段。我们研究土著生活的人一定不要颠倒这个关系，不要搞物质崇拜。研究建造独木舟的经济目的及其各种用途，是我们深入进行民族志工作的初步手段；接下来收集的是社会学材料，指的是独木舟是由谁所有、由谁驾驶，以及如何驾驶，还有关于建造独木舟的仪典和风俗、独木舟的典型生命史等，这可以让我们逐渐掌握独木舟对土著人的真正意义。"② 独木舟如此，酒也是如此。酒并不是目的本身，而是实现社会、经济和文化目的的手段。如果要理解和把握酒的真正意义和功能，并进而了解人的生活和思想文化，那么只有通过挖掘酒物质形态背后的人类活动才能实现。了解酒的制造、使用、风俗习惯和功能，对于了解造酒的人群具有重要意义。

因此，酒文化是指在生产、销售、消费酒的过程中所创造的物质文化和精神文化总称，不仅包括酒的形态、原料、饮用器具、酿造过程、存储器具等物质因素，如酒的成分、种类、酿造工艺、包装、酒器等方面，而且包括酒在酿造、存储、销售和饮用过程中的习俗以及酒的地位和作用等文化因素，如对酒的认识、酿造的习俗禁忌、饮酒的习俗、功能等。因此，酒文化是以酒为研究对象，以人类用什么酿造、如何酿酒和饮酒、为何酿酒为研究中心的一门综合性学科。酒文化作为一门学科，应该分为酿造、酒文化史料、酒文化史、酒文化研究史等四个基本的分支，这些分支各有侧重、相互补充，构成完整的酒文化研究。

---

① ［英］马林诺夫斯基：《西太平洋的航海者》，梁永佳等译，华夏出版社 2001 年版，第 98 页。
② 同上。

中国酒文化历史悠久、源远流长。具有丰富而独特的文化内涵，诸多古籍记载着古老的酒文化。《周礼》《礼记》《尚书》《战国策》《齐民要术》等古籍，记载着酿造的名称、工艺、起源的解释、功能的阐释和饮用的习俗等。

酒的名称能直接反映人们对酒的认识和理解。《释名》："酒，酉也，酿之米曲。酉，怿而味美也。"在《释名》中，酒是一种用米曲酿造的味道可口的液体，这是对酒的直观感受和理解。

不同朝代出产不同的美酒，饮者的喜好也各不相同。《礼记·明堂位》："夏后氏尚明水，殷尚醴，周尚酒。"早在夏商周时期，酒就已经被分成不同的种类，如明水、醴、酒等，这说明酒在当时已有不同的种类和酿制方式，酿酒技术已经较为发达。《礼记》还比较详细地记载了酿酒的原料、器具和过程等。

《礼记·月令》："乃命大酋，秫稻必齐，曲蘖必时，湛炽必洁，水泉必香，陶器必良，火齐必得。兼用六物，大酋监之，毋有差贷。"[1]

从《礼记·月令》可以看出，酿造工艺已经有严格要求和程序，如秫稻一定要成熟，制作酒曲一定要符合时节，浸泡和蒸煮一定要洁净，就是说盛装器具要精良，泉水一定要好，火候一定要恰当。在整个过程中，大酋时刻在旁边监督，不能有丝毫差错。只有严格选料，并严格按照酿造程序，才能酿制出好酒。在当时，酿酒要遵从天子的命令，由酒官专门组织酿造，以备礼仪祭享之用，具有庄严性与神圣性，并不是普通民众可以制造和享用的。

在对酒的种类、原料和工艺认识不断增加的同时，古人也增加了对酒的功能和意义的认识。在人类历史早期，酒具有重要的社会和历史价值，绝非像现在的酒仅仅是日常饮品，而是祭祀神灵和祖先的重要物品和评价贤能与否的标准。

《诗经·大雅·既醉》："既醉以酒，既饱以德。君子万年，介尔景福。

---

[1]　（清）孙希旦撰，沈啸寰、王星贤点校：《礼记集释》，中华书局1989年版，第495页。

既醉以酒，尔肴既将。君子万年，介尔昭明。"①

在周朝，酒是周王祭祀的必需物品。在祭祀中，工祝代表神灵向周王说："喝足了酒，吃完了美味佳肴，接受了您的恩惠，祝您长命万岁，成为有为明君。"因此酒在周朝具有重要的意义，它是沟通人神的重要桥梁，也是赢得神灵祝福的重要物品，不同于日常生活中的酒。

《礼记·礼运第九》："后圣有作，然后修火之利，范金合土，以为台榭、宫室、牖户，以炮以燔，以亨以炙，以为醴酪；治其麻丝，以为布帛，以养生送死，以事鬼神上帝，皆从其朔。故玄酒在室，醴醆在户，粢醍在堂，澄酒在下。陈其牺牲，备其鼎俎，列其琴瑟管磬钟鼓，修其祝嘏，以降上神与其先祖。"

酒在古代是祭祀的重要物品，用以与神灵、先祖沟通。在古人的观念中，神灵只有喝了人们供奉的酒，才会护佑人们。

除了祭祀外，酒也是君王颐养天下的重要物品，因酒能够扶助衰弱、治疗疾病，具有强身健体的作用。《汉书》："酒者，天之美禄，帝王所以颐养天下，享祀祈福，扶衰养疾，百礼之会，非酒不行。"

汉《春秋纬》也有类似的说法："酒者，乳也。王者法酒旗以布政，施天乳以哺人。"

酒不仅能够祭祀祖先、颐养天下，还能选贤择能。

《孔丛子》："尧舜千钟，孔子百觚。"

《与曹操书》："尧不千钟，无以建太平；孔非百觚，无以堪上圣。"

从《孔丛子》《与曹操书》等古籍看来，酒似乎是一种衡量才能的标准，只有能喝酒的人才具有超人才能。尧舜之所以能够成为贤明的帝王，是因为他们都能喝千钟酒；孔子之所以被誉为圣人，是因为他能喝百觚酒。当然事实是否如此，需另当别论。把酒量当作评价人才的标准，其本身就说明了古人对酒的喜爱和重视。

虽然直接把酒量与人的才能联系起来未必合理，但是酒确实能显示人

---

① 程俊英、蒋见元：《诗经注析》，中华书局 1999 年版，第 813 页。

性的善恶，如人们常说的"酒后吐真言"。

《说文解字》："酒，就也，所以就人性之善恶。……一曰造也，吉凶所遗也。"

酒本身没有善恶，却能显示人性的善恶。

当然，酒还具有一个基本的功能，即排解忧郁，令人快乐。酒不是生活必需品，但它是一种特殊的饮品。

《礼记·乐记》："酒食所以合欢也。"

曹操在《短歌行》中唱道："慨当以慷，忧思难忘。何以解忧？唯有杜康。"

总之，酒在人类社会中具有许多重要的价值和功能，这些价值和功能不仅是人类对酒的认识和理解，而且是人类心血和智慧的结晶，对后人具有重要的启示意义。

虽然酒有着种种积极作用和意义，但也往往会给沉溺于它的人带来灾难。《尚书·夏书·五子之歌》中对酒有所载述："其二曰，训有之，内作色荒，外作禽荒，甘酒嗜音，峻宇雕墙，有一于此，未或不亡。"

饮酒亡国是禹所担心的事情，不幸的是，他的担心屡屡成为现实。亡国的原因很多，如女色、美酒、音乐、华屋雕墙，而嗜酒亦被看作亡国的重要原因之一。世间之美好事物大多能亡国，但亡国并非这些事物的必然本质，亡国的真正原因是帝王的骄奢淫逸，这些事物只是被当作替罪羊罢了。

除了能亡国，酒还能使人耽误本职工作，乃至带来杀身之祸。羲和的后人因酒误时而被杀，就是一个著名的例子。

《尚书·胤征》："羲和湎淫，废时乱日，胤往征之，作《胤征》。"注释："羲氏、和氏，世掌天地四时之官，自唐至虞三代，世职不绝。承太康之后，沉湎于酒，过差非度，废天时，乱甲乙。"[1]

"羲和废厥职，酒荒于厥邑，胤后承王命徂征。"[2]

"惟时羲和颠覆厥德，沈乱于酒，畔官离次，俶扰天纪，遐弃厥司，乃

---

① （汉）孔安国传，（唐）孔颖达疏：《尚书正义》，北京大学出版社 2000 年版，第 216 页。

② 同上。

季秋月朔，辰弗集于房，瞽奏鼓，啬夫驰，庶人走，羲和尸厥官，罔闻知，昏迷于天象，以干先王之诛。"[1]

总之，酒在人类社会中具有许多重要的功能与意义。随着历史的发展，人们越来越深入而全面地认识到酒的功能与意义。这些认识既有酿酒技艺、经验的累积，也有人们对酒物质与社会品行的认识和理解，是人类心血和智慧的结晶，对后人具有重要的启示意义。

随着酿酒技术和文化的发展，酒文化从初期只言片语的记载，逐渐发展到出现了研究酒文化的专著。宋朱肱撰写的《北山酒经》共三卷，记载了46种制曲酿酒的方法。上卷论述酒史，同时论及酿造原理；中卷主要叙述酒曲的制作；下卷叙述酿造过程。宋田锡编撰的《曲本草》主要叙述各种药酒的原料、制作方法和功能。宋赵与时撰《觞政述》主要论及宴席间的酒令。宋赵獬编撰的《觚器注》主要记载古代名贵酒器。《酒尔雅》《酒小史》《酒部汇考》等各有所侧重，保留了珍贵的酒文化资料，对研究中国古代酒文化具有重要参考意义。

中华人民共和国成立以后，中国酒文化研究迅速发展，受到了广泛关注，吸引了众多学者加入到研究队伍之中，酒文化研究专著如雨后春笋般出现，如1997年出版的《中华大酒典》、1998年出版的《中国酒典》、1999年出版的《中国酒文化通鉴》，再如《雅俗文化书系——酒文化》《酒文化小品集义》《中国酒典》《中国酒文化辞典》等等，相关的学术论文也日益增多。诸多学者从酒的历史、分类、酿造工艺、文学艺术、社会风俗、酒器等方面，多角度、多方位地研究酒文化。

由于酒文化的发展，"1987年元月，中华酒文化研究会成立和首届中国酒文化研讨会召开，标志着酒文化这一新兴学科在中国正式诞生。从此，中国酒文化的研究范围从酿造工艺扩大到精神文化以至社会的方方面面，研究队伍也从科研人员扩大到历史、考古、生化、文学、艺术、民俗、医学、博物馆等众多领域；特别是随着市场经济的逐步深入，企业酒文化研究活动同

---

[1] （汉）孔安国传，（唐）孔颖达疏：《尚书正义》，北京大学出版社2000年版，第218—219页。

市场需要紧密结合，使整个研究活动开展得生气勃勃、成效显著，走上了自觉参与、不断扩大、逐步深入的道路，至今已在全国形成燎原之势"[①]。

1991年首届国际酒文化学术讨论会在四川成都召开，并出版了论文集。此后中国连续举办国际酒文化学术讨论会，出版会议论文集。国际酒文化学术讨论会已经成为酒文化研究的盛会，促进中国酒文化研究发展，推动中国酒文化研究走向世界。

虽然中国酒文化发展迅速、成果显著，但仍存在不足之处。目前研究成果集中于历代学术成果的搜集、整理、汇集成册，多是对中国现有酒文化的平面介绍，缺乏对酒文化的深度挖掘。目前酒文化研究陷入困境，主要有以下原因：一是缺乏统一的组织、协调和引导。现有的酒文化研究组织基本上是各行其是，并没有统一组织和相互协调。二是人才匮乏。现在从事酒文化的研究者不仅数量少，而且多是半路出家，并非专业研究者。三是缺少专业的科研机构。中国酒文化虽然日益受到关注，却缺少独立而专业的研究机构，现有的酒文化研究机构屈指可数。四是缺少国际交流。中国虽然在持续举办国际酒文化学术讨论会，但与国际酿酒大国的交流仍需加强。

因此，中国酒文化研究仍然任重道远。加强统一组织和引导，建设学术队伍和机构，加强国际交流与合作，仍是酒文化研究亟待解决的问题，需要专家、学者认真思考和探讨。

第二节　贵州少数民族酒文化概述

贵州少数民族酒文化是什么？

酒是贵州少数民族文化的重要组成部分，离开了酒就难以全面了解贵州少数民族的文化和社会。酒不仅是一种饮品，更是一种不可或缺的文化，渗透在生活的方方面面和时时刻刻，如生老病死、岁时节日、迎来送往等

①　徐少华：《中国酒文化研究50年》，《酿酒科技》1999年第6期。

等。酒既包含着贵州少数民族的酿酒知识、经验，也包含着他们的生活、思想、情感，不仅是文化的载体，更是一种文化本身。酒与贵州少数民族悠久的历史和灿烂的文化相融合，经漫长岁月"发酵""蒸馏""提纯"而形成贵州少数民族酒文化。贵州少数民族酒文化是贵州少数民族在生产、销售、消费酒的过程中所创造的物质文化和精神文化总称，是以用什么酿造、如何酿酒和饮酒、为何酿酒为研究中心的一门综合性学科，不仅包括酿酒的原料、种类、酿造技艺、存储和酒器，而且包括蕴含在酒中的思想、情感和习俗，还包括酒的功能，如文化、社会、经济功能等。

从学科属性来看，贵州少数民族酒文化研究既有自身的独立性——具有独立的研究对象、范围，又与其他学科关系密切。酒的原料、酿造和工艺等，与化学等专业关系密切。酒文化是民族文化的一部分，与民族学关系密切，甚至有时被当作民族学的一个分支。酒文化包含着丰富的民族风俗习惯，涉及社会、习俗，因此又与社会学关系密切，贵州民族大学的酒文化专业就设在社会学二级学科民俗学之下。

贵州丰富而独特的酒文化不仅与贵州独特的地理、气候相关，而且与贵州丰富的民族文化关系密切。要了解贵州少数民族酒文化，就要首先了解贵州和贵州的少数民族。

贵州是一个神奇的地方，不同的人对贵州似乎有截然不同的评价。有人认为贵州山清水秀，适宜居住；有人认为贵州阴冷潮湿，山多地少，生活艰苦；有人认为贵州偏远闭塞，贫穷落后；有人认为贵州民族众多，历史文化悠久而丰富多彩，保存着中华民族优秀的传统文化。爱之者热情而真挚地赞美它，恨之者轻蔑而竭力地批评它。总之，相互矛盾的评价往往能并行不悖、和谐相生，这也许因为贵州确实是一个与众不同的地方吧。

让我们来看看贵州的真实面貌吧。

首先，贵州地处我国西南的云贵高原，地理和气候奇特，俗话说"地无三里平，天无三日晴"。贵州是全国唯一没有平原支撑的省份，其山脉沟壑纵横，有乌蒙山、大娄山、苗岭山、武陵山四大山脉，山地和丘陵占全省面积的绝大部分。"贵州地处云贵高原，境内地势西高东低，自中部向北、东、

贵州少数民族酒文化研究

南三面倾斜，平均海拔在 1100 米左右。贵州高原山地居多，素有'八山一水一分田'之说。全省地貌可概括分为高原山地、丘陵和盆地三种基本类型，其中 92.5% 的面积为山地和丘陵。"而且贵州的山地和丘陵大多不适合农作物生长，可耕种土地面积很少。中华人民共和国成立前，贵州地区的人民生活贫苦，有俗语说"人无三分银"。中华人民共和国成立后，贵州经济有了飞速发展，大部分地区不仅解决了温饱问题，而且已经比较富足，正快速迈向小康生活行列。贵州山峦连绵纵横、树木丛生，确实给人们的生活带来种种不便，却也山清水秀、绿树成荫、芳草萋萋，为人们提供了优良的生态环境，如举世闻名的黄果树瀑布、梵净山、威宁草海等自然风光。

贵州属于亚热带季风气候，大部分地区温暖湿润，春暖风和，冬无严寒，夏无酷暑，年均气温在 14℃～18℃，日照时间在 1200 小时～1600 小时，大部分地区降雨量在 1100 毫米～1300 毫米之间，气候舒适宜人。由于特殊的地理环境，有些地区气候复杂多样，气候垂直变化明显，有"一山有四季，十里不同天"之说。有些地区海拔较高，阴冷潮湿，常常阴雨连绵。

贵州多样的地理气候赋予了贵州人民对美好生活的向往和顽强不屈的生存意志，促使他们创造出了丰富而灿烂的民族文化、独特的生产生活方式、深邃的思想信仰和欢快而热闹的节日等等，如依山而修的梯田、《苗族古歌》、《支嘎阿鲁》、《亚鲁王》、侗族大歌、火把节、六月六等等。

贵州独特的地理环境和气候不仅促进了丰富多彩的文化的产生和发展，而且使得许多珍贵的民族文化能够保存至今。贵州奇特的地理环境和气候既使得贵州在漫长的历史中因交通不便，给人以僻远闭塞的印象，也使得贵州至今仍能保持诸多民族传统文化，并造就了贵州独特的酒文化。贵州特殊的地理环境和气候不仅使贵州与外界往来不便，而且使得贵州各地也联系不畅，例如沟壑两边的村寨直线距离也许只有几公里，但由于沟壑深达几十米甚至近百米，彼此往来并不多，甚至语言、风俗习惯也颇不相同。因此，在漫长的历史中，贵州因僻远闭塞而使经济、文化等相对落后。随着中华人民共和国的成立，贵州交通发展突飞猛进，实现了县县通高速的目标，经济文化也得以快速发展。在快速发展的同时，贵州独特的民族文化也日益得到关注和重视。贵州被认为是民族传统文化的"富矿区"，至今仍保留着丰富而传统的民族文化，如《亚鲁王》于2009年成为中国民间文化遗产抢救工程的重点项目，并被文化部列为2009年中国文化的重大发现之一，随后被列入中国非物质文化遗产名录；贵州茅台酒更是享誉世界。

贵州不仅有独特的地理环境和气候，还有悠久而丰富的历史和文化。据考古发现，在24万年前贵州就已经有人类活动。"贵州是古人类发祥地之一，早在24万年前就有人类居住、活动，有旧石器时代早期的'黔西观音洞文化'，晚期直立人的'桐梓人'，早期智人的'水城人'和盘县'大洞人'，晚期智人的'兴义人'、普定'穿洞人'、桐梓'马鞍山人''白岩脚洞人'和安龙'观音洞人'。"[①]古老人类在贵州大地上生存繁衍，创造出了丰富多彩的文化。一些现今仍生活在贵州的民族可能是这些古老族群的后裔，也可能或多或少传承了他们祖先古老而多彩的文化。

现今贵州大地上仍居住着众多的民族和族群。据第六次全国人口普查数据，贵州民族众多，除了塔吉克族和乌孜别克族外，其他54个民族在贵州省均有分布。少数民族成分个数仅次于云南，居全国第二位。贵州还有土家族、苗族、布依族、侗族、彝族、仡佬族、水族、回族、白族、瑶族、壮族、毛南族、蒙古族、仫佬族、羌族、满族、畲族等17个世居少数民族。贵州不仅民族成分多，而且少数民族人口多、比重大。贵州少数民族人口总量在全国排第四位，比重排第五位。普查显示，全国少数民族人口总量为11379万人，贵州占全国11.03%。[②]据第六次人口普查数据，在贵州常住人口中，各少数民族人口为1255万人，占36.11%。各少数民族常住人口中数量排前五位的依次为苗族、布依族、土家族、侗族和彝族，这五个民族占全省少数民族人口总量的82.09%——苗族有397万人，布依族有251万人，土家族有144万人，侗族有143万人，彝族有83万人。按数量多少排序，全省1255万少数民族人口依次分布在黔东南、铜仁、黔南、毕节、黔西南、安顺、六盘水、贵阳和遵义。

---

① http://www.gov.cn/guoqing/2013-04/08/content_2583737.htm.
② 据第六次全国人口普查报告。

贵州不仅民族多，而且民族文化丰富灿烂。虽然只有彝族、水族等少数几个民族有自己的文字，但大多数民族都有自己的语言。在日常生活中，少数民族主要使用本民族语言进行交流。拥有民族语言的世居少数民族人口大约是1200万，其中约有600万人不懂汉语。同一民族内部的语言在语音、词汇等方面也有差异，从而形成在同一民族语言中又分为若干方言和土语的状况，有些甚至彼此不能交流。苗语的方言土语最多，有东部、中部和西部三大方言，各方言下面又分为若干次方言和土语；彝语有东部方言、南部方言、中部方言、西部方言和北部方言等五大方言，各方言又分为若干次方言和土语；瑶语有优勉、斗睦、巴哼三种方言；布依语分为黔南、黔中、黔西三种土语；侗语分南北两种方言；水语有阳安、潘洞和三洞三种土语；仡佬语有四种方言。不同的语言体现了贵州少数民族文化的丰富多彩，也间接反映了贵州少数民族酒文化的丰富多彩。

贵州省地处我国西南的云贵高原，地形地貌复杂，拥有多种类型的生存环境。贵州民族众多、历史悠久、文化丰富灿烂，同一个民族由于生活在不同的地域，其文化也往往各有特色；不同民族生活在同一地域，其文化相互影响，在漫长的历史长河中共同创造出多种多样的民族文化。

贵州丰饶的物产与多姿多彩的民族文化相互交融，创造了丰富多彩的酒文化。贵州气候丰润、雨水充足，清澈的水泉到处都是，有利于各种谷物、水果和药材的生长，为酿酒提供了良好的物质条件，由于物产和民族文化的不同，贵州各地都有不同的名酒和酒俗。贵州不仅名酒众多，而且因贵州丰富多彩的民族文化，产生了丰富多彩的饮酒习俗和礼仪。这里的每个人诞生伊始，就与酒结下了不解之缘，诸如三朝酒、百日酒等。成年之后，酒更是无时无刻不在生活中出现，如姑娘酒。侗族、苗族等民族都有酿制姑娘酒的习俗，当女儿出生时，就立刻为她酿制一坛甜酒，并将其藏在地下或埋藏在池塘底，等到姑娘婚嫁之日，才能打开饮用。成长和婚丧嫁娶离不开酒，迎来送往、朋友相聚、岁时节日，也都离不开酒，如哑酒、敬客酒、鸡头酒、转转酒、打印酒、拦路酒、迎客酒、送客酒、伴多、栽花竹酒等。

许多民族的人喜欢饮酒。"苗族喜爱饮酒，明代时，'祭以牛酒'；清代乾隆年间，黔东苗族常'吹笙置酒以为乐'。同治年间，黔西北苗族遇丧事，戚属都要携酒食以为礼。到了现代，饮酒有减少的趋势，但在喜庆节日和客人来访之时，酒还是不可缺少。在劳动之余，晚上常喝一点酒，藉以舒展筋骨而消除疲劳。"①

布依族人也很喜欢喝酒。布依族男子爱饮米酒，妇女们爱吃糯米甜酒。每年腊月，家家都要酿酒。"每到阴历腊月底，家家户户就忙着烤酒，做糯米粑、米花，或缝制过年穿的新装。"②逢年过节布依族人都要喝年节酒，婚姻娶嫁要喝双喜酒，迎来送往要饮"迎客酒"和"送客酒"。

水族人主要生活在贵州三都水族自治县，拥有自己的文字"水书"和独特的端节。水族人擅长酿酒，也喜欢喝酒。水族人热情好客，喜欢用酒招待客人。"客人到家要主动打招呼，让座，敬烟，送水。待客以酒为贵，素有客人不醉不罢休的心愿。"③在人生重要场合，如婚姻嫁娶，更少不了酒。水族人还有一种独特的饮酒习俗。"主人要双手端杯敬客，开饮前每人要蘸一滴酒点在桌上表示对祖先的尊敬。席间往往要联肩举杯喝团团转的交杯酒，以表示亲热与团结。"④

水族人酿造的酒种类多，其中以九阡酒为最。"水族人民喜欢酒，从制曲到酿酒的工艺，家家户户的妇女都掌握。酒类有大米酒、糯米酒、杂粮酒、甜酒等。其中以九阡地区所产的糯米酒为上品。九阡酒都要窖藏，下窖时间越长越佳。上好的九阡酒色泽棕黄，状若稀释的蜂蜜，香味馥郁，清甜可口，适量饮用能助兴提神，舒筋活血，即使误饮过量，也不打头伤胃，是远近闻名的特产。"⑤

布依族的查白节，是为了纪念忠于爱情的查郎和白妹："后来人们每到

---

① 《苗族简史》编写组：《苗族简史》，贵州民族出版社 1985 年版，第 318 页。
② 中国科学院民族研究所、贵州少数民族社会历史调查组编：《布依族简史简志合编》，中国科学院民族研究所 1963 年版，第 158 页。
③ 《水族简史》编写组：《水族简史》，贵州民族出版社 1985 年版，第 116 页。
④ 同上。
⑤ 同上书，第 110 页。

六月二十一日这一天，便聚集在查郎生前射死猛虎的山坡上，炖上牛肉，酌上美酒，表示对查郎的敬意，之后饮酒唱歌。"

傈僳族人不仅喜欢喝酒，而且有独特的酒俗"伴多"。当众人酒兴最浓的时候，主人首先邀请一个客人，两人共捧一大碗酒，互相搂着脖子和肩膀，脸靠脸，然后一同张嘴，一口气喝完，再相视而笑。当然，"伴多"不是一种普通的喝酒方式，而是一种仪式性的饮酒习俗，过去常常在签订盟约、结拜兄弟、贵客来临等场合出现，不分男女，两人共饮。现今，"伴多"出现的范围在不断缩小，只在亲朋挚友或恋人之间进行。

总之，贵州少数民族在长期酿酒、饮酒的过程中，创造、传承工艺独特的酿酒技术，形成了丰富多彩的酒俗，产生了令人陶醉的贵州少数民族酒文化。因此，可以说贵州是中国酒文化的微型博物馆，其酒类众多、酒俗独特而多样，历史悠久，内蕴深远，为中华民族酒文化增添了民族风采鲜明的内容与形式。

第三节　贵州少数民族酒文化的特征和研究意义

贵州少数民族酒文化具有酒类多、喝酒多、酒俗多、酒器多等显著特征，这些特征既体现了酒文化在贵州少数民族生活中的地位和作用，也体现了研究酒文化的意义——深入了解贵州少数民族的生活、社会和思想文化等，传承优秀的民族文化，促进传统民族文化与当下文化相互发展。灿如山花的酒文化是民族文化的重要组成部分。通过贵州少数民族酒文化，我们可以窥见苗岭山区、夜郎故地的历史文化、风土民情、人生礼仪、禁忌信仰等，可以多侧面、多层次地了解贵州高原古往今来的物质生产、社会历史、思想文化的方方面面。

一、贵州少数民族酒文化的特征

贵州少数民族酒文化的特征可以概括为以下几点。

1. 酒类多

千百年来，贵州少数民族积累了丰富而精湛的酿酒技艺，酿造出品种繁多、风格各异的酒。贵州各地均盛产美酒：黔北地区有茅台、董酒、习酒、湄窖酒、鸭溪窖酒等；贵阳地区有贵阳大曲、筑春酒、黔春酒、朱昌窖、阳关大曲等；安顺地区有平坝窖酒、安酒、黄果树窖酒、贵府酒等；黔南地区有匀酒、泉酒、惠水大曲等；黔西南地区有贵州醇、南盘江窖酒等；黔东南地区有青酒、从江大曲等；六枝地区有九龙液；花溪、惠水一带有苗族同胞酿制的刺梨糯米酒、黑糯米酒等。贵州少数民族还会用珍贵药材和特产来泡制天麻酒、杜仲酒等。

2. 喝酒多

贵州少数民族的人民不仅会酿酒，而且爱喝酒、常喝酒，几乎时时处处离不开酒。生老病死，离不开酒；迎来送往，离不开酒；逢年过节，也离不开酒。中国是世界上节日最多的国家之一，56个民族的传统节日和新生节日共有两千多个，其中约三分之二是少数民族节日。贵州少数民族节日种类繁多、内容丰富、形式多样、千差万别。据不完全统计，贵州省少数民族的传统节日有1000多个，集会地点有1000多个。著名的有苗族的鼓藏节、四月八、龙舟节、芦笙节；布依族的查白歌节；侗族的歌酒节；彝族的火把节、赛马节；土家族和仡佬族的吃新节；水族的端节、卯节等。在节日活动中，贵州少数民族比较重视饮食，酒也必不可少。在节日中，酒往往作为珍贵的奖赏和礼品送给亲朋好友。在彝族习俗中，女子敬的酒非常珍贵，不能拒绝，被敬的人喝后还要回赠礼物。每逢火把节，年轻姑娘们就会抬着新酿的酒，带着精致的酒具，到人们必经的交通要道上布下"酒阵"，给参加节日活动的长辈、朋友、亲戚或者情人敬酒。在摔跤、赛马、斗牛等各项比赛之后，姑娘们也会给获胜者或意中人敬酒，以表示赞赏和敬慕。

3. 酒俗多

贵州少数民族多，文化丰富灿烂，酒俗更多。除了不饮酒民族外，每个民族都有丰富多彩的酒俗，如祭祀、生死、嫁娶、节日、迎来送往、日常生活等种种不同场合，都有不同的酒俗。如《续文献通考》："苗人休春，刻木为马，祭以牛酒。老人之马箕踞。吹芦笙和以歌词，谓之跳月。""跳月"是苗族欢聚的盛会，在春天举行，要先用牛和酒进行祭祀，才能欢快歌舞。在老人去世后，一些少数民族并不是哀伤痛哭，而是召集村寨中的年轻人围绕着逝者载歌载舞，饮酒宴乐。"父母亡，用妇祝尸，亲邻咸馈酒肉，聚年少环尸歌舞宴乐，妇人击碓杵，自旦达宵，数日而后葬。"[①] 在嫁娶上，酒也是必不可少的。在水族，订亲要吃订亲酒，接亲要吃接亲酒，其中酒俗并不相同。"婚姻缔结的步骤较繁杂。当男方物色到女方之后，通常先托人给对方父母转个口信，使其有思想准备，再托人送礼品去提亲。女方应允之后，才带酒肉去订亲。此后在恰当的时候就抬小猪去吃小酒。接亲时要抬大肥猪去吃大酒。"[②]

4. 酒器多

贵州少数民族不仅酒的种类多、酒俗多，酒器也多。酒器主要包括盛酒器和酒杯，盛酒器有坛、瓮、壶等，按材质可分为陶质、葫芦、竹质、瓷质等，酒杯更是多种多样，有竹盏、木杯、陶杯、角杯、漆杯和竹管、藤枝、禽翎管等等。这些酒器既体现了贵州少数民族的特殊物产和生活环境，又反映出他们多姿多彩的文化。

二、研究贵州少数民族酒文化的意义

酒不仅是一种醇香可口的液体，而且是人类文化的一种标志。酒文化多方面反映着人类文明，要了解人类文化，就不能缺少对酒文化的研究。贵州少数民族历史悠久，文化丰富灿烂。酒往往是民族文化重要的组成部分，在其经济、社会、文化中发挥着举足轻重的作用。因此，学习贵州少数民族酒文化应该具有以下目标和要求。

1. 丰富酒文化知识

贵州少数民族千百年来不仅积累了精湛的酿酒技艺，酿出了品种繁多的美酒，而且创造了风格各异的酒俗，进而创造了绚丽多彩的酒文化。通

---

① （明）钱古训撰，江应樑校注：《百夷传校注》，云南人民出版社1980年版，第97页。

② 《水族简史》编写组：《水族简史》，贵州民族出版社1985年版，第111页。

过学习，我们可以初步了解贵州少数民族酒的种类、酿造、功能和酒俗，了解酒的历史演变，从而进一步了解酒的意义和价值。

2. 深入了解贵州少数民族文化

酒文化是贵州少数民族传统文化的重要组成部分，渗透在人们生活的各个方面。酒本身是一种液态的物质，若从其酿造、饮用和社会功能等方面进行研究，则可以深入了解贵州少数民族的习俗、思想情感和文化。因此，酒是了解、认识和探究少数民族文化的重要途径。

3. 传承保护民族文化

酒文化是一个民族世代相传的非物质文化遗产，是民族文化重要而独特的组成部分。何谓非物质文化遗产？联合国教科文组织《保护非物质文化遗产公约》规定："被各群体、团体、有时为个人视为其文化遗产的各种实践、表演、表现形式、知识和技能及其有关的工具、实物、工艺品和文化场所。"作为非物质文化遗产的酒文化，是贵州少数民族在自然环境与历史长河中不断创新、世代相传的文化，既体现了各民族的历史感和认同感，也体现着文化的多样性，激发着人类无穷的创造力。因此，我们应该保护和继承民族传统酒文化，使之世世代代传承下去，发扬光大。

4. 树立民族自信心与自豪感

贵州处于西南地区，群山连绵，交通不便，曾长期被认为是荒蛮之地。中华人民共和国成立后，贵州经济、社会、文化得到快速发展，但由于种种原因，其发展仍落后于中东部省市。因此，部分人甚至是贵州少数民族自己，都对贵州的历史、文化缺乏正确的认识。通过学习酒文化，我们可以了解丰富灿烂的贵州少数民族文化，而且至今仍保持和传承着优秀的民族文化，这是许多省市难以与之相比的。

5. 倡导合情合理的饮酒观

中国酒文化历史悠久，曾经有人因沉湎于酒而误国、误事，也有人因沉湎于酒而难以自拔。

"三国时，郑泉愿得美酒满一百斛船，甘脆置两头，反覆没饮之，惫即住唼肴膳。酒有斗升减，即益之。将终，谓同志曰：'必葬我陶家之侧，庶百年之后化而为土，或见取为酒壶，实获我心。'"[1] 郑泉痴迷于酒竟然到了如此程度，世间少有。将喝酒作为一种逃避动乱社会的方法，或许可以理解，但无故酗酒却无论如何也不能提倡。

中国自古就有许多饮酒的限制，如《礼记·玉藻》："君子之饮酒也，受一爵而色洒如也。二爵而言言斯，礼已三爵而油油，以退。"[2] "不强饮"的传统至今仍有重要意义。由于经济发展和生活状况不断改善，酒已经成为广大人民的日常消费品，并非只有在重要日子才能出现的饮品。因此，酗酒又成为生活中的一个难题。宣传和发挥传统酒文化的作用，让人们自觉认识到喝酒的礼仪和规范，树立正确的饮酒观，对于当今社会仍有重要意义。

①　（宋）窦苹：《酒谱》，山东画报出版社 2004 年版，第 8 页。
②　（汉）郑玄注，（唐）孔颖达疏：《礼记正义》，北京大学出版社 2000 年版，第 1037 页。

第二章
贵州少数民族酒文化史略

　　贵州酒文化可谓历史悠久、源远流长，自唐宋以来，贵州便以"酒乡"闻名于世，特别是"曲蘖发酵"和"古酿六必"技术为黔酒之繁荣奠定了优越的技术传统和文化积淀。贵州各少数民族丰富多彩的酒礼、酒风、酒俗，蕴含丰富，构成了令人陶醉的千年画卷。

第一节　贵州少数民族酒文化溯源

　　根据出土文物，早在商末周初，贵州便有了酒。贵州各族民众在长期酿酒、饮酒的过程之中，形成了诸多工艺独特的酿酒技术和饶有风趣的酒礼酒俗，创造了绚丽多姿的酒文化，丰富了中华民族的文化库藏。

一、酒史的传说时代

　　"酒的故事与其他民间文学作品一样是一面镜子，可以窥见社会生活与文化生活、科学技术的发展，也可以从某个侧面反映社会由道德伦理为精神支柱发展而为法治，这种变化无疑是社会的发展。"[1] 作为"多元一体"的中华

---

① 赵海洲：《从酒的故事看民间习俗的嬗变》，《吉首大学学报》（社会科学版）1990 年第 1 期。

文化之一元的汉文化，在关于酒的起源方面有诸如酒星掌酒、神农造酒、仪狄制酒以及杜康酿酒等传说故事。无独有偶，贵州少数民族也往往以神话传说来追溯酒的源起。在彝族传说中，人们发现敬山神的野葡萄发酵后能醉人，才知晓了酒的存在。勤劳的佤族妇女不经意间将用芭蕉叶裹着的剩饭挂在了田间的树枝上，不曾想经自然发酵，形成了水酒。在以上两则传说中，酒是人们偶然发现的，这表现了酒起源传说的古朴性。由此可见，无论是少数民族还是汉族人民，对酒进入人类生活的缘起与历程的记述是大致相同的。

贵州酒文化的缘起当与黔地远古人类活动紧密相关。存储在天然洞穴里的野果花蜜，经自然界微生物的发酵作用而形成了自然酒。从含糖植物自然发酵成酒到人类有意识地"酝酿成汤"，黔地远古人完成了从自然酒到人工酒的转换，开始酿造出最为原始的人工酒——猿酒。《蓬栊夜话》中所记"猿酒"便是花果经自然发酵而成的酒。此外，《太平寰宇记》载："儋州（海南岛）有木曰严树，取其皮汁，捣后清水浸之酿粳，和之数日成酒，香甚，能醉人，又有石榴，亦取花叶和酝酿之，数日成酒。"陈继儒《酒颠补》中也记有"树头酒"："西南夷有树，类棕，高五六丈，结实大如李，……倒其实，取汁流于罐以为酒，名曰'树头酒'。"上述有关记载所涉及之地，大多集中于我国气温高、湿度大的南方地区，皆因湿热的环境有利于含糖物质进行酒化之故。

除了早期的野果酒，谷物酒也逐渐出现。《西南彝志》中记述了较多的彝族先民与酿酒相关的活动。《恒氏源流·扯勒珍藏》里记载了传说中的彝族古代造酒师努末用谷物酿制酒以祭祀神明的情景。其中所记有可能是最早的米酒了。据学者考证，米酒去糟，分罐贮藏，越一年，便是黄酒。黄酒酿造当兴起于少数民族中。[①]

酒自被发现伊始，便融入了人类文化活动之中。先民们不断深化和拓展着对这种神奇而特殊饮品的认知，而后开始用原始技能和工艺酿酒。绵延不断、异彩纷呈的少数民族酒文化由此发端。

---

① 刘竞涛：《叙永古代少数民族与叙永黄酒的兴起》，《泸州史志》1988 年 2—3 期会刊。

二、清醴之美，始于耒耜

《淮南子》里指出"清醴之美，始于耒耜"，意即酿酒是在农业发展的基础上兴起的。考古出土的殷周时代成组成套的青铜酒器，可与《尚书·说命篇》中"若作酒醴，尔惟曲糵"的记载相印证。"曲"是指酒曲，至今沿用；糵是谷物发的芽，用来酿制甜酒（古代称作醴）。这说明早在商代时期，就已经出现了以曲酿酒的工艺。战国时期中山国贵族墓葬中，就出土了两壶美酒。这些均证明我国是一个有着悠久酿酒历史和酒文化传统的国家。

研究酒源的学者喜欢以古遗址中出土的陶器为证，因为这些实物虽然不是专用酒具，却可用于盛酒或饮酒。赤水河流域出土了为数众多的类似陶制器物。威宁中水出土了大量的陶罐、陶瓶及青铜器，另外还发掘有祭祀台遗址以及大量祭祀用的水稻。毕节瓦窑遗址出土的文物包括壶、罐、碗、豆、钵等。由此可以推知，贵州当时的农业生产水平与中原地区并无太大差距。

黔地古代的居民主要从事农业生产活动。司马迁在《史记·西南夷列传》中，就把夜郎和滇相提并论，并把滇和夜郎都划归"椎结、耕田、有邑聚"的农业民族，说明夜郎的社会经济已处于锄耕农业的阶段。尤其是自汉武帝元鼎六年（公元前111年）贵州建立牂牁郡以后，大量汉族吏民前往贵州进行戍边、屯垦和定居，使得贵州的农业文明快速发展，并为贵州少数民族进行酿酒提供了粮食保障。

三、中华民族酒文化的多源视角

我国大多少数民族只有语言没有文字，贵州少数民族也是这样。因此，我们现在能看到的古代典籍文献大多是用汉语写成，作者或为汉族，或受汉文化影响较深的少数民族学者，在涉及社会、习俗、物产时，言必称中原，言必称黄河流域。在酒源研究上，同样存在这方面的问题。一般而言，如果从考古学的视域探究中华酒文化的源起，学者们较多提及的往往是地处黄河流域的龙山文化、大汶口文化、仰韶文化以及磁山文化等遗址。事实上，早在距今数千年前，贵州高原就已经具备了生产酒的基础条件，并且有了与酿酒直接相关的"粮食剩余"。赤水河同样是中华酒文化的孕育

贵州少数民族酒文化研究

者，历史文献和考古发掘都可为此作出充分的证明。在夜郎地区的考古发掘中，出土了大批的壶、碗、罐、豆、杯、瓶等陶制品，可谓一应俱全。夜郎不仅有着颇为发达的制陶和青铜冶炼业，还享受着农业定居生活。

　　酒是劳动大众于长期的生产生活过程中，逐渐发明、积累和酿制出来的，是人类社会发展到一定阶段的产物。在多元一体的民族格局和文化环境下，酒文化的起源肯定不会局限于特定的某一处或少数几处。无论是黄河流域还是长江流域或者其他区域性江河流域，都具备发明并酿造酒的可能性和现实条件。在此基础上，不同地区往往会生成特定历史时期、特定地域的酒文化。时至今日，赤水河流域酒业的兴旺，贵州少数民族酒文化的多彩，充分说明黔北乃至整个贵州地区，不光有着悠久的酿酒历史，而且孕育和铸就了中华酒文化的辉煌。

第二节　秦汉魏晋时期

　　从我国古代典籍文献和所发掘的考古资料看，秦汉时期、唐宋及明清时期的酒文化资料较为翔实丰富。由于酒的真正发明人已经难以考证，野果酒、粮食自然发酵仍是较为合理、可信的推断。传说中的黄帝、仪狄、杜康等人都是酒的创造者。商朝时人们发明了曲和糵。周朝的酿酒技术已达到很高水平。汉代的酿酒业进一步发展，主要表现在酒曲制作技术的改进和酒类的增多等方面。

一、鳛部 ① 蒟酱 ②

　　由于缺乏相关资料，黔酒最早出现在何时何地，已经难以考证。据目

---

　　① 据《习水县志》《仁怀县志》载：鳛部又称习部，即遵义市仁怀市、习水县一带。

　　② 据《华阳国志》记载，魏晋南北朝时期的川东、宜宾和泸州一带盛产蒟酱。左思《蜀都赋》称，"蒟酱流味于巴蜀"，尽管蒟酱未必是酒，据蓝勇先生研究表明，它是与巴蜀气候密不可分的一种食物，是将这一带盛产胡椒科扶留藤植物果实蜜腌后制成的食品，其味微辛辣而甘甜。但这说明，川南黔北地区很早就掌握了利用暖热气候和微生物的集合优势进行酿造发酵的技艺。

前可见文献，可知黔酒最迟在西汉时就已出现了。据司马迁《史记》载："建元六年，大行王恢击东越，东越杀王郢以报。恢因兵威使番阳令唐蒙风指晓南越。南越食蒙蜀枸酱，蒙问所从来，曰：'道西北牂柯，牂柯江广数里，出番禺城下。'蒙归至长安，问蜀贾人，贾人曰：'独蜀出枸酱，多持窃出市夜郎。'"唐蒙经过该地区而见"蒟酱"，将其献武帝，获得武帝"甘美之"的赞叹。据《仁怀县志》记载，这极有可能是在当地被称为"拐枣"的一种果酒。西汉唐蒙在南越王的盛大宴会上吃了"蒟酱"，"问所从来"，原来产地就在川南、黔北。"蒟酱"在宋伯仁《酒小史》中被称为"酒"。"蒟酱"已成为黔酒溯源的先河。西汉时期，位于夜郎北境的今泸州、宜宾一带，是古代濮、僚、羌人的定居地，在汉代称为僰道。《华阳国志》记"僰道……有荔枝、姜、蒟"，故僰人还善用荔枝酿酒。《华阳国志·巴志》记载了当地的物产和民风："川厓惟平，其稼多黍。旨酒嘉谷，可以养父。野惟阜丘，彼稷多有。嘉谷旨酒，可以养母。"[①] 由此可知巴人用种植的黍、稷等农作物酿造美酒用来赡养父母。《太平御览》卷五三引《郡国志》记载："南山峡，峡西八十里有巴乡村，善酿酒。故俗称巴乡酒也。"[②] 黔北少数民族的先民川东巴人也善于酿制清酒，据郦道元《水经注·江水》载："江之左岸有巴乡村，村人善酿，故俗称巴乡清郡出名酒。"[③]《后汉书·南蛮传》记载，战国时秦昭襄王与巴人订立盟约："秦犯夷，输黄龙一双；夷犯秦，输清酒一钟。"[④] 一钟（相当于现今三百一十多公斤）"清酒"与一双"黄龙"（秦国大旱祈雨时所用的刻有龙纹的玉）的价值相当，足见当时清酒之名贵，及酿酒技术之高超。清朝仁怀直隶厅同知陈熙晋诗吟"汉代蒟酱知何物，赚得唐蒙鳛部来"。可见，蒟酱在西汉时已经远近闻名，也表明当时的酿酒工艺已经达到了很高的水平。

---

① （晋）常璩：《华阳国志》，上海书店 1989 年版，第 2 页。
② （宋）李昉：《太平御览》，中华书局 1960 年版，第 259 页。
③ （北魏）郦道元：《水经注》，上海书店 1989 年版，第 20 页。
④ （南朝宋）范晔撰，（唐）李贤等注：《后汉书》，中华书局 1965 年版，第 2824 页。

贵州少数民族酒文化研究

二、夜郎时代

随着农业的逐步发展与酿酒工艺的进步，在夜郎时代，其境内的少数民族就已经开始使用酒器了。夜郎时代的少数民族所使用的酒器称为"觚"。在殷商时期，觚是一种重要的饮具，往往被用作古代祭酒仪礼的象征器皿，如有"尧舜千钟，孔子百觚"的典故[①]。觚是专用酒具，考古中如若出土觚则说明一定有酒。以上说明历史上所谓的"西南夷"这些从事农耕的少数民族，早在战国至西汉时期，就有了酒和酒器。

1978 年在中水的考古发掘中，发现了一个按彝文的释义是"酒"字的刻符，它再次佐证了战国到西汉初，夜郎境内少数民族已经饮酒和祭酒了。特别是可以说明夜郎时代的少数民族（古代氐羌的族系）中，已具有用觚装酒进行祭祀或悼念的社会观念与实践。这在彝文《西南彝志》中是有记载的。由于中水考古资料中有酒具觚的存在，并且出现了"酒"字刻符，我们便可将黔地的酿酒史追溯到战国前后的夜郎时代。[②]

三、汉晋时期汉文化对贵州少数民族酒文化的影响

汉晋时期贵州少数民族的酒文化一方面带有明显的地域民族风格，另一方面则日益受到汉文化的影响。清镇、赫章汉墓中出土的大陶瓮和大陶甑，当与酿酒密切相关。因为古代酿酒离不开瓮和甑这两种器皿。扬雄在《方言》中，把甑释为："酢，馏甑也。"酢（醋）是一种经发酵后而酸腐的酒醅，对酒醅进行蒸馏时需要使用甑。另外，酿酒用的粮食需要先蒸熟才能发酵，也离不开甑。至于瓮，《本草纲目》中提及酿酒时，有"和曲酿瓮中七日"的记载，这说明在酿酒过程中瓮也是不可缺少的器皿之一。唐人王绩在《看酿酒》诗中云："六月调神曲，正朝汲美泉，从来作春酒，未

---

① 孔子本人正处于"周礼"日渐衰微的春秋晚期，那时对于传统祭酒中的礼器觚的制作，已不那么考究了，于是孔子就曾发出"觚不觚，觚哉！觚哉"的责问。可见古代奴隶社会中，人们对于作为礼器的觚是相当重视的。

② 李衍垣：《从考古资料谈贵州酒史》，《贵州文史丛刊》1982 年第 2 期。

省不经年。"酿一次酒，耗时将近一年，如果盛酒的容器过小，必然影响产量，因而大瓮与大甒都是酿酒过程中必不可少的工具。西汉中期以后，在"南夷"地区的郡县官吏之中盛行纵酒之风。六朝时期，贵州汉族官吏中饮酒之风有增无减，但酒器和酒具却发生了某些变化。例如平坝马场六朝墓中就出土有壶、罐、碗、杯以及铜鐎斗等。这当中，壶和罐属较大的容器，应是储酒器；铜鐎斗则是温酒器，孟郊"铜斗饮君酒，手拍铜斗歌"诗句中的铜斗即指此物。这一时期，汉族酒文化对当地少数民族酒文化产生了一定的影响。

第三节　唐宋元时期

唐代酿酒业和酒文化更加兴旺发达，并创造出以"春"字命名的名酒系列。宋代酿酒业和酒文化发展的新趋势是长江以南广大地区在酿制与生产方面迅猛崛起。尤其以江浙地区酒业最为发达，并形成了"川黔名酒带"。宋代黔地赤水河两岸，可以说酒坊林立，酒肆遍地。我国著名的茅台酒、习水大曲、董酒就产在这里的仁怀县、二郎滩和遵义城。不难推知，早在宋代，在四川、贵州相接临的地带，就形成了一条沿岷江、赤水河伸展的"川黔名酒带"。隋唐五代时，贵州出现了一种因煮酒的女奴而命名的"女酒"。宋代朱弁在其《曲洧旧闻》中记载了200种名酒，其中包括产于今贵州一带的"牂牁酒"和"凤曲酒"。

入唐以后，随着经济的增长与繁荣，酒业更是日益兴盛。唐代尤其盛行以"春"字命名的春酒系列。推究起来，大概是因为酒可以兴奋人的神经，使人悠然如临春境，带给人无穷惬爽之意，所以唐人以为酒有春意，因而以"春"名酒。唐朝初期，黔酒创造了具有划时代意义的酿造技艺——采用蒸馏技术来获取酒精度数更高的酒液，即蒸馏酒。据《西南彝志》记载，彝族九重宫殿的第一幢房子即是酿酒房：南方的大米，拿来蒸一蒸，蒸得好又软，酿成醇米酒，如露水下降。这"如露水下降"所得的酒液便是最为简单的蒸馏酒。《新唐书》载："西爨之南，有东谢蛮，居黔州西三百里。……昏姻以牛酒为聘。"这说明贵州少数民族在唐朝就已经养成了制酒、饮酒以及用酒的风俗习惯。喝酒对于当地民众而言既是一种享受生活的重要方式，又在一定程度上满足了祛辟烟瘴的生存之需①。唐宋以来，中原王朝因为黔北川南地区人烟稀少，"汉夷杂居，瘴乡炎峤，疾疠易乘，非酒不可以御烟岚雾，而民贫俗犷，其势不能使之沽于官"②，所以在这些地区"以烟瘴之地许民间自造服药酒"，也是一种为了稳定统治的重要举措。当时宋人已有配制药酒的习俗，如史志中有地黄酒、菊花酒、白羊酒③、真一酒④、桂酒⑤、苏合香酒、紫苏子酒、醍醐酒、山药酒、屠苏酒⑥、五加皮酒⑦等配方的记载。彝文《西南彝志》记载着大量关于少数民族酿酒的资料，已开始引起学者们的注意，通过进一步索寻探究，必将为我国酒文化史的研究提供新的学术生长点。

南方酿酒的崛起，是宋代酒业发展的新趋势。长江以南广大地区的酿酒技艺与酒业发展十分迅猛，尤其是江浙和川黔等地成为著名的酒乡、酒城，名酿迭出。宋灭后蜀不久，"夔、达、开、施、泸等地自春至秋，酤成即鬻，谓之小酒，……腊酿蒸鬻，候夏而出，谓之大酒。凡酿用秔、糯、粟、黍、麦等。及曲法曲式，皆从水土相宜"⑧。"小酒"是指"自春至秋，酤成即鬻"的"米酒"，其应是川黔民间广为流行的"醪糟"酒。而"大酒"则需使用蒸馏技术从酒糟中烤制出来，而且要贮存半年以上方可出售，即所谓的"候夏而出"。这种"大酒"的酿造技法与今天的蒸馏酒工艺其实已经相差不大。

① 黄庭坚在戎州时作《醉落魄·陶陶兀兀》词，前有序云："老夫止酒十五年矣。到戎州，恐为瘴疠所侵，故晨举一杯。"

② 《宋史·食货志》卷二一之七。

③ 《北上酒经》卷九四一。

④ 《真一酒并引》卷三九。

⑤ 《桂酒颂并序》卷二一，五九三。

⑥ 《酒谱》卷九四。

⑦ 《酒小史》卷九四。

⑧ 《宋史·食货志》。

宋代时，黔东湘西一带以"钩藤酒"最为普遍。南宋朱辅《溪蛮丛笑》云："五溪蛮"，"酒以火成，不醉不篘"。这是苗族、瑶族、仡佬族等兄弟民族酿制的土酒。这种酒随着唐宋时期一部分苗族的西迁而传到云南。宋代熙宁年间，杨佐在《云南买马记》中叙述"东密王""椎羊刺豕，夜饮藤嘴酒"。吴大勋《滇南见闻录》云："夷人酿酒，带糟盛于瓦盆，置地炉上温之，盆内插芦管数枝，凡亲友会集，男女杂沓，旁各执一管，吸酒饮之。"钩藤酒以其风趣引人入胜，故多受赞咏，如杨慎在饮用了九姓苗家的米酒后留下《哑酒》诗："酝入烟霞品，功随曲蘖高。秋筐收橡栗，春瓮发蒲桃。旅集三更兴，宾酬百拜劳。苦无多酌我，一吸已陶陶。"

当历史进入宋末元初时，酒再次迸发出浓烈的幽香——人们创造出了烧制蒸馏酒的全套设备和工艺，使蒸馏酒广为流传，突出的表现就是宋墓石刻《宴饮图》《待饮图》中的酒杯变成了小型的酒盅，而出土的宋元时期的酒碗、民间尚存的小型蒸馏制酒器，无疑是对蒸馏酒起源纷争的最好回答。贵州自古出名酒在历代史籍中是有迹可循的。北魏郦道元在《水经注·江水》中记载："江（长江）之左岸有巴乡村；村人善酿，故俗称巴乡清郡出名酒。"

第四节　明清民国时期

元明以后，特别是在清代近300年的时间里，贵州酿酒业进入鼎盛时期。清代小说《镜花缘》记载的全国50余种名酒中，就有贵州的苗酒和夹酒。乾隆《贵州通志》里也讲到了苗酒，说它主要产于都匀府各属苗族、布依族中，色泽红润，味道醇厚。李宗昉的《黔记》也对夹酒进行了描述，说夹酒以粮食为原料，先是用酿烧酒法，然后用白酒酿造法制成。除上述酒外，贵州少数民族的钩藤酒、刺梨糯米酒等也独具特色。在贵州琳琅满目的名酒中，最引人关注的是仁怀茅台春、茅台烧，经过相当长时期的发展，仁怀茅台春、茅台烧已经脱颖成为世界级名酒。

南方少数民族民众喜酒、好酒、嗜酒，酒在其生活中占有十分重要的地位。如苗族"嗜饮，多以沉湎荡其家"[1]。哈尼族"男女俱善饮，无不好酒者"。[2] 苦聪人"男女皆负柴薪、野蔬入市，必易一醉而归"。[3] 创于明代万历年间独特的回沙工艺，终于使贵州特色酒登上了中国酿酒业的大舞台。随之出现了"初有酿烧酒法，后再用酿白酒法而成"的夹酒，"用胡蔓草汁溲之"的窖酒等。就连与莎士比亚处于同一时代的东方文豪汤显祖也曾作诗赞美黔地拥有并使用的众多酿酒方法。

明清时期，随着我国传统社会经济的发展，酒文化的发展也达到了新的高度。特别是贵州地区酒业的发展更是突飞猛进，令世人瞩目。明万历年间，川黔白酒酿酒技艺渐臻完善。清康熙年间，茅台酒的酿造工艺已经趋于成熟。乾隆初年，四川总督张广泗疏凿赤水河，使得茅台镇成为川盐入黔的重要口岸，一时间出现了"蜀盐走贵州，秦商聚茅台"的商贸格局。道光《遵义府志》卷十七《物产》引《田居蚕宝录》记载："茅台烧房不下二十家，所费口粮不下二万石。"清代诗人郑珍写有"酒冠黔人国，盐登赤虺河"的诗句，可以说是茅台酒远近闻名的真实写照。

一、明清时期黔酒的品类

明清时期，我国传统社会经济继续向纵深发展，达到了前所未有的新高度。酿酒业也有了长足的发展，尤其是自古就享有酿酒盛名的黔地贵州，其酒业的发展更是令人瞩目。黔地民间酿酒相当普遍。酒的品类按酿制技艺可大致分为酿造酒、蒸馏酒和配制酒三大类。

1. 酿造酒

酿造酒即发酵酒。明清时期黔酒中有很多酒属于酿造酒，如老酒、女酒、九阡酒、咂酒、水酒、甜酒、夹酒等。咂酒主要为少数民族所酿制，嘉靖《贵州通志》载：慕役司白罗"酿大麦、苦荞、黄稗为酒"；宁谷司

---

① （清）吴振棫：《黔语》卷下。
② 乾隆《易门县志》卷六《种人》。
③ 道光《云南通志》引《恩乐县志》。

罗罗"凡会饮，不用杯酌，置槽瓮于地，宾主环坐，倾水瓮中，以藤吸饮，谓之咂酒"。清代时，"汉人亦多有仿此法酿酒者"①。女酒在《续黔书》中有过记载："黔之苗育女数岁时必大酿酒。既漉，候寒月陂塘池水竭，以泥密封瓮瓶，瘗于陂中，至春涨水满，亦复不发。俟女于归日，因决陂取之，以供宾客。味甘美，不可常得，谓之女酒。"②所谓老酒，"以麦曲酿酒，密封藏之，可数年""每岁腊中家家造酢，使可为卒岁计，有贵客则设老酒冬酢以示勤，婚姻亦以老酒为厚礼"③。乾隆《贵州通志》中所载"色红而味醇厚"的苗酒，则为荔波县九阡一带的水族人所酿制，俗称"九阡酒"。此外，思南府的水酒和夹酒、贵阳的甜酒也属酿造酒。酿造酒的浓度较低，在黔地少数民族民间社会中最为普及，多为民众自酿自饮。

2. 蒸馏酒

蒸馏酒，顾名思义，主要是将谷物原料酿造后经蒸馏而成。黔地开始大量生产蒸馏酒是在明代，当时一般称作"烧酒"或"火酒"，如思南府"土民率以高粱酿酒，淡曰水酒，酽曰夹酒。其用甑幂其糟粕，使气上升而滴下者为火酒，亦曰烧酒"④。明末清初，黔地少数民族的烧酒酿制技术已经达到了很高的水平。自清代以来，烧酒酿制技术在贵州各少数民族中得以普及推广。明清时期黔地烧酒当然还是以黔北仁怀茅台镇所产最为有名。清代道光年间的《遵义府志》载："茅台酒，仁怀城西茅台村制酒，黔省称第一。其料用纯高粱者上，用杂粮者次。"茅台酒为当地人所酿制，《黔语》载："茅台村隶仁怀县，滨河土人善酿，名茅台春。"《黔南识略》也载："茅台村地滨河，善酿酒，土人名其酒为茅台春。"茅台酒"极清冽……无色透明，特殊芳香，醇和浓郁，味长回甜……其品之醇，气之香乃百经自具，非假曲与香料而成，造法不易，他处艰于仿制，故独以茅台

贵州少数民族酒文化研究

---

① （清）吴振棫：《黔语·卷下·酒》，《丛书集成续编》（影印本），上海书店出版社1994年版。

② （清）张澍：《续黔书·卷六·女酒》，《续修四库全书》（影印本），上海古籍出版社1995年版。

③ 何伟福：《清代贵州商品经济史研究》，中国经济出版社2007年版，第129页。

④ （清）萧琯等：《道光思南府续志·卷二·地理门·风俗》，清道光二十一年刻本。

称也。"①

3. 配制酒

配制酒也称再制酒，是以酿造酒或蒸馏酒为酒基，再加配一些有特殊保健或药用价值的植物、中草药等制成。清代黔地的配制酒最有名的当属刺梨酒。一些地方史志对其制作方式进行了详细记载，如思州府岑巩县，"丛生郊野，随处皆有刺梨……晒干和甜酒，渍数日，再入烧酒浸之，即成刺梨酒。色黄，味甘，气香美，固封瓮口，至次年春夏间饮之尤佳"②。遵义府，"今黔人采刺梨蒸之，曝干，囊盛，浸之酒盎，名刺梨酒"③。贝青乔的《苗俗记》载："刺梨一名送香归……味甘微酸，酿酒极香。"黔地民众所酿之刺梨酒除了味道甘甜、气味香美之外，还具有相当高的保健和药用价值。它对于消化不良、食积饱胀及病后体虚等症均有独到的治疗效果。清道光《贵阳府志》里就有"以刺梨掺糯米造酒者，味甜而能消宿食"的记载④。因为只有黔地出产刺梨果，所以刺梨酒实乃当时贵州的一大特产。《铜仁府志》引《黔书》语："（刺梨）黔之四封悉产，移之他境则不生。"⑤

综上可知，明清时期，黔酒不仅品类齐全，而且分布广泛，如普安州，"食生嗄酒"⑥，"刺梨酿酒最清香……县属随地皆产"⑦；开阳县，"本地酿酒，以玉蜀黍为主，名曰烧酒"⑧。据《布依族简史》载："花溪刺梨糯米酒，驰名中外，它是清咸丰同治年间，青岩附近的龙井寨、关口寨的布依族首先

①　周恭寿：《民国续遵义府志·卷十二·物产·货类》，《中国地方志集成》（贵州府县辑），巴蜀书社 2006 年版。

②　蔡仁辉：《民国岑巩县志·卷九·物产志》，贵州省图书馆油印本 1966 年版。

③　（清）平翰：《道光遵义府志·卷十七·物产·货类》，《中国地方志集成》（贵州府县辑），巴蜀书社 2006 年版。

④　（清）周作楫：《道光贵阳府志·卷四十七·食货略·土物》，《中国地方志集成》（贵州府县辑），巴蜀书社 2006 年版。

⑤　贵州省铜仁地区志党群编辑室：《民国铜仁府志·卷七·物产》，贵州民族出版社 1992 年版，第 106 页。

⑥　（明）沈庠、赵瓒：《弘治贵州图经新志·普安州》，齐鲁书社 1996 年版。

⑦　杨传溥：《民国普安县志·卷十·风土志》，《中国地方志集成》（贵州府县辑），巴蜀书社 2006 年版。

⑧　解幼莹：《民国开阳县志稿·第四章·经济·工业》，《中国地方志集成》（贵州府县辑），巴蜀书社 2006 年版。

创造的。"思南县酿酒，"有火酒、水酒两种"①。总之，明清时期黔酒酿造区域广泛，无论是少数民族地区还是汉族聚居区均有大量民众以酿酒为业，这也从一个侧面折射了明清时期黔地酒业的繁荣程度。

二、明清时期黔酒发展的条件

明清时期黔酒之所以能够迅猛发展，完全得益于其自身所具备的一系列有利条件。

1. 粮食作物生产的发展

酿酒的主要原料离不开各种农作物，尤其是各种杂粮，如桐梓县酿酒"以高粱、杂稻、麦稗、苞谷作原料"②。思南县酿酒，"用苞谷烤者居多，用高粱烤者亦多"③。茅台酒"其料纯用高粱者为上，用杂粮者次之……其曲用小麦"④。所以，粮食作物产量的提高在很大程度上促进了酿酒业的进一步发展。贵州素有"八山一水一分田"之说，其耕地极为有限。明清时期，由于中央政府对黔地加强了管理，并采取了一些较为宽松的政策，从而提高了农民的生产积极性。明清时期贵州水稻种植面积有所扩增，亩产量也有所增加，这就使得好多地方"有歉岁无钘民"⑤，粮食生产能够自给自足且有剩余。明清时期，苞谷、麦类、番薯、高粱等农作物也得以大面积种植。如安顺府，"耕地分别为水田、旱地二类。……旱地出产玉米、麦、荞、豆、薯、红稗、高粱……"⑥。水田种植业的发展和亩产量的提高，耐旱山地作物的引种推广，为酒的酿造提供了主要原料。

① 马震昆：《民国思南县志稿·卷三·食货志·工商》，《中国地方志集成》（贵州府县辑），巴蜀书社 2006 年版。
② 李世祚：《民国桐梓县志·卷十七·食货志·物产一》，《中国地方志集成》（贵州府县辑），巴蜀书社 2006 年版。
③ 马震昆：《民国思南县志稿·卷三·食货志·工商》，《中国地方志集成》（贵州府县辑），巴蜀书社 2006 年版。
④ （清）平翰：《道光遵义府志·卷十七·物产·货类》，《中国地方志集成》（贵州府县辑），巴蜀书社 2006 年版。
⑤ （清）爱必达：《黔南识略·卷十七·石阡府》，清道光二十七年重刻本。
⑥ 贵州省安顺市志编纂委员会：《续修安顺府志·安顺志·卷八·农林志·农业》，内部资料，1983 年版。

2. 酿造技艺的提升

在长期的酿酒过程中，贵州少数民族人民积累了丰富而高超的酿制工艺与技术，并具有精巧的存储酒的经验。对于如何保存并贮藏已经酿好的酒，黔地民众颇有经验，如老酒，"以麦曲酿酒，密封藏之，可数年"[1]。苗族酿制的女酒，"候寒月陂塘池水竭，以泥密封瓮瓶，瘗于陂中，至春涨水满，亦复不发。俟女于归日，因决陂取之，以供宾客。味甘美，不可常得"[2]。正因黔民酿酒、制酒、存酒、藏酒有门道、有方法，才使得贵州之酒醇美无比。明朝时，蒸馏技术传入贵州，黔民开始酿制蒸馏酒（烧酒）。其中，最著名的还属茅台酒，其酿造方法也是非常繁复的。《续遵义府志》记载："茅台酒……出仁怀县茅台村，黔省称第一。……法纯用高粱作沙，煮熟和小麦曲三分，纳粮地窖中，经月而出蒸烤之，即烤而复酿。必经数回然后成，初曰生沙，三四轮曰燧沙，六七轮曰大回沙，以次概曰小回沙，终乃得酒可饮。"独特考究的酿造工艺保证了茅台酒的高端品质，遂其有"酒冠黔人国"之称。

3. 良好的水质

除充足合适的粮食原料、先进考究的制造工艺技术外，酿造美酒必须有优良的水质。贵州水源丰富、河流众多，主要河流有乌江、赤水河、锦江、清水江、洪州河、舞阳河等。这些河流一般都是由山间溪流汇聚而成，因而其水质比较清澈纯净，非常利于美酒之酿制。另外，贵州绝大部分山地植被保护较好，水分蒸发量较小，加上温润的气候，使得贵州山间清泉迭出、畅流不息。清代的爱必达在《黔南识略》一书中比较详尽地描述了黔地好泉好水的情况。常言道"好酒不离佳泉"，水质优良的山泉水为明清时期黔酒的发展创造了得天独厚的有利条件。

三、明清时期黔酒的兴盛

明清时期黔酒之兴盛，除了表现在酒的品类多、分布广之外，还体现

---

① 何伟福：《清代贵州商品经济史研究》，中国经济出版社 2007 年版，第 129 页。

② （清）张澍：《续黔书·卷六·女酒》，成文出版社 1967 年版，第 139 页。

在如下三个方面。

1.浓厚的饮酒风习

贵州少数民族人民的饮酒历史非常悠久，黔民好饮酒、常饮酒在史籍或者各种方志的"风俗篇"中不乏记载。到了明清时期，黔地饮酒之风较以往更甚。贵州民间饮酒之风在素来喜好饮酒的当地少数民族中表现得尤为明显。在广大少数民族地区，不光人们所饮之酒的种类与名目多，而且饮酒的场域、时空（诸如各种各样的节日庆典活动等）亦多。在长期的社会进程与生活实践过程中，贵州各族民众逐步养成了特色鲜明的酒文化和酒文明（包括各种酒品、酒规、酒功、酒俗、酒礼、酒歌、酒戏、酒器等等）。另外，明清时期贵州酒肆（酒店）也特别多，就连偏僻的乡村也是随处有酒可酤。清咸丰时期章永康所作《瑟庐计草》载："葵笋家家饷，刺梨处处酤。"这从一个侧面映射出了明清时期贵州饮酒之风的盛行和酒业的兴盛。

2.酒的商品化程度提高

明清时期贵州所酿之酒主要是满足自己生活所需，亦即自酿自饮者居多。此时酒的商品化程度确实也在不断地加深，并且达到了较大的规模。以茅台酒为例，"仁怀地瘠民贫，茅台烧房不下二十家，所费山粮不下二万石。青黄不接之时，米价昂贵，民困于食，职此故也"[1]。很显然，明清时期茅台镇的酿酒业已经高度商品化和专业化，甚至发展到了"与民争口粮"的地步。另有普安州的刺梨酒，"县属随地皆产，使有人精制出售，其利不可数计也"[2]。由此可以推知，贵州当时的刺梨酒也是为迎合市场需求而生产的。张国华的《茅台村》竹枝词中对此有记载："一座茅台旧有村，糟丘无数结为邻。使君休怨曲生醉，利索名缰更醉人。于今酒好在茅台，滇黔川湘客到来。贩去千里市上卖，谁不称奇亦罕哉。"[3]当时仁怀就出现了"集贸

---

① （清）平翰：《道光遵义府志·卷十七·物产·货类》，《中国地方志集成》（贵州府县辑），巴蜀书社2006年版。

② 杨传溥：《民国普安县志·卷十·风土志》，《中国地方志集成》（贵州府县辑），巴蜀书社2006年版。

③ 《贵州600年经济史》编委会：《贵州600年经济史》，贵州人民出版社1998年版，第152页。

以酒为大宗，多由陕西商贩经营"①的商贸现象。其他地方的酒也有一定的销售，如开阳县，"本地产酒除供本地外，倘有余销瓮安、遵义等地"②；兴义县的酒除行销本县外，亦销售邻县③。当然随着酒的畅销，其价格也受市场规律和供求关系的影响而不断提高，例如清末思南县"向来苞谷火酒一碗售 60 文，今则 100 文；高粱火酒向来售 120 文，今则售 160 文"。④明清时期黔酒商品化程度之高可见一斑。

3. 酒的酿造规模大

明清时期黔酒酒业之兴盛，还突出地体现在其规模上，其中最具代表性的就是久负盛名的茅台酒。明末清初，贵州仁怀地区的酿酒业几乎达到了村村有作坊的地步。到清康熙四十二年（1704 年），茅台白酒甚至开始出现了品牌，其中尤以回沙茅台、茅春、茅台烧春为标志性佼佼者。清代乾隆年间，贵州总督奏请朝廷开修疏浚赤水河道，以利于四川的盐更为方便地进入黔地，这就从客观上大大促进了茅台酿酒业的兴旺繁荣。到清嘉庆、道光年间，茅台镇上专门酿制回沙酱香型茅台酒的烧房已有"不下二十家，所费山粮不下二万石"。至 1840 年，茅台地区白酒的产量已达 170 余吨，在当时创下了中国酿酒史上首屈一指的生产规模。"家唯储酒卖，船只载盐多"的繁荣景象成为那一时期较为客观真实的历史写照。除茅台外，贵州其他地方的酒业规模也蔚为可观。如清末时，兴义县烧酒作坊也有 80 余户，全年产酒 45 万斤⑤；桐梓县酿酒"需粮合县计每日不下百石也"⑥。以点带面，我们不难想象明清时期黔酒的酿制规模。

① 《贵州通史》编委会：《贵州通史》，当代中国出版社 2002 年版，第 231 页。

② 解幼莹：《民国开阳县志稿·第四章·经济·工业》，《中国地方志集成》（贵州府县辑），巴蜀书社 2006 年版。

③ 卢杰创：《民国兴义县志》，《中国地方志集成·第七章·经济》（贵州府县辑），巴蜀书社 2006 年版。

④ 马震昆：《民国思南县志稿·卷三·食货志·工商》，《中国地方志集成》（贵州府县辑），巴蜀书社 2006 年版。

⑤ 卢杰创：《民国兴义县志》，《中国地方志集成·第七章·经济》（贵州府县辑），巴蜀书社 2006 年版。

⑥ 李世祚：《民国桐梓县志·卷十七·食货志·物产一》，《中国地方志集成》（贵州府县辑），巴蜀书社 2006 年版。

四、民国时期

中国人自古好酒，"乡农入市则酒店聚饮……有酒会，酒会必竞拳行令，不醉无归……茶酒为县人普遍之嗜好，客入家则茶烟立至，乡民入市白酒一杯群坐咀嚼，故茶社酒馆无处不有"①，及至民国时期自然也不例外。

彝谚云："官家爱印，彝家爱酒。"民国时期《姚安县志》云："彝人性益嗜酒，俗好饮酒，村民入市必痛饮至醉，醉后每有恣事者。"②民国时期《西康综览》亦记载："康人酒量之宏，汉人不及远甚。客至必饮。酒均自酿，有大麦酒、高粱酒、南麦酒、玉麦酒、稗子酒、糯米酒、乳酒、瓜酒等类。酒杯甚巨，一二岁小儿亦能尽其半器，几如汉人之饮茶。"③民国时期《渠县志》亦记载："客至，倾家酿，常备者为高粱酒，或以大麦、高粱杂酿之，盛以大瓮，插竹管二，诸客轮番吸饮，曰'呷酒'。"④呷酒即咂酒，在西南地区县志中多有记载，光绪《定远县志》记载："民间多造咂酒，黍、稷、稻、粱皆可使用。蒸熟后，和以曲糵贮坛中，用泥头封固，月余始熟，日久更佳。客至，或用火煨，或和坛水煮，令热后，取热水满贮。以细竹十字划破其头，夹以小竹茎，用粽皮包里（裹），中通入坛底，序长幼吸饮。上可添水一杯，则下可去酒一杯，转相传，至淡乃止。"⑤而酿制咂酒所需要的原料，各族有所不同。同治《直隶理番厅志》记载，酿制咂酒需要"麦、稷、粱、粟等米入酒曲，如法拌制，贮大坛中，数日始可用，至一二年更佳"⑥。而道光《绥靖屯志》的记载却是："以小麦、青稞及黍子、燕麦为之"。⑦大概与当地种植的作物有关。

民国时期的民族企业家逐渐树立并增强了品牌意识。1915年，茅台酒

---

① 凌受勋：《清代宜宾酿酒业与酒文化》，《中华文化论坛》2009年第4期。
② 《中国地方志民俗资料汇编·西南卷》，书目文献出版社1989年版，第93页。
③ 同上书，第400页。
④ 同上书，第346页。
⑤ 同上书，第316页。
⑥ 同上书，第391页。
⑦ 同上书，第393—394页。

在参加旧金山万国博览会时，凭借其酒香味美而荣膺金奖。茅台酒自此驰名中外，并开始享有中国"国酒"之称，在当时与英国苏格兰的威士忌、法国科涅克的白兰地齐名，合称为世界三大蒸馏白酒。于是"垂涎此种厚利，羡慕此项美名，继而倡导，设厂仿造者大有人在，所谓遵义集义茅酒，川南古蔺县属之二郎滩茅酒，贵阳泰和庄、荣昌等酒，均系仿茅台酒之制法，亦称曰茅台酒"①。另外，遵义程氏酿酒作坊的传人程翰章于 1932 年创制了董酒，传承并享誉至今。

---

① 张肖梅：《贵州经济》，中国国民经济研究所 1939 年版，第 21 页。

第三章
贵州少数民族的酒类与酒器

贵州既有得天独厚的气候、土地、水质、物产等酿酒条件，又有与中原地区同样悠久的酿酒历史、成熟而优良的酿酒技艺，因而贵州酒种类繁多，历来以品质上乘而闻名于世。除了商业名酒品牌外，贵州民间的酿造酒也种类繁多，各地独创的酿造方法杂之以丰富多彩的酿酒习俗，使得贵州酒类的生产异常多样化。随着酒文化的出现和发展，贵州的酒器也不断变迁，呈现出鲜明的时代特色、地域特色和民族特色。

第一节 贵州少数民族的酒类

贵州少数民族人民在生活中创造并传承着独特的酿酒技艺，凭借丰富而独特的气候和物产，酿造出品种繁多而醇厚美味的酒。贵州各地均出产美酒：黔北地区有茅台、董酒、鸭溪窖酒、湄窖酒、习酒等；贵阳地区有贵阳大曲、黔春酒、朱昌窖、阳关大曲、筑春酒等；安顺地区有平坝窖酒、安酒、黄果树窖酒、贵府酒等；黔南地区有匀酒、惠水大曲、泉酒等；黔西南地区有南盘江窖酒、贵州醇等；黔东南地区有青酒、从江大曲等；六枝地区有九龙液等。此外，贵州还有以珍稀药材天麻、杜仲等泡制的天麻酒、杜仲酒等药酒。贵州少数民族酿造的美酒逐步形成了以白酒为主体，同时包括米酒、黄酒、果酒和药酒等品种的结构体系。根据酿造方法的不同，贵州少数民族的酒基本上可分为酿造酒、蒸馏酒和配制酒三大类。

一、酿造酒

酿造酒又称发酵酒，是将含糖或淀粉的原料如粮谷、水果、麦芽等进行糖化或发酵后直接提取或压榨而酿造的酒，属于低度酒，酒精含量一般不超过20%。贵州酿造酒历史悠久，西汉时贵州的"枸酱"就是用当地枸杞酿造的酒。在漫长的历史时期中，贵州因山多地少，大米、糯米都相对缺乏，日常生活中饮用的酒一般都是用杂粮酿造，米酒主要用于节庆、祭祀和待客等重要场合。酿造酒是贵州大多数少数民族的传统酒类，品种繁多，如咂酒、水酒、女酒、甜酒、老酒、夹酒等。

1. 咂酒

咂酒又写作"砸酒"，古称"打甏"，也称"咂杆酒""杂酒""钩藤酒""芦酒"等，盛行于贵州苗、彝、仡佬、土家等民族中，历史悠久，源远流长。明代时，生活在贵州西部地区的各民族已经开始广泛酿造咂酒。咂酒对用料的要求不高，制作工艺也不复杂，因此在民间广泛流传，并延续至今。对于制作咂酒的原料，不同地区和不同民族各有不同，多以本地所产的主粮、杂粮为主，不蒸馏、不除糟。咂酒不仅是酒名，而且是一种饮酒方式。"咂"即吮吸，"咂酒"就是借助竹管、藤管、芦苇秆等管状物把酒从容器中直接吸入口中。因选用吸管的不同，咂酒又被称为竹管酒、藤管酒等。咂酒的饮用比较独特，并不是用杯子喝，而是将经发酵并存放了一段时间的酒整坛抬上，当场启封，主客用细竹制成的一米多长的咂管饮用，咂管一插到底，一边饮用，一边加入凉开水，直到完全没有酒味。饮者手捧咂秆，围绕酒坛边咂边舞，场面欢庆热闹。这种饮酒方法曾

咂酒酒坛及吸管

经在西南各民族中长期盛行。明代的徐霞客游历滇中时，在洱海边的铁甲场村民家吃晚餐时，就曾用这种独具特色的方式喝过酒："置二樽于架上，下煨以火，插藤于中而递吸之，屡添而味不减。"①

钱古训也提到过咂酒："宴会则贵人上座，其次列坐于下，以逮至贱。……酒或以杯，或用筒。"②

如何用筒喝酒？江应樑作了较为详细的解释：

> 筒以蕨楷，或用鹅翎管连贯，各长丈余，漆之而饰以金。假若一酿酒，则渍以水一满瓮，插筒于中，立标以验其盏数，人各以次举筒咂之。咂酒一盏，仍渍水一盏，传之次客。味甚佳，至淡，水方止，俗呼为咂酒。③

嘉靖《贵州通志》中记载慕役司白罗"酿大麦、苦荞、夷稗为酒"，宁谷司罗罗"凡会饮，不用杯酌，置槽瓮于地，宾主环坐，倾水瓮中，以藤吸饮，谓之咂酒"。清初查慎行有《咂酒》一诗："蛮酒钩藤名，干糟满瓮城。茅柴轮更薄，桐酪较差清。暗露悬壶滴，幽泉借竹行。殊方生计拙，一醉费经营。"清代时，咂酒酿造也在汉族中流行，吴振棫在《黔语》中说："汉人也多有仿此法酿酒者。"

在西南地区率军作战时，太平天国翼王石达开就喝过咂酒。相传石达开与洪秀全产生了矛盾，于气愤之下率军来到西南地区，当地民族就用咂酒招待他。石达开喝得酣畅淋漓后，写下一首赞美咂酒的诗歌：

> 万斛明珠一瓮收，
> 君王到此也低头。
> 赤虺托起擎天柱，
> 饮尽长江水倒流。④

① （明）徐宏祖著，褚绍堂、吴应寿整理：《徐霞客游记》，上海古籍出版社 2007 年版，第 915 页。

② （明）钱古训撰，江应樑校注：《百夷传校注》，云南人民出版社 1980 年版，第 71—74 页。

③ 同上书，第 74 页。

④ 中国民间文学集成全国编辑委员会、《中国民间故事集成·贵州卷》编辑委员会：《中国民间故事集成·贵州卷》，中国 ISBN 出版中心 2003 年版，第 407 页。

贵州少数民族酒文化研究

石达开把自己的豪情壮志融入了咂酒习俗之中，使得这一古老习俗熠熠生辉。

2. 女酒

女酒又叫女儿酒、姑娘酒，是全国风行的饮酒习俗。《续黔书》卷六"女酒"："黔之苗育女数岁时必大酿酒。既漉，候寒月陂塘池水竭，以泥密封瓮瓶，瘗于陂中，至春涨水满，亦复不发。俟女于归日，因决陂取之，以供宾客。味甘美，不可常得。"[①]讲的是贵州的苗族人民在女儿几岁大的时候要酿酒，经过滤后，在池塘干涸的寒冷天气里，将瓮瓶用泥密封后埋于池塘，待到女儿出嫁时，再取出宴请宾客。

3. 老酒

老酒基本属于窖酒一类，主要指可以存放较长时间而品质上乘的酒。宋人周去非《岭外代答》卷六载："诸郡富民多酿老酒，可经十年，其色深沉赤黑，而味不坏。"[②]这种"可经十年"而"其色深沉赤黑，而味不坏"的陈年老窖在贵州也广泛流传。范成大《桂海虞衡志·志酒》"老酒"条："以麦曲酿酒，密封藏之，可数年。士人家尤贵重。每岁腊中，家家造鲊，使可为卒岁计。有贵客则设老酒、冬鲊以示勤，婚娶以老酒为厚礼。"[③]这种老酒存放时间越长，酒味越醇厚，因此成为当时的珍品，是过年和婚嫁等重要场合必备饮品。

4. 水酒

水酒就是古人常说的"醪"，是发酵酒的一种，由掺入酒曲的黍、稷、麦、稻等原料糖化、发酵而成，通常将酒汁和酒滓同时食用，是贵州少数民族中饮用最为普遍、品种最多的酒。

二、蒸馏酒

蒸馏酒主要通过将发酵的原料加热蒸馏酿制而成，又称烧酒、白酒、

---

① （清）张澍：《续黔书》，成文出版社 1967 年版，第 139 页。
② （宋）周去非著，杨武泉校注：《岭外代答校注》，中华书局 1999 年版，第 233 页。
③ （宋）范成大著，孔凡礼点校：《范成大笔记六种》，中华书局 2002 年版，第 98 页。

白干酒。与其他种类的酒相比，蒸馏酒具有酒色纯净晶莹、无色透明、酒精度数较高等特点，是贵州少数民族酒中常见的种类之一。贵州蒸馏酒因品质卓越而享誉国内外，已形成多种知名品牌。其中，仁怀市茅台镇所产的茅台酒被誉为中国蒸馏酒第一品牌。

蒸馏酒历史悠久，早在明朝时，贵州已经开始酿造"火酒"或"烧酒"，这些火酒和烧酒就是现在的蒸馏酒，并且酿造工艺已经颇为成熟。明嘉靖《思南府志》记载："土民率以高粱酿酒，淡曰水酒，酽曰夹酒。其用甑幂其糟粕，使气上升而滴下者为火酒，亦曰烧酒。"明清时期，仁怀茅台镇所产烧酒就已经远近闻名。茅台酒又俗称茅台春、茅台烧、茅酒等，已经闻名遐迩，被誉为贵州省第一美酒了。《黔语》载："茅台村隶怀仁县，滨河土人善酿，名茅台春，极清洌。"《黔南识略》也载："茅台村地滨河，善酿酒，土人名其酒为茅台春。"清道光《遵义府志》载："茅台酒，仁怀城西茅台村制酒，黔省称第一。"茅台酒芳香特殊，浓郁醇和，味长回甜，酿造方法独特，很难被仿制，长期以来独冠九州。除茅台外，贵州各地，无论是少数民族地区还是汉族聚居区，都已经普遍开始酿造蒸馏酒。由于使用的原料不同，有高粱酒、苞谷酒、米酒及杂粮酒等，以高粱酒最佳，苞谷酒和米酒为最普遍。由于生产原料、酿造环境和酿造工艺不同，各种蒸馏酒的成分也各具特色，由此形成了风格迥异的香型，包括酱香型、浓香型、米香型、董香型和兼香型等。

1. 酱香型烧酒

酱香型烧酒因以茅台酒为代表，又称茅香型烧酒。酱香型烧酒香味类似酱坊发出的香气，由酱香、窖底香和纯甜三种气味融合而成，各种香气相辅相成，互相烘托，浑然一体。经化学定性分析，酱香型烧酒的香气含有一百多种微量成分，其主体成分目前尚未完全被弄清楚，可能是曲类衍生物。酱香型烧酒酱香突出、幽雅细致、酒体醇厚、回味悠长、色泽微黄，以饮后空杯留香且经夜香气持久不失而著称。酱香型烧酒由前香、中香和后香三种香气构成。启封时会闻到由低沸点的醇、醛、酯等物质呈现出的细腻优雅的芳香；细品时可尝到酱香气，夹杂着烘炒的甜香味；饮用之后，空杯会继续散放高沸点的酸性物质发出的后香——玫瑰花和香兰素的香气，并可保持五至七天。贵州酱香型烧酒的主要代表为茅台酒，此外珍酒、郎酒、习酒、贵阳夹酒、名将、汉酱、怀酒、金沙回沙酒、镇酒、贵酒等也属酱香型烧酒。

产于仁怀市茅台镇的茅台酒因其"风来隔壁三家醉，雨过开瓶十里香"和"空杯尚留满室香"的卓越品质，与苏格兰威士忌、干邑白兰地并称为世界三大名酒。茅台镇的酿酒历史源远流长。西汉时，这里便以"枸酱酒"闻名，西汉以后，这里所产芦酒远近闻名。茅台酒的卓越品质与其所处的特殊地理位置密切相关。贵州历来缺盐，需要输入川盐来满足人民的日常需求。茅台镇位于赤水河畔，地处水陆要冲，是川盐入黔的门户。最初的盐商多为晋人、陕人，他们喝不惯当地产的"辣口刺喉，并不受吞"的酒，无奈路途遥远，也不能经常喝上家乡品质优良的汾酒或西凤酒，于是只好请来家乡的酿酒师傅，在水质特佳的杨柳湾设坊酿酒。1939年出版的《贵州经济》里记述了这段历史："咸丰以前，有山西盐商某，来茅台镇，仿造汾酒制法，用小米为曲药，以高粱为原料，酿造烧酒，后经陕西盐商宋某、毛某先后改良制法，以茅台为名，特称'茅台酒'。"茅台酒汲取各地酿酒精华，加之茅台当地优良的自然酿酒条件和物产，使酒味道清冽，深受好评，并获得"酒冠黔人国"的美誉。据《田居蚕室录》记载，当时"茅台烧房不下二十家，所费山粮不下二万石，青黄不接之时，米价昂贵，民困于时，职是故也"。可见当时茅台酒的生产已经具有一定规模，不过限于当时的原料供应短缺，维持当时规模尚且不容易，更不要说扩大规模了。清光绪年间，华联辉在杨柳湾设"成义烧坊"，酿成"入口不辣，入喉不燥，醉后不渴，饮多头不昏痛"的回沙茅台，风靡四方。随后赖茅、王茅相继崛起，与华茅鼎足而立，冠压群芳。

珍酒被誉为"酒乡明珠""酒中珍品"。由于茅台酒产量很小，供不应求，为了实现中央把茅台"搞到一万吨"的愿望，贵州省组织相关部门于1974年在龙坩村辟建"贵州省茅台酒易地试验厂"，即现在的"贵州珍酒酿酒有限公司"。龙坩村地理环境和气候条件优越，北依娄山，南临乌江，冬无严寒，夏无酷暑，雨量充沛，无霜期长，为酒曲中的微生物提供了良好的生长环境；龙圹村又是贵州省通往四川省的必经之地，交通运输方便，而且酿酒历史悠久，早在唐代以前，即以芦酒（顺酒）闻名于世。龙圹村的龙圹泉清澈甘洌，极宜酿酒。经过十余年的探索，"易地茅台酒"终于在1985年10月通过国家科委鉴定，专家认为"该酒色清、透明、微黄，酱香突出，味悠长，空杯留香持久。香味及微量元素成分与茅台酒相同，具有茅台酒基本风格"。

习酒产于习水。习水原隶属于仁怀县，1915年成立习水县。位于二郎滩畔的习水酒厂，距离茅台镇仅有五十公里，与四川郎酒厂隔赤水河对望，共饮一河之水。习酒问世后，因酱香突出，品质上乘，完全具有茅台酒的风味，遂与茅台、郎酒一同成为钓鱼台国宾馆和人民大会堂的待客佳酿。

2. 浓香型烧酒

浓香型烧酒以窖香浓郁、绵甜甘洌、香气协调为主要风格，以贵州醇、平坝窖酒、青酒、安酒、鸭溪窖、小糊涂仙、百年糊涂为代表。贵州醇产于黔西南布依族苗族自治州。酒是黔西南苗族、布依族等少数民族生活的重要组成部分，无论是在平时生活还是在重大节日、礼仪活动中，他们自酿自烤的苞谷酒和米酒都担当了重要角色。黔西南地区历史悠久、民族文化丰富多姿多彩、物产独特，苗族、布依族等民族传承着优秀、完整的酿酒技艺，加之盘江水的甘甜清洌，种种因素赋予了贵州醇特别的口感，使其酒香持久浓郁、绵甜爽口，铸就了低度浓香型白酒的经典之作。除浓香型外，贵州醇近年来还成功开发出了优雅细腻的奇香型白酒。

青酒主要产自黔东南苗族侗族自治州，主要有浓香型和酱香型两种。世代居住在这里的苗族、侗族等少数民族人民爱喝酒、善酿酒，使得黔东南的空气里都飘溢着酒的芳香。他们既自酿自饮，又以酒接客待物、欢庆节日。在黔东南独特的民族节日里，各民族以酒欢庆，以酒为歌，增加了节日的欢乐气氛。青酒以低度、甘甜、含有浓香而享誉于世。

3. 米香型烧酒

米香型烧酒由于香气似蜂蜜，也称蜜香型烧酒，其主体香是乳酸乙酯和 B-苯乙醇，也含有乙酸乙酯，具有米香纯正淡雅、入口醇甜甘绵、落口怡畅等特点，以水族九阡酒为代表。九阡酒，民间俗称"九仙酒"，产于贵州省三都水族自治县九阡区，是水族人民以悠久而丰富的酿酒经验酿造的一种独特的糯米窖酒，酒精度数在 25～30 度之间。这种酒看上去像蜂蜜，色泽棕黄厚重，喝起来味道微甘，酒香馥郁。糯米是九阡酒的主要原料，由于在酿制过程中又加入了多种药材，因此九阡酒具有活血舒筋、健身提神的功能。九阡酒窖藏的时间愈长久，酒味就愈醇厚。九阡酒往往在孩子出生时酿造、下窖，直至他们结婚甚至寿终时才拿出来饮用。

4. 董香型烧酒

董香型烧酒因董酒而得名。董酒以工艺独特、风格独特、香气成分独特的"三独特"及其优良品质在全国白酒中独树一帜，董酒所代表的香型在 2008 年被正式确定为"董香型"。因在酿造过程中使用了百余种中草药，董酒香气优雅舒适，酒液清澈透明，入口醇和浓郁，饮后甘爽味长。董酒酿造于遵义市北郊约五公里的董公寺地区，又有"思乡酒""多情酒""友谊酒""典雅酒"等称号。董公寺地区的酿酒历史悠久，至少可以追溯至南北朝之时。清代末年，董公寺酿酒业得到迅速发展，且已经颇具规模，仅从董公寺到高坪十公里的地段内，便出现了十余家酿酒作坊，其中，程氏作坊所酿的小曲酒脱颖而出。20 世纪 20 年代，程氏作坊的烤酒工人程明坤凭借自己创造的独特的"双曲法"和"串香工艺"，创办了自己的酒作坊，酿造董公寺窖酒；20 世纪 40 年代更名为董酒，具有很强的市场竞争力。贵州文人肖光远极为赞赏董酒，称之"饮之而甘"，并为其题词曰："为惜清凉好呼酒，世间炎热亦可有？"

5. 兼香型烧酒

兼香型烧酒集酱香、浓香等两种或两种以上香型于一体，具有一酒多香的特点，一般有自己独特的生产工艺，以匀酒和习将军为代表。

三、配制酒

配制酒又称再制酒，是以酿造酒或蒸馏酒为酒基，再配加一些药材、植物果实制作而成。贵州少数民族配制酒主要包括药酒、果香植物配制酒等。

1. 药酒

药酒是贵州少数民族配制酒的重要组成部分。贵州地理环境和气候独特，为多种药用动植物提供了得天独厚的生存场所，素有"天然药库"之称，更有"夜郎无闲草，黔地多灵药"的说法。据中药资源普查统计，贵州省药用动植物矿物资源有4290多种，总蕴藏量为6500万吨。全国统一普查的有363种，贵州出产326种，占89.61%。药用植物资源丰富、具有适合酿酒的天然气候，使得贵州少数民族人民酿造出了种类繁多、疗效良好的药酒，如遵义的长寿长乐酒、罗汉补酒、老君灵芝酒、贵阳福（禄）寿酒、道真芙蓉江三珍酒、德江天麻酒、沿河荞酒等都是有口皆碑的名品。以贵州珍贵药材天麻泡制的天麻酒，可治疗四肢麻痹、晕眩头痛、风湿、半身不遂、身体虚弱及高血压等症；以杜仲酿制而成的杜仲酒，有强健筋骨、强壮腰膝的作用。

2. 果香植物配制酒

贵州最有名的果香植物配制酒为刺梨酒。刺梨酒历史悠久，流传广泛。据目前可见的资料，关于用刺梨酿酒的记载，最早见于清道光十三年（1833）《还任黔西》的诗句："新酿刺梨邀一醉，饱与香稻愧三年。"同时代的《苗俗记》载："刺梨一名送香归……味甘微酸，酿酒极香。"因此，刺梨酒最晚在清朝道光时期已经出现，至于最早出现于何时，则需要进一步考证。《布依族简史》中还记载了花溪刺梨酒："花溪刺梨糯米酒，驰名中外，它是清咸丰同治年间青岩附近的龙井寨、关口寨的布依族首先创造的。"据此可以推断出，花溪刺梨糯米酒产生于清朝咸丰、同治年间。花溪刺梨酒的产生时间也能与《还任黔西》中的记载相互印证，由此可以确认刺梨酒在清代已经产生。

一些地方史志详细记载了刺梨酒的制作方法，如思州府岑巩县，"丛生郊野，随处皆有刺梨，晒干和甜酒，渍数日，再入浇酒浸之，即成刺梨酒。色黄，味甘，气香美，固封瓮口，至次年春夏间饮之尤佳"。遵义地区"今黔人采刺梨蒸之，曝干，囊盛，浸之酒盎，名刺梨酒"。普安州"刺梨酿酒最清香……县属随地皆产"。贵州刺梨酒不仅味甘气香，而且具有很高的保健药用价值，对于消化不良、食积饱胀及病后体虚等症状有很好的疗效。道光《贵阳府志》中就有"以刺梨掺糯米造酒者，味甜而能消宿食"的记载。

第二节　贵州少数民族的酒器

酒器是指在酿酒、贮酒、量酒、煮酒、饮酒等过程中使用的各种器皿的总称，有广义和狭义之分。广义的酒器指的是从酿造、贮藏到倾杯入盏、吸饮入口的整个过程中所使用的所有器皿，包括酿酒器、贮酒器、运酒器、卖酒器、盛酒器、煮酒器、品酒器、饮酒器、饮后用具等，如煮饭的锅、酿酒的瓮、蒸酒的甑、贮酒的桶、舀酒的瓢、饮酒的管、倒酒的壶等，除了酒器之外，还涉及部分食器、水器、礼器。狭义的酒器特指饮酒时所用的器具，主要包括盛酒器、煮酒器、饮酒器和贮酒器。

酒器与酒关系密切，两者相互辉映，共同构成酒文化的重要内容。贵州少数民族在酿造美酒的过程中，不仅重视酒本身的品质，而且十分注重酒器的实用、美观，创造了丰富多彩的酒和酒器。彝族民间谚语曰："酒好无好杯，好酒难生辉。"精美酒器不仅是智慧与技巧的结晶，而且能够提升酒的内涵，甚至在某些场合酒器的重要性超过酒，例如在重大仪式中，精美的酒器更具有象征意义，可谓是"美食不如美器"。酒器是人们在追求和享受物质文明的基础上追求精神文明的体现，生动地表达了人们对美好生活的向往和追求。

在漫长的酒文化史上，酒器的材质和制作发生了巨大的变化，但按照材质分类的标准基本一致。本节主要从材质和功用两个方面来介绍狭义的酒器。

一、按材质划分

根据制作材料不同，贵州少数民族的酒器主要分为天然材料酒器、陶制酒器、青铜酒器、漆制酒器、瓷制酒器、金银酒器、锡制酒器、玻璃酒器、铝制酒器等。从社会发展进程来看，贵州少数民族最早的饮酒工具是植物茎秆。随着社会的发展，人类社会由采集发展为狩猎、畜牧，于是人们将动物的角、蹄挖空磨制为杯，如彝、苗等民族创造了角杯和角酒。角饮比哂饮先进，因为它不是直接从盛酒器中饮用，而是倒入饮酒器皿中再饮，标志着饮酒方式的新发展。随着人类由畜牧社会进入农耕社会，以农业生产为主的民族发展了制陶业，创造出陶质酒杯、酒壶等系列酒具，使酒具日趋丰富和完善。有些民族不生产陶器，其器皿皆为木制，创造了木制酒器或木皮胎漆酒器。贵州大多数地区属于连绵不断的山地，生态环境较为封闭，长期以来社会发展缓慢，因此保存了许多珍贵的古老文化。随着社会生产力的提高、社会文明的进步和酒具工艺的发展，金属和瓷制等酒器也出现在贵州少数民族特殊阶层的生活中。从出土的历史文物来看，贵州的酒器基本遵循这样的演进过程：新石器时期，酒器以陶器为主；夏商周时以青铜器作为主要的酒具；秦汉时期，漆酒器流光溢彩；魏晋南北朝时期，瓷器崭露头角，并逐渐成为主要酒器；隋唐时期，金银器迅速发展；宋元明清时期，瓷器在酒器中的地位急速提升。与此同时，一些古老的酒器，如竹筒、牛角、葫芦等，至今仍在贵州少数民族生活中占据重要地位。

1. 天然材料酒器

天然材料酒器至今仍在贵州少数民族中广泛存在，是少数民族人民发挥聪明才智、充分利用大自然的体现。最常用的天然材料有竹筒、动物角、葫芦、藤草等。苗族、侗族、哈尼族、水族、佤族和彝族等少数民族至今仍使用竹筒或牛羊角饮酒，并且喝牛角酒通常是他们最盛情的待客方式。布依族用"酒格当"汲取坛中的米酒。苗族的酒海用灯草编成，滴酒不漏。彝族、侗族、哈尼族等少数民族也常用原木、蚌壳等制作酒壶、酒杯。

（1）角杯

角杯是用水牛或其他动物的角制作而成的酒具，在贵州少数民族中普遍流行，并且"以瓷贮酒，执牛角遍饮"之风流传至今。据目前可见的资料可知，最早关于角杯的记载出现在明朝后期杨慎所著的《滇程记》中。

角杯（图片摄自贵
州酒文化博物馆）

《滇程记》里说平越（即今黔南州福泉市）"诸夷"："岁暮即场醵会，持牛角为觥，吹芦笙为乐。"清代时贵州少数民族非常盛行使用牛角酒具，《平越直隶州志》《黔西州声》《黔记》《黔书》等地方志中均记载了贵州少数民族使用牛角杯进行集社、迎宾等礼俗活动的内容。嘉庆《黔西州志苗蛮》在解释"仲家"时说："以大瓮贮酒，执牛角灌饮醉。"李宗昉《黔记》中说今惠水、广顺、安顺、兴义等地的"菠笼仲家"："以牛角对饮。"贵州少数民族的角杯与汉族古代的"牛酒宴席"和"牛酒赏赐"习俗密切相关。"牛酒"是指牛肉和美酒。古人常以牛肉和美酒待客。唐宋时期，贵州少数民族"婚姻以牛酒为聘"，其中的牛是一头或数头完整的活牛，是将来姑娘家父母死后办"斋牛酒"用的。因这样的礼俗花费太大，明朝初年朝廷开始明令少数民族简化婚俗。由此贵州少数民族改用牛角取代活牛，并用牛角盛酒代替"牛酒"。牛角杯在日常生活中用得较少，一般只用于正式的礼仪场合，如节庆活动、迎宾庆典、丧嫁仪式等。贵州酒文化博物馆珍藏了一对乾隆龙凤牛角杯，杯身左右各雕一龙一凤，雕龙摇尾吐雾，雕凤口含灵芝缓缓飞翔，色彩典雅鲜亮，两杯杯脊上分别刻有"大清朝乾隆叁拾肆年季夏用潘按江晋记长用"和"乾隆三十四年季夏用潘按江田部长用"等字样，可以想见其应用场合之隆重。

（2）鸬鹚勺

鸬鹚勺是贵州西部彝族、贞丰布依族、黔东南侗族普遍使用的一种长柄酒勺，因其手柄长似鸬鹚颈而得名，布依族又称之为"酒疙瘩"。长柄酒

各种各样的"酒格当"（图片
摄自贵州酒文化博物馆）

勺也是汉族古代常用的舀酒工具。随着唐代饮酒之风盛行，人们将其命名为"鸬鹚勺"。贵州少数民族的鸬鹚勺有的是用老葫芦去瓢制成的，有的是用木头制成的。

将葫芦挖去瓜瓢制作鸬鹚勺的习俗与葫芦的种植历史一样久远。在我国，用瓢杓做酒具历史悠久，据考证，周代就有壶、杓、觞等酒具，汉唐时期乃至以前，杓是不可或缺的饮酒用器。贵州少数民族把用葫芦制成的舀酒、盛酒器具统称为"酒格当"。"酒格当"形状繁多，有的是切去葫芦柄做成酒壶，有的是将葫芦竖切为二做酒瓢，有的在大头处开一圆口制成酒杓。这些古老的饮酒器具现今在汉族地区已经很少见了，但在贵州少数民族地区仍在使用。"酒格当"的流传与贵州少数民族的居住环境和饮酒习惯有关。贵州少数民族爱喝酒、会酿酒，或自酿自饮，或以酒待客，"酒格当"可以就地取材，方便经济又适于饮用。

（3）咂酒秆

贵州少数民族的咂酒多用藤管或竹管饮用，所以又称"藤酒""连秆酒""令秆酒"。《仁怀直隶厅志艺文》载道光年间陈熙晋关于仁怀厅（今赤水市、习水县一带）风俗诗，其中有"深浅筒吸酒"的句子，并且注明仁怀厅境内"俗尚咂酒，以竹管吸之"。

（4）海螺杯和鹦鹉杯

贵州酒文化博物馆收藏着一对龙里苗族的传世酒具——海螺酒杯。海螺酒杯最早见于晋人的描述中。葛洪的《抱朴子·酒诫》中就有"琉璃海螺之器并用"的说法。海螺杯在唐代又被称为"红螺杯"，在唐宋时期使用范围很广。除海螺杯外，"蚌壳酒杯"在唐宋也被广泛使用，由于其喙部和颜色很像鹦鹉，于是被时人称为"鹦鹉杯"。三都水族和黄平苗族至今仍使用古老的蚌壳酒具，但蚌壳酒具在贵州出现的时间有待进一步考证。

蚌壳酒杯（图片摄自贵州酒文化博物馆）

2. 陶制酒器

陶制酒器从新石器时代到夏商两代一直盛行，直到商代以后才退居次要地位，但从未绝迹。贵州少数民族很早就开始使用陶制酒器。贵州出土了众多新石器时期的酒器，如小陶壶、瓶、杯等，不仅数量多，而且形制复杂，说明贵州当时陶器制作已经达到了较高的水平。贵州早期的酒坛都是陶制，原始古朴，与少数民族自然淳朴的生活环境和朴实厚道的民风民俗和谐共融，给人以独特美感。在威宁中水镇发现的一批古文化遗址中，作为酒器的西汉绳纹红陶杯、高足陶碗、单身红陶罐等不仅数量多，而且形制复杂，证明了贵州酒文化历史之悠久。在仁怀市东门河云仙洞洞穴居室遗址中，考古人员发掘出土了一批陶制专用酒具，其中除大口樽、酒杯外，还有类似于酒瓶的盛酒器。贵州汉墓里也出土了诸多的陶制酒器，包括陶罐、陶钵、陶壶、陶瓮等。方格纹陶罐是贵州汉墓出土的典型文物，几乎每墓都出，做工精致，造型奇

威宁中水出土的西汉红陶杯
（图片摄自贵州酒文化博物馆）

特。目前少数民族较常用的陶制酒器主要包括陶罐、陶甄、陶碗、陶酒坛、陶瓮等。如牙舟陶是贵州生产的一种土陶，用牙舟陶盛酒也由来已久。黔东南苗族侗族自治州苗族的酒海以灰土陶制作，形状似钵，专门用于斟酒。彝族、苗族、侗族、土家族、布依族等民族用来盛哑酒的酒坛也都是陶制的。

3. 青铜酒器

青铜酒器起源于夏，鼎盛于商周。商周时期是我国青铜器制造的鼎盛时期，也是我国青铜酒器的形成时期，还出现了专门以制作酒具为生的职业氏族——长勺氏和尾勺氏。青铜酒器是商周时期祭祀用的礼器，造型奇特怪诞，纹饰烦琐复杂，铸造工艺精湛高超，在中国漫长的酒器文化历史中占据重要地位。贵州少数民族青铜文化较为发达，因而铜制酒器也广泛流传。汉晋时期牂牁郡的僚人制造铜器的技术相当好，《魏书·僚传》记载他们制造的青铜器"既薄且轻"。此外，在普安县青山区铜鼓山考古中发现了一些陶片、铜渣、坩埚、戈石范和其他青铜文物，也证实这里曾是汉代青铜器的生产场所。

商周时期酒主要用作祭祀的礼品和供贵族挥霍的奢侈品，因此青铜酒器不是日常的生活用具，更多是作为礼器使用，体现了奴隶社会的礼仪典章制度，是奴隶社会礼治文化的象征，在商周文化中占据重要地位。据统计，在商周时期的50类青铜器中，仅酒器就占24类，且每种酒器式样不一。根据不同场合、不同用途和不同等级，应选择不同酒器，如《礼记·礼器》记载："宗庙之祭，尊者举觯，卑者举角。"因此，商周时期的青铜酒器种类繁多、形制丰富、用途多样，主要可分为煮酒器、盛酒器、饮酒器、贮酒器等。有尊、壶、区、卮、皿、鉴、斛、觥、瓮、瓶、彝等盛酒器，有瓠、觯、角、爵、杯、舟等饮酒器，还有被称为樽的温酒器等。贵州汉墓就出土过大量铜制酒器，包括细颈铜壶、铜梁壶、铜蒜头壶、铜杯和铜镳斗等。商周以后，青铜酒器逐渐衰落，取而代之的是漆制酒器。

4. 漆制酒器

秦汉时，随着我国漆器制造业步入鼎盛，漆制酒器逐渐取代陶制和青

大方漆酒器（图片摄自
贵州酒文化博物馆）

铜酒器，一跃成为主流酒器。漆制酒器是在竹胎、木胎上髹漆制成的，实用、简练、轻巧，体量小，基本继承了青铜酒器的形制。漆制酒器与青铜酒器的最大区别在于，漆制酒器不像青铜器那样被当作礼器来使用，而主要作为一种实用器具来使用。

漆制酒器的品种繁多，主要分为樽、卮、耳杯、扁壶等酒具，器身绘饰活泼清新，生活气息浓厚。漆制酒器开始在装饰中使用金属镶嵌，为以后其他类型酒具的装饰奠定了基础。髹黑涂朱的漆器早在新石器时代就已经出现在贵州大地上。商周至秦汉时期，彩绘、戗金夹纻、嵌螺钿、镶嵌、贴金银箔等髹漆工艺在贵州形成，漆器品种不断增多。贵州出土的西汉漆耳杯麻胎，两耳鉴金，遗漆施彩，华丽高贵。在现今的贵州少数民族中，彝族的漆制酒器最负盛名。

5. 瓷制酒器

南宋白底黑牡丹纹酒瓶
（图片摄自贵州酒文化博物馆）

瓷制酒器大约出现在东汉前后，一直沿用至今，也是目前应用最广泛的一种酒器。与以前的酒器相比，瓷制酒器基本沿袭了其他酒器的形制，继承了以前酒器的花纹图案，但在性能和外观上都有极大提升。青瓷酒器大量出现在六朝以后，通过贵州六朝墓的发掘可知，这一时期酒器的质地已主要是青瓷，其次才是铜器。平坝马场六朝墓中的酒器组合，是青瓷鸡首壶、四系罐、碗、杯和铜鐎斗等。六朝墓中出土的青瓷酒器，质地坚硬，釉色青翠。出土这类青瓷酒器的墓，一般随葬较多的金银饰品，说明墓主社会地位较高并拥有相当多的财富。此外，湄潭县出土的明代白瓷青花酒坛、遵义出土的南宋白地黑牡丹纹酒瓶、道真出土的清代夹缸等酒具都表明了贵州陶瓷酒器已经发展到较高水平。

6. 金银酒器

金银酒器是一种极为奢华的酒器，也是身份、地位的一种象征。因其贵重性，金银酒器多用于祭祀和大型宴会活动中，以彰显虔诚和富有。中华人民共和国成立以前，贵州的金银酒器主要为少数民族贵族和土司头人所拥有，普通群众很少有用金银酒器的。例如，贵州彝族等少数民族在举行祭天大典时会使用金银酒器。此外，贵州少数民族《斟酒歌》中也出现了对金银酒具的描述。《斟酒歌》流传至今，说明了人们对酒器的讲究："金在何方？银在何方？金在云南，银在四川。搜得金来打金壶，买得银来打银杯。金壶头打波罗盖，脚下打的凤凰墩；银杯前打鹦哥嘴，后边打的手捏平。酒在瓮里香满屋，倒进壶里红纸封，好把金壶亮晶晶，妹端银杯哥来斟。"

7. 锡制酒器

贵州锡制酒器流行于各民族中。锡制酒壶主要用于婚嫁和生日宴席等礼仪场合，因此有十分严格的使用规矩。黔北地区在接亲时，男方送去的彩礼必须备齐两把锡制酒壶，由两个人提着，壶中装满酒，去敬奉新娘家的祖宗。在习水县土城地区，清末民初盛行"宴席酒"，即生日酒和婚礼酒的总称。席间，"押礼先生"要行饮酒礼仪，向客人敬酒，叫"洗酒"。洗酒时押礼先生用小锡壶装酒，执酒姿势十分讲究：向客人敬第一杯酒时，要用拇指和无名指卡住酒壶提梁尾部，第二次敬酒要执提梁前部，第三次敬酒要执提梁中部，这几个把位分别叫作"码尾""码头""提码"。如果押礼先生手位不合规矩，就会被客人罚酒。

贵州少数民族酒文化研究

二、按功能划分

从功能上看，酒器主要分为煮酒器、盛酒器、饮酒器和贮酒器等。

1. 煮酒器

煮酒器包括酿酒时所用的烤酒酒具和饮酒前所用的温酒酒具两种。

清代夹缸烤酒器
（图片摄自贵州
酒文化博物馆）

（1）甑

甑是贵州少数民族传统的烤酒工具，历史悠久，主要用来蒸熟酿酒的粮食、酿造蒸馏酒、蒸馏酸败的酒醅等。贵州汉墓出土的陶瓮和大陶甑，有"和曲酿瓮中"和蒸粮、蒸酒的功能。酒甑蒸酒法是利用酒精与水的沸点不同，而通过蒸馏方法得到高浓度酒的酿酒法。茅台酒厂用的甑是一个大蒸锅，直径约 1.5 米，高约 1 米，单体可容纳 1500 斤酒糟。蒸酒时，蒸汽会从甑的下方进入，通过酒甑，从上端的出气管进入循环冷水的冷凝器，然后从冷凝器的水管中流出。

（2）爵、铜镶斗

爵是可以用来热酒的温酒器具，下以三足支撑，可以架在火上，盛行于青铜时代。魏晋南北朝时有一种叫铜镶斗的温酒酒具，是一种使用非常方便的煮酒器，一般是铜制，一个圆盘形的身下有三条兽蹄形腿，身上伸出一条长长的手柄，便于手握，口沿有流，倒酒流畅。温酒时，将酒倒在铜镶斗中，把它放在火上，便可温酒煮酒。

（3）其他煮酒器具

除以上煮酒器外，各民族还有自己独特的酒器。贵州酒文化博物馆展出的六角温酒套具，造型呈侗寨古楼的六角阁楼状，外施黑、褐、灰蓝等色釉。器身有六根兽形装饰的楼柱，从阶沿一直支撑到楼顶，楼柱间雕饰有掩闭大门，酒器底部也为六角状，每道棱之间雕有阶梯数级，延伸于大门之下。酒器的瓶口有沿，以便取置。楼檐下有六个挂口，可放挂酒杯。楼身中间为空，可盛热水，然后将酒瓶放置其中煮酒。六角温酒套

清仿唐白釉双鼠耳温酒器
（图片摄自贵州酒文化博物馆）

具巧妙地将贵州侗族建筑艺术与饮酒风俗、饮酒功用汇于一体，展示了丰富多彩的文化内涵。

2. 盛酒器

盛酒器是一种盛酒备饮的容器，饮酒之前把酒装入盛酒器里，便于将酒倒入小杯。单从盛酒器的形状特点来分，历史上出现的盛酒器可分为尊、壶、觥、杯、盏等。尊是一种敞口、高颈、圈足、饰有动物图案的盛酒器皿；壶是一种颈长、腹鼓、足圆的酒器；觥是一种兼有盛酒、饮酒功能的酒器，造型多取兽形，上有盖子，常用作罚酒；杯是用来盛放酒水的器物，一般为椭圆形，材质多是玉、铜、银、瓷等，小杯又称为盅、盏。此外，还有卮、彝、卤、罄、击等形状不一的盛酒器。

（1）陶酒壶、铜酒壶

陶酒壶和铜酒壶是贵州自古沿用至今的重要盛酒器具。贵州各地汉墓中多次发掘出形态各异的陶、铜酒壶。毕节青场瓦窑村出土的壶有球形腹和瘦长腹两种，其中长颈黑（灰）陶壶，造型美观，做工精致，泥质纯，火候高，器壁薄，外表经过磨光，肩部装饰以各种纹饰。安顺宁谷汉晋墓出土的陶酒壶，泥质夹砂灰陶，盘口、长颈、鼓腹、圈足，颈腹部有黄灰色薄釉装饰，肩部有横耳一对，腹部有凹弦纹四道，圈足上部近底处有对

贵州少数民族酒文化研究

称穿孔两个。可见陶酒壶在古代就将实用性与工艺美很好地结合在一起。贵州汉墓里还出土了很多铜壶，有的有提梁，有的颈小如管，腹圆鼓而大，腹表刻满怪兽和几何形的纤细花纹，装饰考究，口部较小，非常适于装酒。

倒壶（图片摄自贵州酒文化博物馆）

贵州酒文化博物馆展出的一款倒壶是贵州酒器中的精品。这款倒壶无口，盛酒的时候要将底部朝上，酒从壶底正中间的孔注入，然后通过孔管缓缓流向壶中，待酒装满后再将酒壶翻转过来。这款倒壶的壶身为桃形，顶部稍尖，平底，色釉相交，分别为绿色釉和酱褐色釉，光洁闪亮，色感生动。倒壶底部向上则为白陶本色。倒壶小巧别致，典雅美观，是近代以来流传于民间的斟酒器，反映了贵州民间精妙的酒器制作工艺。

（2）酒坛

茅台镇民间装酒的竹制酒篓，当地称"支子"（图片摄自贵州酒文化博物馆）

酒坛既是贵州少数民族广泛使用的酿酒工具，也是重要的盛酒器具，一般为陶制，具体样式因不同地区、不同民族而有所差异。苗族、彝族等少数民族饮用的咂酒一般都用酒坛盛装。苗族地区的吸酒坛，口部较小，颈部较短，肩部丰腴，腹部较大，底部平稳，外表呈酱褐色。彝族的咂酒坛，一般为圆口，颈部较长，肩斜，腹部修长，底部平稳，翻口沿处有立体三角纹，色釉棕红，通常放置于竹编的酒篓中以防碰坏。

（3）其他盛酒器

竹酒筒是一种集盛具、饮具于一体的酒器。黔东南地区苗族的酒海是用于为客人往酒碗中斟酒的酒器。

3. 饮酒器

饮酒器指的是饮酒入口时捧在手上的酒器。贵州少数民族的饮酒器主要有耳杯、陶觚、动物角杯、木碗、陶碗、连杯、海螺、竹筒、藤管、芦秆、漆壶等。一般来说，在日常生活中贵州少数民族会用土碗做酒杯，逢重大节日和吉日就会改用牛角杯来饮酒。咂酒在贵州少数民族中广为流行，因此咂酒秆也是贵州少数民族独特的饮酒器具。

（1）耳杯

从贵州出土文物来看，漆耳杯和铜耳杯是汉代常用的饮酒器具。但那时漆器和铜器是财富和地位的象征，因而漆耳杯和铜耳杯主要为贵族阶层所使用。贵州清镇汉墓出土的漆耳杯非常精致，黑底朱绘，朱漆内壁，耳缘嵌鎏金铜边，下绘凤纹，铭文注明杯的容量为"一升十六"，该杯实际容量为370毫升，即7.4两。六朝以后耳杯逐渐被青瓷小碗或碗形小杯所代替。平坝马场六朝墓中出土的青瓷小酒杯，通高3.4厘米，外口径6.1厘米，底径3.4厘米，酒杯容量为45毫升，即0.9两。酒杯容量的剧变表明六朝时期很可能已经出现了高度的蒸馏酒。

汉代的鱼纹青铜耳杯（图片摄自贵州酒文化博物馆）

贵州少数民族酒文化研究

（2）陶觚

觚是古代的一种饮酒器，最初为青铜制，盛行于商周时期，圈足，敞口，长身，口部和底部都呈现喇叭状。威宁中水出土的古夜郎国陶觚（杯）的器身上，刻着一个很大的彝文读音是"gu"的符号。无论从造型还是用途、名称的发音上，都与商代典型的饮酒器"觚"相同，可以判断它就是古代贵州少数民族作为酒杯使用的觚。觚不仅是古代重要的饮酒器，而且常常作为古代祭酒仪式的礼器和象征。处于周礼日衰的春秋晚期的孔子，对当时传统祭酒

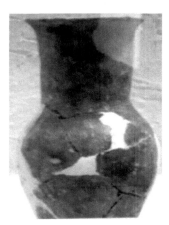

商代陶觚（图片摄自贵州酒文化博物馆）

中礼器觚的制作不十分讲究非常不满，曾发出"觚不觚，觚哉！觚哉！"的感慨，可见在此之前，人们相当重视作为礼器的觚。威宁中水的少数民族应该也有一套饮酒、祭酒的仪礼制度，但由于墓葬者社会地位低微和生活贫困，只能用陶觚代替青铜觚。

4.贮酒器

贮酒器是较长时间贮藏、存放酒的容器，而盛酒器是饮前暂时存放酒的容器。当然，盛酒器和贮酒器有时候可通用。贵州汉墓出土的贮酒器主要有陶罐、陶瓮和细颈铜壶等。魏晋南北朝时出现了青瓷贮酒器，包括青瓷鸡首壶、四系罐等。

（1）陶罐、铜罐

陶罐的用途很多，用来装酒仅仅是其用途之一。平坝县平坝乡汉墓出土的陶罐上刻有铭文："永元十六年（104年）正月廿五日，为古沈，四耳、褒面、小口，中可都酒，行贺吉祠，古沈直金廿五"，铭文证明"永元罐"是作为装礼祭用"春酒"的酒罐。由此

汉代纹硬陶罐（图片摄自贵州酒文化博物馆）

可以推论，贵州汉墓里出土的很多器形、质地相似的陶罐，很可能是作为酒罐使用的。除陶罐外，在赫章可乐发掘的汉代"南夷"墓葬中还出土了鎏金的铜罐。

（2）陶瓮

陶瓮是大型贮酒器。唐代刘恂在《岭表录异》里提到："南中（即今贵州、云南）酿既熟，贮以瓦瓮。"道光年间《贵阳府志》卷八十八《苗蛮》里说"仲家"："以大瓮饮酒。"《续遵义府志》卷十二《物产》云："酒香溢出，分贮大、小瓮。"可见瓮自古以来就是贵州少数民族贮藏酒的重要容器。

第三节　贵州少数民族酒器的材料和工艺

随着时代的变迁、经济社会的发展，酒器的制作技术、材料、外型等变得更加成熟和完善，出现了更加丰富多彩的酒器。从整体来看，贵州在汉代之前的酒器具有鲜明的地方特色。从汉朝开始，贵州酒器在造型风格、工艺、质地等方面受到中原文化的影响越来越明显。现今的贵州少数民族酒器既承继了历史，又在此基础上不断创新，使其异彩纷呈。其中最能体现贵州少数民族酒器特点的便是酒器的特色材质。由于自然地理环境和民族文化特点的独特性，贵州的酒器制作材质与中原各地有很大不同，丰富多样，新奇古朴，民族色彩浓郁，蔚为大观。按照材质特点分类，贵州酒器可以分为竹制、草藤制、角制、陶制、青铜制、瓷制、金银制等诸多种类。

一、天然材料酒器的材质与工艺

远古先民已经开始用植物茎根、动物骨角等天然材料制作酒器。由于这些天然材料的"加盟"，才形成了诸如竹筒酒、牛角酒等贵州特色酒。将稻粱美酒与大自然材料淳朴结合，是贵州少数民族先民因地制宜、就地取材的智慧结晶。

1. 角制酒器

宋代石酒杯（图片摄自
贵州酒文化博物馆）

从汉字造字的角度看，酒器的制作最初都与角有关，如青铜制作的酒器角、觥、觚、觯、觯等都是"角"偏旁。虽然现今汉族已经很少使用角质酒器了，但是贵州少数民族仍在制作、使用角质酒器。苗、侗、彝、水、布依等少数民族至今仍保留着制作、使用兽角酒杯的习俗。他们在宰杀健康强壮的牛、羊时，根据需要截断其角，制成酒器。因此，用牛羊等大型、中型动物的角制作酒觥或酒杯是贵州少数民族天然酒具的一大特色。角质酒器制作工艺是先将牛羊角放在水中煮开，然后把角内杂物掏净挖空，并将角面打磨匀净，最后在杯口、杯身刻以斜纹及三角、点、线等几何纹样或人物、动物、花草等。通常以牛羊角做成的酒器被称为酒觥，其形制特点是腹椭圆，上有提梁，底有圈足，兽头形盖，也有将整个酒器制作成兽形的，并附有小勺。角制酒器现今已不普遍使用，但在婚嫁喜庆、民族节日等重大场合仍用以盛酒敬客，以表示尊重。

侗族的"牛皮"酒杯（图片摄自贵州
酒文化博物馆）

为了美观，苗族会在酒觥上镶嵌银饰，漆上生漆，雕刻图案，使得酒觥典雅美丽。酒觥上雕刻的每个图案几乎都是一个个生动的故事。彝族的角杯由打磨光洁的牛羊角制作而成，彩绘亮丽，图案丰富，是彝族酒具的重要组成部分。侗族的牛角酒觚往往雕刻着龙、凤、鱼、蝙蝠等图案，大多没有文字，不用银饰等，与苗族有些许区别。牛角酒杯通常会被侗族男子悬挂在腰间，造型别致，轻巧方便，美观实用。水族的牛角酒觚通常摆放在神龛上，用作祭祀的礼器。专门用来祭祀的牛角酒觚更是做工精良，且以对称为美，如两个酒觚由一个木头雕刻的底座相连，可以拆卸，左边一个为凤，右边一个为凰，全身遍布纹饰和图案，只有在最重要的日子里才会盛满酒。水族用野山羊角制成的酒觚，仅有手掌般大小，外形精巧可爱，专门给妇女饮酒用。

2. 竹、草、藤制酒器

贵州少数民族过去通常用竹、藤、芭蕉叶制作酒器。以竹筒做酒器的历史悠久，先秦时将此类器皿称作"竹卮"。目前这类酒具在汉族地区已很少使用，但在少数民族人民的生活中仍常见。贵州自古盛产竹子，这里有全国著名的竹乡——赤水，竹林总面积和人均面积均居全国前列。勤劳智慧

藤编酒海
（图片摄自贵州酒文化博物馆）

的贵州先民早就发明了用竹子制作天然酒器的方法。在漫长的历史长河中，竹酒杯成为贵州常见的一种饮酒器，主要有筒制和根制两种。筒制竹酒杯制作简单，取一节竹筒，一截为二，竹节为底，每节竹筒可做成两只酒杯。根制竹酒杯是将竹根晾干，把侧根、须根削去，再把主根挖空为容器，将外部打磨光亮便可。还可以根据对容量的需求来截取竹筒，同时保持两端的竹节完好无损，将竹筒锯断为长短不一的两段：较长的一段可以作为盛酒的竹酒壶；将较短的一段挖去1厘米左右的内壁，可作为酒壶的盖子。在酒壶口的外壁也削去1厘米左右长的外壁，可使酒筒的两段紧密套合。饮酒时，筒盖又可以作为酒杯使用。为便于携带，还可在竹酒筒上刻一凹槽，在凹槽处系上绳索，以便系在腰际或挎在肩上。苗族有时会用竹片粘

贴五官、竹篾编成耳环，将装米酒的竹筒装饰成头顶银冠的苗家姑娘形象，背面题有赞美苗族酒的诗词，足见其工艺之精巧。

草编酒壶、酒杯、酒海等酒具在贵州苗族、瑶族地区流传广泛，它们全以灯草编成，盛酒时点滴不漏，堪称绝品。灯草乃多年生草本植物，其茎细长，茎的中心部分用作菜油灯的灯芯，俗称灯草。贵州少数民族在夏季时将灯草采收、洗净、晒干，用来编织各种容器，其中就包括各类酒具。

除了用纯天然的材料制作盛酒器，彝族、苗族、侗族、仡佬族等民族将细竹管或芦苇管插入酒坛中吸咂饮酒，称为咂酒，则更是别有一番风味。有些咂酒竿的制作工艺十分讲究，如宋代周去非在《岭外代答》中记载，宋代岭南壮侗先民"打甏"（即咂酒）所用竹管"管长二尺，中有关捩，状如小鱼，以银为之。宾主共管吸饮，管中鱼闭，则酒不升，故吸之太缓与太急，皆足以闭鱼，酒不得而饮矣"[①]。明朝钱古训《百夷传》讲明代南方百夷咂酒"筒以蕨楷，或用鹅翎管边贯，各长丈余，漆之而饰以金"。这种制作精美的咂酒竿往往是在招待贵客时使用，在日常生活中，咂酒竿虽然不华丽，却精致、实用。仡佬族在把咂酒装缸时，先准备好两根手指粗、约一米长的水竹竿，其中一根用火燎拐弯，除顶端留一竹节外，其余竹节打空，插入缸中后再密封。密封的时间越长，酒味越醇浓。饮用时，将顶端的竹节打通，直竿进空气，弯竿做吸具。贵州咂酒使用糯米、玉米、小米、荞麦、茅稗做原料，酒渣混于水酒之中，不滤出。由于酒渣混于酒中，饮酒竿必须经过特殊处理才不至堵塞。在苗族、彝族地区，人们将饮酒竿底端对破成8—10丫，每个丫长寸余，后用细篾将其编织起来用以过滤。在黔北等地的汉族地区，咂酒竿底端以竹节封底，从节部向上纵破3寸余长竹篾一片，如纸薄。在咂酒竿破口处捅三四个小眼，然后把破开的竹篾粼插于最低一个小眼内，护住其他几个眼不被酒渣堵塞。

3. 葫芦酒器

葫芦是世界上最古老的农作物之一，贵州少数民族有着悠久的种植和

第三章　贵州少数民族的酒类与酒器

---

① （宋）周去非著，杨武泉校注：《岭外代答校注》，中华书局1999年版，第427页。

使用葫芦的历史。葫芦酒器制作简单：待葫芦成熟后，挖空籽瓤，在细茎处系上绸带或绳索即可。葫芦酒器外形美观、体积小而容量大，携带方便，一般用于走亲访友时盛酒，是贵州少数民族中常见的酒具之一。

4.木制酒器

木制酒器大多用树龄较长、纹理细腻、木质坚硬的优质木材制作而成，有的则是用树根制成。其制作工艺包括晾干、去皮、挖空、打磨等程序，之后再刷上清漆或朱漆。倒酒入杯后，木制杯会使酒色呈现出美丽的琥珀色，因此不仅实用，而且具有很高的审美价值。

二、青铜酒器的材质和工艺

青铜酒器以铜锡合金为基本材质，造型精美，花纹繁缛，依托于较高的冶炼和铸造水平，种类齐全，基本包括了现代酒器的全部种类，主要可分为储酒器、盛酒器、温酒器、饮酒器等类别。青铜酒器的每个品类造型不一，各具特色。储酒器容量大，储酒多，简单实用，主要包括尊缶、大壶、鉴缶等，例如缶，就是大腹、小口。《礼记·礼器》："五献之尊，门外缶，门内壶。"储酒器放在门外，足见其大。盛酒器和温酒器主要有尊、壶、彝、瓮等，制作精美，造型丰富多样，如尊就有十几种鸟兽造型，壶的式样也很多，具体形状不一，口部有大有小，腹部有圆有扁，有的是长颈，有的带提梁，有的有附耳，有的带盖子，但大都为长体、圈足。青铜饮酒器主要有爵、角、觥、杯等，往往兼有煮酒、温酒的功能。有的饮酒器有三只足，以便放在火上加热。饮酒器的造型更是多种多样，有的带流用来出酒，如爵等；有的不带流，如觚等。不同造型的饮酒器各有其

务川县江边村出土的西汉蒜头形青铜壶
（图片摄自贵州酒文化博物馆）

用途，带流的用以饮清酒，不带流的主要用以饮带酒糟的醴，由此可见古人超凡的智慧。

青铜酒器在中国的雕塑艺术上曾铸造了非凡的辉煌，其造型多是各种动物形象，如羊尊、牛尊、虎尊、象尊等，惟妙惟肖，雕刻细腻，其图案或由两个或多个鸟兽糅合而成，或表现故事情节，具有很高的艺术价值和丰富的故事性。商代的青铜酒器不仅追求花纹的精细繁复、寓意的神秘莫测，还运用平面装饰、立体装饰，采用高浮雕和圆雕装饰，其技艺水平之高令人叹为观止。周代青铜酒器风韵古朴，高贵典雅，追求简洁、明快、豪放的艺术风格，并将这些风格发挥得淋漓尽致，成为中国酒器文化的瑰宝。

三、陶制酒器的材质与工艺

陶制酒器是用一种或多种混合的陶土为原料，经高温焙烧而成的器皿，它的诞生使人类的物质文化生活向前迈进一大步，具有划时代的意义。陶酒器自问世起就与艺术完美结合，无论用料、造型还是装饰、美工，都十分讲究。肖型酒器在新石器时代便已经出现，如鹰形陶尊、狗形陶觥、人形陶瓶、鱼形陶壶等，制作精良，形象逼真，栩栩如生。

贵州出土的陶制酒具种类多样，工艺精湛，历史悠久。贵州发现的最早的陶制酒器——牙舟陶风格独特，釉色以黄、绿、紫、褐为基调，造型厚重古朴，装饰以浅浮雕为主，图案中吸收了布依族、苗族等少数民族服饰、蜡染和刺绣中的图案花纹，具有浓郁的民族特色。遵义新舟宋墓、杨粲墓等出土的梅瓶、彩绘漆鼓壶、扁壶和苗族倒壶，威宁出土的西汉绳纹红陶杯、高足陶碗、单身红陶罐，遵义出土的南宋白地黑牡丹纹酒瓶、陶酒碗，湄潭出土的明代白瓷青花酒坛，道真出土的清代夹缸酒套具，做工精致，造型奇特，都反映了贵州酒器的精美

宋代青釉陶碗
（图片摄自贵州酒文化博物馆）

和技艺的高超。除此之外，平坝马场汉墓 1956 年出土了带有铭文的东汉时期陶罐，不仅美观实用，而且具有很高的文化价值。陶罐下腹部刻有隶书铭文 33 字，为"永元十六年正月廿五日，为古沈四瓦，奄面小口。中可都酒行贺名祠。古沈直金廿五"。[①]

最早出现的古陶酒器主要分为泥质红陶、夹沙红陶、白陶、灰陶和黑陶等，其烧制温度一般比较低，外观较粗糙，造型简单，包括瓶、罐等酒器。随着历史的发展，陶制酒器造型日趋丰富，分类更加详细，制作技艺越来越精细。自宋朝以来，由于高度蒸馏酒的出现和逐渐普及，小容积饮酒器越来越多地出现在饮酒活动中，陶瓷小酒杯也逐渐演变成家庭常备的饮酒器具。

四、漆制酒器的材质与工艺

彝族的漆类酒器主要包括三种原料：胎料、色料和漆料。胎料可分为木胎、皮胎、竹胎、角胎、竹木胎、皮木胎六种，以木、皮胎为主；色料包括红、黄、黑三色，分别用生漆加朱砂、石黄、锅烟调制而成；漆料主要从漆树中提炼而来。彝族在制作漆制酒器时，要先做胎骨，即打造漆器雏形，将其打磨光滑后，填平抹光，然后涂上漆料，并绘上花纹图案，最后阴干即可。

彝族漆制酒具主要有酒壶和酒杯两大类。酒壶包括圆酒壶和扁酒壶两种。圆酒壶又有罐形酒壶、筒形酒壶，扁酒壶包括鸡形酒壶、鸟形酒壶、扁圆酒壶等。圆酒壶的壶身造型一般为圆罐形，壶顶呈宝塔状，有伞状的小边沿，边沿上以花纹装饰，壶身为罐形或筒形，装饰图案主要以同心点纹、工字纹、羊角花纹、长锯齿纹等纹饰为主。鸡形酒壶是彝族漆制酒器中的特色酒器。鸡和雏都是彝族的吉

西汉朱绘雷凤纹漆耳杯
（图片摄自贵州酒文化博物馆）

---

① 禹明先：《平坝出土"永元罐"铭文剖析》，《贵州文史丛刊》1990 年第 3 期。

祥物，所以彝族常常将其形象用于日常用具中。鸡形酒壶由鸡头、鸡身、鸡尾三部分构成，造型生动逼真。鸡翅上有洞连接鸡身，实为进、出酒孔，壶腹下有扁圆形底座，便于酒壶摆放。酒壶全身有黄红条纹和羊角花纹装饰。鸟形酒壶同鸡形酒壶相似，不同的是，鸟形酒壶身形略扁，背微拱，有个方形扁尾，进酒孔、出酒孔都在嘴部，造型较为乖巧可爱。

漆制酒杯中最有名和最具特色的是鹰爪杯。鹰是彝族崇拜的猛禽，代表着勇气、智慧与力量。彝族人民认为用鹰爪杯饮酒可带来吉祥、好运。鹰爪杯的杯柄与底座由经过特殊处理、干燥定形的鹰爪制成，身为倒钟形，饰之以红底或黑底，上绘网格纹和花瓣纹，久用也不会变形。鹰爪杯是较昂贵的酒具，过去一般只有上层社会和富人才使用。

五、瓷制酒器的材质和工艺

瓷制酒器是用瓷土烧制的酒器，在陶器的基础上发展而来。但瓷制酒器已经与陶制酒器有了很大不同，其造价低廉，坚硬耐用，轻巧简便，不易腐蚀。瓷酒器种类繁多，形制各异。除了常用的酒杯、酒壶、酒坛、酒碟、酒瓶外，还有各种仿制瓷品，造型美观，釉层光润，装饰华美，生动逼真，留下了诸多珍品。大量出土文物证明早期的瓷器在商代即已出现，但那时的瓷制酒器制作简单粗糙。瓷酒器因成本低、烧制容易，备受好酒的商代人青睐，逐渐取代了数量有限、价格不菲的青铜酒器。商代瓷酒器形状多是模仿青铜酒器，青铜酒器影响了其独立发展，使其并未自成风格。东汉时期，浙江地区创造性地烧成了青瓷，瓷制酒器逐渐摆脱青铜酒器的影响，并走上了独立的发展道路。在唐代，饮茶、饮酒之风空前盛行，瓷制酒器的制作更为精美。在宋代，瓷器制作进入鼎盛时期，此后历时千年而长盛不衰，沿用至今。

清代青花酒碗
（图片摄自贵州酒文化博物馆）

六、金银酒器的材质和工艺

金银酒器主要以贵重的黄金和白银为基本材料加工而成，制作非常精细，主要通过打制成形，并通过錾花等复杂工艺加以装饰。贵州最早出现的金银酒器并不是纯金银制品，而是鎏金、鎏银酒器，就是表面饰有金银的制品，如赫章可乐墓出土的鎏金铜釜。所谓"鎏金、鎏银"本来是成色好的金银，正如《集韵·十八尤》所说："美金谓之鎏。"现在是指将金、银和水银合成金汞剂，涂在铜器表面，然后加热使水银蒸发，金、银就附着在器面不脱落，用以做装饰。还有一种工艺是"错金、错银"，即把金丝或银丝、金片或银片嵌在器物表面，作为装饰或铭文。鎏金、鎏银或错金、错银的酒器从外形看比过去的青铜酒器要精巧很多，加之以金银装饰，更显得华贵。据历史学家考证，我国的金银错工艺，包金、鎏金工艺，在战国时期就已经十分精湛，汉代以后，金银酒器的制作又达到更高水平。赫章可乐墓出土的鎏金铜釜，颈细腹鼓，简洁美观，釜足线条矫健，挂耳精巧纤细，通体鎏金，不仅华丽，而且实用。隋唐五代是金银酒器使用的鼎盛时期，金银酒器制作的传统工艺与外来技艺相结合，出现了将金融化后均匀而细致地涂在器皿表面的镀金工艺。随着制作技术的成熟，金银酒器数量大为增加，其从帝王将相府"飞入普通百姓家"。

第四节　贵州少数民族酒器的价值和意义

贵州悠久的酿酒历史使得少数民族酒器和酒器的演变成为贵州酒文化的重要组成部分。酒器不仅仅是酒赖以存身的容器，而且已经成为酒文化的重要载体。纵观全世界，酒器大都兼有实用性和艺术性特征，并体现出丰富的文化内涵，可谓"一器一世界"。贵州少数民族酒器因原料、技艺、文化等特殊性，更是独树一帜、价值非凡，在酒文化史上具有重要的地位和意义。

一、见证了酒器演变历史和生产技艺的变迁

酒器在历史长河中不断地发展和丰富。随着生产力水平的进步、酒业的发展，酒器的种类越来越多，制作水平也越来越高，从最初的土罐、陶罐，发展到青铜器、木器、漆器、瓷器、金银器，到今天的优质陶瓷酒器、磨砂玻璃瓶、水晶瓶等，通过对酒器的原料、技艺、造型和用途等研究，我们可以了解不同时代贵州少数民族酒器的整体水平，从而勾勒出其酒器演变的历史过程，并一窥贵州少数民族酿酒业的发展史。

二、折射出社会文明发展史

研究贵州少数民族酒器，既可以了解贵州少数民族的酒器发展历史，也能通过酒器推测其背后的社会、经济和文化沿革状况，从侧面折射出整个社会的发展史。例如，贵州省出土的汉代漆耳杯上的铭文不仅反映了当时手工业的精细和酿酒业的发达，而且在一定程度上体现了当时社会结构等级关系等；贵州出土的六朝青瓷酒器从造型上与武汉、南京等地的器物极其相似，这说明贵州与当时的政治中心存在着密切交往的极大可能性。

三、反映了当时社会的审美水平与取向

酒器既是一种实用器具，又是一种特殊的工艺品。贵州少数民族众多，文化丰富绚丽，酒器更是异彩纷呈，独具特色。在酒器的生产过程中，贵州少数民族人民在其中注入了他们文化中独特的审美元素，包括材质、色彩、线条、形状、图案、历史典故、神话传说等，使得本没有色彩的有了色彩、本没有区别的加入了各种造型、本没有内容的增添了内容，从而赋予酒器多姿多彩的艺术生命力和艺术价值，表达了他们独特的审美情趣和文化内涵。酒器

清代青花山水四方酒樽
（图片摄自贵州酒文化博物馆）

是承载着贵州少数民族文化和审美的物体，具有独特的艺术价值和收藏鉴赏价值。

四、表现了贵州少数民族的社会习俗和文化传统

用什么样的酒器和如何使用这种酒器本身就是一种社会习俗，反映了人们在特定环境下根据自己的目的和条件对于现有物质的利用方式。因此，酒器不仅作为酒的载体，而且作为一种文化的表现形式承载了丰富的文化内容，具有鲜明的文化属性。比如，有的酒器制作精美，以文字和图腾精心装饰，在使用场合上有着严格规定，只有在祭祀祖先和天地日月等庄重场合和待客时才能使用，是区分亲疏、贵贱的权力与地位的象征，表现出浓重的礼器色彩；有的酒器如牛角杯由于底尖不能搁置，一杯在手不尽饮不能罢休，充分展现了贵州人民的好客和豪饮之风等等。这些酒器及酒器的使用规矩从多方面传递了不同民族文化的精神气质、思想信仰与制度规范。

总体来看，汉代之前的贵州少数民族酒器地域特征明显，汉代以后，其工艺、造型、质地等呈现出浓郁的中原文化风格，从中既可以看出黔地文化与中原文化的交融，又可窥见由于贵州远离政治腹地的地理环境而造就的不同于主流文化的地域文化。

黔南龙里县唐氏家族珍传的山螺杯，只在祭祀祖宗时使用（图片摄自贵州酒文化博物馆）

第四章
贵州苗、侗、布依、水、
彝族酒文化概述

贵州民族众多，据第六次全国人口普查数据，这里有 54 个民族，民族文化多姿多彩，其中苗族、侗族、布依族、水族、彝族是贵州除汉族外人口较多的民族，它们的酒文化摇曳多姿，形式多样，内蕴丰厚。本章重点介绍这几个民族的酒文化，论述酒的起源、酒类、酒俗和意义等。

第一节　苗族酒文化

苗族主要分布在中国的黔、湘、鄂、川、滇、桂、琼等省区，以及东南亚的老挝、越南、泰国等国家。据第六次全国人口普查数据，贵州是我国苗族人口最多的省，共计 396.84 万，占全国苗族总人口的 42.1%。苗族历史悠久、文化灿烂，古老的神话、史诗等民族文学至今仍在口头传唱，古朴的习俗仍在世代相传，绚丽的民族服饰仍在迎风招展，悠扬的歌声仍在山野飘荡。

酒文化是苗族文化的重要组成部分。酒在苗族生活中非常重要，在苗族的日常生活、节日、仪式等场合都不可或缺。苗族人民愿喝酒、爱喝酒、好喝酒，他们不仅酿造了种类繁多的美酒，而且创造了多姿多彩的苗族酒文化。苗族人民热情好客、性情爽朗，他们认为酒是待客的最好物品，在饭桌上如果只有丰盛的菜肴而没有美酒，就是怠慢了客人，于是每逢亲朋好友到来，苗族人民就会拿出自家酿制的美酒来招待，形成了"无酒不成礼仪"的习俗。俗话说"酒吃人情肉吃味"，在饭桌上，即使只有一两道素菜或者辣椒水都行，但是必须要有酒，这样客人才会满意。在苗族人家做客，如果面对主人的殷勤劝酒，客人能够豪爽地一饮而尽，那么他就会受到主人的尊敬和喜爱；如果拒绝主人的敬酒，或者推三阻四，那么主人就会十分不悦。因为在苗族人看来，酒是招待贵客的，如果客人不喝他们的酒，就会被认为是嫌弃他们或者不尊重他们，自然在主人心中这样的客人也是不受欢迎的。苗族酒文化并不是孤立存在的，而是融合于酒歌、酒礼、酒俗中。酒歌传承了苗族人的历史记忆，酒礼凝聚了苗族人的族群情感。通过酒文化，我们可以生动而全面地了解苗族人民的社会、文化和习俗等。我们先简单介绍一下苗族有关酒起源的观点。

一、苗族关于酒起源的传说

关于酒的起源，苗族有很多传说。限于篇幅，本章不能一一列举，仅选取其中流传较广、影响较大的两种来介绍。

1. 剩饭说

苗族酒文化源远流长，酒的起源传说颇多，其中有代表性的是剩饭说。很久以前，有一个苗族小伙吃完饭后，将吃剩的糯米饭留在锅中，外出去亲戚家玩耍。几天之后回家，他闻到一股很香的味道，便四处找寻，发现香味来自锅里长了白毛的糯米饭。小伙抓了一把饭放进嘴里尝了尝，觉得味道很好。从此以后，苗族人民就用这种方法来酿酒了。苗族的这种酿酒方式与晋代文学家江统在《酒诰》中所说的"有饭不尽，委余空桑，郁积成味，久蓄气芳"这一酿酒方式十分相似。

2. 丰收说

相传有一年，一户苗族人家因为勤劳能干而收获了很多粮食，但是因家中人口较少，粮食堆积如山，怎么吃都吃不完。到了第二年夏季，这户人家来到储存粮食的仓库中，闻到一股酸甜的味道，经过几番搜查，才发现原来是堆在下面的粮食受潮发霉而产生的味道。因为觉得这种味道很好闻，于是他们就把多余的粮食取出来放置在一个小缸中，洒入适量的清水，密闭放在阴凉处发酵。一段时间之后，坛中的粮食散发出阵阵香味。苗族人民发现这种方法既可以把多余的粮食处理掉，又能酿出甘美醇香的美酒，于是开始按照这种方法来酿酒。

二、苗族的酒类及酿造技艺

苗族人民爱喝酒、善酿酒，创造了丰富多样的酒和精湛的酿酒技艺。本节介绍苗族几种较有特色的酒及其酿造技艺。

1. 苞谷烧酒及酿造技艺

苞谷烧酒以苞谷①为原料酿制，酒精度数一般在 50 度以上，度数高、酒性烈、口感重。作为苗族的经典酒，苞谷烧酒早已深入苗族人民的生活中。千百年以来，在苗族人民的生活中，苞谷烧酒是必不可少的，它是苗族人民之间情感沟通、闲时娱乐、社交礼仪的重要媒介。在苗族民间歌谣中就有"苞谷烧酒桌上摆哟，哥兄父老个个喝得醉醺醺""弯弯的牛角号吹了九十九转哟，苞谷烧酒筛过了九十九巡"的歌词。只要打开盖子，苞谷烧酒清香四溢，酒香在很短的时间里就会溢满整个房间。苞谷烧酒口感极佳，不烧胃，喝下去清爽香甜，酒劲会慢慢地发作，让人萌生醉意而不自觉。但喝了苞谷烧酒后，人不会有头痛等不舒服感，酒醒时也不会觉得身体疲软。

2. 重阳酒及酿造技艺

重阳酒是苗族特产，因在重阳节期间酿制而得名，其制作工艺与水酒制作工艺相似，却更为精细。重阳酒的酿制过程如下：将上好的糯米或者

---

① 学名为"玉米"。

小米蒸熟之后，撒上酒曲发酵。将发酵后的糯米或者小米装入土坛之内，再撒入一点烧酒，密封保存，半年之后就可以开坛饮用了。重阳酒是窖藏酒，在地里窖藏的时间越长，其酒性就越纯正，酒色越呈棕黄色。开封之后的重阳酒颜色微黄，味道香醇，黏腻如稀释后的蜂蜜一般，不似一般的流质酒。重阳酒口感香甜，后劲却很大，在一阵狂饮之后，人们往往醉意萌发却不自知。

3. 窝托罗酒及酿造技艺

窝托罗酒是苗语音译，意为"好喝的酒"，它具有千年的历史，拥有一套完整且成熟的从制作酒曲到窖藏的工艺，堪称苗族酒的典范。窝托罗酒制作工艺复杂，酿造周期长，因而产量很小。窝托罗酒的制作原料是玉米、苦荞、大麦、高粱等五谷杂粮。在苗族看来，制作酒的原料越多，酒就越香，酒味保存得就越长。与通常的酿酒程序不同，窝托罗酒不需要蒸馏，只要将所需的杂粮蒸熟之后放入酒坛封存，用肥肉封住坛口，然后把酒坛放入一人多深的坑里埋藏起来。三年之后，窝托罗酒就酿制好了，洗净罐子外面的泥土，就可以用麻秆来吸饮窝托罗酒了。

窝托罗酒既可以自己喝，也可以和别人一起喝。如果没有客人在场，那么一家人就会围坐成一圈，按长幼顺序依次喝。在喝的过程中，人们会不断地往酒里掺白开水，直到酒变得没有味道为止。有客人在场，或遇红白喜事时，喝酒的礼仪就要严格得多，宾主既要相互敬酒，也要遵守喜事逆时针右向进行，白事顺时针左向进行的规矩，否则就会被认为不懂礼节。

三、苗族酒礼

苗族人民不仅创造了多种多样的酒和酿酒技艺，而且形成了多姿多彩的酒俗，如拦路酒、喊酒、允口酒等等。这些酒俗与酒相互辉映，体现了苗族人民的社会、思想、文化，表现了苗族人民豁达、乐观的性格，具有特殊意义。

1. 拦路酒

拦路酒相传起源于苗族古老的《迁徙芦笙舞》。苗族先民因为战败不得不带着家眷、食物以及牲畜离乡迁徙，但一条波涛汹涌的大江挡住了迁徙的道路，他们只能在这里安顿下来，等到水势减弱后再渡江。芦笙手们沿着江边吹了三天三夜的芦笙，观察江水涨落，一旦发现水势减弱便带领族人相互搀扶着渡过大江。渡江之后，芦笙手们又吹起了芦笙，希望亲人们能够循声而来团聚。这一悲壮的历史场景被苗族先民用芦笙以及舞蹈的形式记录下来，并传承至今。拦路酒现今仍存在于很多礼仪当中，例如婚嫁、进门等。

进寨拦路酒多用于大型的节庆场合，是苗族的传统习俗，也是与现代时尚相结合的一种礼仪。在大型节庆时，苗族人民会在寨子的路口或者寨门前举行迎接仪式。男女青年们穿上苗族盛装在路口两侧排列，吹着芦笙，跳着舞蹈，迎接客人的到来。当客人到来时，两侧的男女青年就会用竹竿和红色的布拦着路口，另有两排男女青年端着羊角或牛角做成的酒具，不停地跳着欢快的舞蹈，后面跟着提酒的青年，以便随时斟酒。客人站在路口，苗族青年会先端着牛角酒从竹竿和红布上端试探性地敬酒两次，到第三次的时候，他们便将酒从竹竿和红布的下方绕上来敬酒，这时客人可以喝一口酒，也可以用手接过一饮而尽。仪式完毕之后，竹竿就会自然放下，红布会被高举于头顶，表示客人已经排除万难顺利渡江，由夜间的火把照着进入寨子，享受与亲朋好友相聚的欢乐时光。

2. 喊酒

在人多的时候，苗族人民常会采用一种叫作"喊酒"的独特方式来饮酒。开始时人们先各自随意喝酒，稍后主人端起酒杯敬酒，并将自己手中的酒传给旁边的人，其他人也依次传递，直到酒再传回到主人手里，然后人们站起来，勾肩搭背围成一个圈，大喊"哟、哟、哟"三声之后，便开始相互喂酒。喝完一轮之后，大家再按照之前的程序开始相互喂食。在传统饮酒习俗中，苗族人民喜欢一边喝酒一边吃酸食。苗族人民会用特殊的腌制方法将牛肉、野猪肉、辣椒、生姜等食物腌制好，放入坛子里封存等待食用。在喝酒的时候，吃上这样一碗腌制的食物是十分惬意的。这样连续三轮之后，大家接着饮酒，但是这次饮酒的方式和之前有所不同，人们要互相拉着耳朵来喝酒，这就是俗称的"喊酒"。

3. 允口酒、办男酒

允口酒用在苗族男女亲事上。青年男子如果看上了某家的女子，就会请一位与女方家交好的媒人去说亲。如果女方家同意，媒人会带领男方和几位亲友带着酒、公鸡和一些常用的物品等礼物前往女方家。女方家则会设宴款待前来的客人。三天之后，女方的母亲会把男方家带来的公鸡煮熟，并将鸡头割下给媒人，媒人则将鸡头递给女方的伯伯和叔叔。女方的伯伯和叔叔收到鸡头之后又会将鸡头转交给媒人，媒人便会立即将公鸡的舌头拔出，表示女方家已经答应了这门亲事，这就是俗称的"允口酒"。

办男酒实际上是和允口酒分不开的，在女方家答应婚事之后，男方就会送去两头肥猪作为女方家宴请宾客的食材。女方的亲戚朋友会在特定的一天来到女方家一起喝酒、聊天。男方来迎亲的时候还会带来很多美酒、大米、一头牛和一定数量的彩礼，女方家要在家中摆上宴席招待男方家来的客人以及女方家的亲朋好友，昭告女方在这天出嫁，这就是俗称的"办男酒"。

第二节　侗族酒文化

侗族历史悠久，文化丰富多彩，酒文化熠熠生辉。如关于酒的起源、酿制工艺、酒俗等。酒起源于树藤说，体现了侗族人民善于观察、学习和利用大自然之物的智慧；复杂而完整的酿制工艺表明了侗族人民的心灵手巧；独特的酒俗表现了侗族人民的社会、思想和文化。总之，酒文化可以说是侗族文化的结晶。

一、侗族关于酒起源的传说

1. 树藤说

侗族有一个名叫《酒药之源》的传说，其内容为："藤蔓延伸，藤蔓在路旁任意延伸。藤蔓延伸把路挡，断掉一根流浆水。垒乌尝了身健壮，麻攀吃了气力用不尽，各种飞鸟都来吃。基马从下游的演洲来，去到怀远上面岳家走亲戚。拿到村寨制成酒药散给众乡亲。坐禁坐煨造酒药，造了酒药置臼内，放进碓窝三天看，三天之后香味溢。"这个传说描述的是侗族祖先在折断挡路藤蔓时，偶然发现藤蔓流出的浆汁让人力气倍增，并且藤蔓还可以自己发酵。于是，侗族祖先就将这种天然的发酵剂充分利用起来，酿造了侗族美酒。传说的第二段，描写了人工酿酒的过程，并介绍了酿制酒药的两个人——坐禁和坐煨。坐禁和坐煨在侗语里的意思分别是指"发酵的地方"和"加热的地方"，显然侗族酿造酒是需要发酵和加热两道工序的。侗族人民爱喝酒，招待客人时必须有酒，喜爱而擅长酿酒，侗族人民所喝的酒大多是自己酿造的。他们每年酿酒的数量是根据当年的收成而定，如果收成好，一年便可以酿制几锅酒。

2. 糯饭说

侗族人民十分喜爱糯米饭，糯米饭被作为日常食物。有的喜欢加红枣和糯米一起蒸，有的喜欢加红薯一起蒸，这样做出来的糯米饭香气四溢，美味可口。相传在很久以前，一户人家在做饭时不小心将糖精撒入了糯米饭里。因为糖精较多，糯米饭甜得无法入口，所以他们就把这锅糯米饭放在一旁，时间一长就忘记了。大概过了半个月，他们揭开锅盖，才发现糯米饭已经变成了糯米糟，并且有香味，于是用勺子舀出来尝了一下，发现甜润可口。从此人们便开始用糯米来酿酒。

二、侗族的酿酒技艺

侗族的酒是如何酿制出来的呢？酿酒得先制作酒曲。黔东南黄岗侗寨中大多数的酒曲都是自己制作的，他们将几种植物的叶子剁碎，再加入糯米粉、酒曲粉和些许糖搅拌，待发酵后将其压成扁圆形，并晒干备用，这就是侗族最原始的制作酒曲的方法。酒曲做好后，酿酒正式开始了。侗族的酿酒工序非常复杂，共有七道之多。

第一道工序——选种。糯米质量的优劣对酒质量的好坏有直接影响，所以选种非常重要。酿酒最关键的就是淀粉，淀粉越纯酒质越好，但也要保留一部分蛋白质保证发酵，所以侗族人民在选种的过程中就会直接将糯米里面的胚珠拣出，以保证酒的纯正度。选好后，就立即清洗糯米。清洗过程主要是将糯米和糯谷分开，且要水质纯净。根据季节的不同，糯米的浸泡时间也不同，夏天气温高，浸泡时间为12个小时，冬天则需要浸泡24个小时，直至糯米能够用手一捏就变成白色粉末，这样第一道工序就算完成了。

第二道工序——蒸。经过了第一道严格的工序，就进入第二道工序，所谓蒸就是将糯米放入甑子里面去蒸，直到糯米之间不粘黏。

第三道工序——收坛。糯米经过蒸之后，连同甑子一起被抬进烤火房里进行搅拌。烤火房是侗族人民冬天取暖的地方，这里具有糯米发酵需要的温度，并且烤火房里的烟具有杀菌作用，有利于糯米的发酵。糯米被抬进烤火房之后，首先就是将酒曲撒入蒸好的糯米中，根据十斤糯米一包酒曲的配制原则，往甑子里撒放酒曲进行搅拌，让酒曲与糯米完全融合。为了保证不受细菌的污染，搅拌过程只允许一个人操作，并且还要戴上口罩，保持安静。在搅拌过程中要根据情况适量地加水，水也必须是山泉水，这样才能保证酒的质量。

第四道工序——发酵。酿酒的数量决定了操作的难易。酿酒越多，温度就会保持得越稳定；酿酒越少，就越要使用各种方法来保证酒的温度。侗族人民会选择在烤火房中进行发酵，因为酒化酶和糖化酶在相对稳定的28℃下会自己发热，过高或过低的温度都会造成不利的影响，而烤火房则是一个能够保证温度相对稳定的地方，可以保证酒酿在发酵的过程中发热和散热保持平衡。鉴定酒酿是否发酵好有三项标准：一是看，看酒酿是否有气泡冒出，并且糯米上是否长出绿色或者黄色的毛。二是动，用筷子搅拌酒酿，看糯米是否能跟随筷子转动。三是尝，尝糯米是否已经有了香甜的味道。

第五道工序——熟化。酒酿发酵好之后不能立即蒸馏，还需要静置一段时间，这段时间属于酒酿的后发酵时间。在此期间，酒酿需要用水稀释糖分，保证酒酿中细菌的生长，以利于第二次发酵。待到酒酿的甜味较淡而酒味渐浓之后，熟化程序才算完成。

第六道工序——蒸馏。待酒酿熟化后，就把酒酿放到酿酒器里面蒸煮。蒸煮的过程需要专人守望，以免出现错误致使酿酒失败。容器里有一根管子伸到外面，这是用来接酒的。在蒸煮的过程中，要在酒酿中加水以确保酒酿不会粘锅，这样酒的味道才会纯正。将酒酿放入酿酒器中之后，需要用糠将酿酒器周围塞满，以免酒气蒸发出来而减少产量。在煮酒的过程中，酿酒器盖子上还须不断地换水，以保证酒不会随着温度增高而挥发。

第七道工序——窖藏。酒酿好了之后，由于温度很高，因此需要置于阴凉处保存。静置一到两个月之后，酒就可以饮用了。在侗族人民看来，酒的度数越高，酒就越好，反之则不好。完成了这七道工序，侗族纯正的糯米酒也就制作好了。

三、侗族酒礼

在侗族人民看来，酒是一种可以促进人们情感交流的工具，于是侗族人民在日常生活中常常与酒为伴，并形成了各种各样、丰富多彩的酒礼形式。

1. 人生礼仪酒

（1）三朝酒

三朝酒即小孩出生后第三天所举行的隆重礼仪。侗族人民十分重视孩子的出生，所以在小孩出生后的第三天要为小孩洗澡，为其换上新衣服，继而在自己的堂屋摆上祭品祭祀祖先，希望刚出生的小孩能够得到祖先的保佑。主人家的亲朋好友都会带着礼物前来道贺，其中小孩外婆家送的礼物最为隆重，几乎占到所有亲戚礼物的一半。

三朝酒一般于中午正式开始。主人家设好宴席，宾客入席后，辈高者和年长者带头喝酒。在酒酣饭饱后，大家开始以唱酒歌的形式来表达对小孩的祝福，主人家也要回敬一首酒歌表示对客人的尊敬和对孩子的殷切希望。以歌相和既表达了长辈们质朴真诚的祝愿和殷切美好的期望，也是三朝酒习俗中最为重要的礼仪之一。

（2）婚嫁酒礼

与其他民族一样，侗族的婚姻也是由订亲和结婚两大环节构成。在这两个环节中必然少不了办酒宴，酒宴上还要唱酒歌为新人送祝福。在婚礼上唱诵酒歌的人都是新娘和新郎特意邀请的未婚青年男女，大多是即兴演唱，所唱的酒歌内容丰富。酒宴和酒歌不仅活跃了婚礼气氛，而且让男女青年相互认识和了解，所以未婚男女青年很愿意被邀请参与这样的活动。

酒歌主要分为以下几类：一是述说新娘和新郎的恋爱史；二是表达对新人的祝福；三是主人感谢客人的祝福。祝福的酒歌通常都夸奖新娘漂亮、能干、贤惠、孝顺等等。主人对客人表示感谢的酒歌则主要是感谢媒人、接亲与送亲的人以及亲朋好友等。

（3）贺寿酒礼

侗族有为老人办寿辰的习俗。在老人寿辰时，全家族的成员都会聚集在一起为老人祝寿。老人穿着侗族盛装端坐于堂上，族中晚辈们按辈分依次来敬老人一杯醇香的糯米酒。老人以唱歌的方式来表达对晚辈的谢意，晚辈接着唱歌表示对长辈的祝愿，然后老人亲手接过晚辈们敬的酒，一饮而尽。在寿辰的酒宴上，酒和酒歌不仅把祝寿的氛围烘托得十分热闹，而且把祝寿者的情感表达得淋漓尽致，同时体现了侗族人民重视血缘、知恩反哺的民族精神。

（4）丧葬酒礼

丧礼是人的最后一个人生礼仪。在侗族地区，老人即将病故时，家人不能离开老人身边。一旦老人没有了生命体征，家人就要鸣放自制的铁炮，一是为了能够让老人的灵魂升天，二是告知亲朋好友老人离世的消息。在老人去世之后，家人要立刻派人去通知死者的娘家人，娘家人到来之后会检查死者的衣物是否符合传统的礼节。在丧礼中，没有出殡之前不能喝酒和吃荤菜。死者出殡之后，主人家才会摆上酒肉招待亲戚朋友。

酒在丧礼中主要用于祭奠。在人去世后，家人会在屋子的门前摆放供桌，上面放置死者灵牌，并在灵牌前摆放三杯糯米酒，以供客人祭奠用。客人到来之后，把酒杯斟满，将酒洒在灵牌前，希望亡者享用亲人敬上的糯米酒，并叩头表示对亡者的哀思。此时的酒是侗族人们寄托思念的一种实物形式。

2. 社交酒礼

（1）交杯酒

侗族交杯酒具有独特的含义和形式。在汉族礼仪中，交杯酒是新娘与新郎互结一生的仪式，但在侗族社会中，交杯酒不再承担这样一种象征，而是侗族人民增进感情的一种交流方式，也是活跃气氛的一种形式。在喝酒方式上，侗族交杯酒与汉族传统的交杯酒不同。传统交杯酒是双方右手持酒勾住对方的手各饮自己杯中的酒，而侗族的交杯酒则是双方端起酒杯，端酒的手呈平行状，喝对方手中的酒。侗族人民认为交酒如交心，只有喝下了交杯酒，彼此的情谊才会更加深厚。喝酒时，在场的人们还要唱酒歌烘托气氛。喝交杯酒场面之热烈，情绪之高昂难以言表，只有亲身参与才能体会。

（2）合拢酒

合拢酒是侗族社会中规格最高的一种酒礼。在侗族人民中流传着这样一个传说，相传在很久以前，侗家有两兄弟要过一条河，但是身边没有什么可以渡河的工具，恰巧一位老人划船经过，见状便知两兄弟想要过河，于是让两兄弟坐到了船上。但是两兄弟从来没有坐过船，一个大浪拍打过来，两兄弟掉进了河里。老人水性好，把两兄弟救了起来。多年后，老人来到两兄弟住的寨子办事，但因为时间紧急，不能在两兄弟家吃饭，于是兄弟俩商量好各自在家做好饭菜找个地方凑在一起招待老人，合拢酒就这样流传下来。

合拢宴开始时，主人和客人要面对面地坐，首先开始对歌，大约半个小时之后，开始进餐，席间人们相互敬酒、聊天。侗家姑娘还会三五成群地向客人敬酒，边敬酒边唱酒歌。有敬酒也有罚酒，不按时赴宴的要罚酒三杯；中途离开的也要罚酒，但一般只罚一杯。

（3）拦门酒

拦门酒是侗族人民在迎接客人或者与其他村寨进行交往时举行的一种特殊的迎宾形式。拦门酒通常摆放在进村寨的路上或者寨门前，两个人牵着绳子拦住路，待到客人来临时，寨子里的姑娘们便与客人开始山歌对唱，几个回合之后，客人喝完姑娘们端过来的酒才能进入寨子。

3. 祭祀酒礼

祭祀活动是中国的传统民俗，在侗族中也占据着重要的地位。酒是祭祀中不可或缺的用品，缺少了酒，祭祀也就不能算是完整的祭祀。

（1）祭祀土地神

土地神是侗族生产生活中的重要神灵，土地庙在侗族村寨的田间地头随处可见。土地神被认为能够掌管一方收成，保佑一方风调雨顺、五谷丰登。侗族每年正月初一都会祭祀土地神，人们用最珍贵的糯米饭、酒、香、纸钱祈求土地神保佑，还要点一盏长明灯为土地神指路。人们前来祈福之后，如果愿望得以实现，必须要来还愿，否则会受到惩罚。

（2）祭祀萨神

萨既是一位勇敢、善良的女性，又是侗族至高无上的神灵，保佑着侗族人民的平安。每个侗族村寨中都有一个专门用来祭祀萨神的祭坛，这是最神圣的地方，平时人们不能自由出入，只有在祭祀的日子里才能进入。每年农历三月三，侗族村寨都会举行祭祀萨神的活动，祈求萨神保佑。祭祀活动不是单家独户进行的，而是整个村寨一起参与。在这一天的早上，由专门的老人将祭坛打扫得干干净净，并守护着萨神的香火，燃放自己制作的铁炮。祭祀开始时，芦笙队伍在前面开道，祭祀的队伍紧跟其后，绕祭坛转三圈，然后到鼓楼前进行祭祀。在祭祀过程中，萨神由一个德高望重且儿女双全的妇女来扮演，以传统的方式来为全寨人民祈福，以钻木取火的方式点燃艾叶，象征着萨神给侗族人民带来光明和幸福。同时，巫师要对着扮演萨神的妇女的衣服和双手喷酒，并诵念经文，表示萨神的灵魂已经附着在这个妇女身上。在请萨神仪式完毕之后，众人就会将事前准备好的糯米粑、酒、酸鱼、酸肉分而食之，并以唱歌的形式来表达对萨神的敬意。

酒文化不仅是侗族人民的物质文化，而且是他们精神文化的重要组成部分。从上述酒礼来看，酒贯穿于侗族人民出生到死亡的每一个过程。酒还是活跃气氛的必需品，凡是侗族的重大节日或者重要活动，都少不了酒的存在，虽然酒礼的程序有简单有复杂，但是在执行的时候却不会杂乱无序，这都体现了传统民族文化的奇妙之处。

第三节　布依族酒文化

贵州的布依族主要聚集在黔南布依族苗族自治州和黔西南布依族苗族自治州，占全国布依族总人口的97%。酒在布依族人民的社会生活中扮演着重要的角色。布依族人民会酿酒、好饮酒，酒不仅是布依族人民的日常饮品，更是在盛大节庆中扮演着重要角色的佳品。

一、布依族关于酒起源的传说

关于刺梨酒的起源，布依族流传着"火烧山"的传说。布依村寨的山上生长着许多刺梨树，刺梨酸甜解渴又提神，受到布依族人民的喜爱，人们在山上干农活累了时常常摘刺梨吃。有一天，一场大火把山上的刺梨树都烧了，许许多多的刺梨果被烧焦掉在地上，这让人们心疼不已，他们用背篓将山上的刺梨全部背回家中。可是这些被烧焦的刺梨怎么吃呢？一个小姑娘想出了一个好办法，她把刺梨和米饭一起蒸着吃，蒸熟的刺梨既软糯又香甜，于是布依族人民尝试着拿刺梨和糯米一起来酿酒，就这样香甜可口的刺梨酒诞生了。

二、布依族的酒类及酿造技艺

布依族有着悠久的酿酒历史，由于酿酒的原材料以及酿制技艺的不同，布依族酒的种类很丰富，大致可以分为糯米酒、刺梨酒、白烧酒等类型。

1.糯米酒及酿造技艺

糯米酒是布依族常备的酒品，用布依族自产的糯米为原料，通过布依族特有的酿制技艺酿制而成，味道甘甜、爽糯，男女老幼皆宜。糯米酒的酿制通常先将糯米用清水浸泡一晚上，待到发胀后将其蒸熟，然后把蒸熟的糯米摊凉至10℃左右，拌上酒曲装入坛子里发酵。半个月之后，再将酒酿进行高温蒸馏，糯米酒就酿成了。糯米酒度数在20度左右，香味馥郁，味道甘甜。黑糯米酒则是采用黑糯米为原料，酿制方法与糯米酒相同。布依族人民认为糯米具有补气益身之功效，所以他们都喜欢在劳动之后吃一点糯食或者喝一点米酒来补充体力。

2. 刺梨酒及酿造技艺

刺梨酒是布依族传统酒之一，主要有刺梨米酒和刺梨烧窖酒两种，其色泽为刺梨的黄色，不易醉人，酒精度数在 12 度左右，已经有几百年的历史，在贵阳市花溪区的布依族人民至今还在酿制刺梨酒。顾名思义，刺梨米酒就是用刺梨与糯米为原料酿制出来的酒。刺梨一般在 6 到 8 月成熟，果实会变为金黄色，这时便可以将其摘下晒成刺梨干。先将糯米甜酒的酒酿放入砂锅中煸炒到呈茶红色，接着把酒酿放进装有适量糯米酒的坛子中。再把刺梨干放入甑子里面蒸，随后把用粽叶包好的刺梨干放入坛子里浸泡，并密封保存。刺梨米酒存封的时间越长，酒的口感就会越好。刺梨烧窖酒与刺梨米酒的制作材料大致相同，都是用糯米和刺梨制作而成。不同之处在于刺梨烧窖酒用的不是刺梨干而是刺梨汁。刺梨烧窖酒的做法就是将制作好的糯米甜酒与刺梨汁混合拌匀，并存封入坛。装好坛的酒并不是简单地密闭保存，而是需要经过火的煅烧才能成功，所以酒坛在封好之后就会被放入火塘里，把稻谷壳撒在坛子的周围，在坛口上放一个装有冷水的碗，随后点燃稻谷壳，慢慢熏烧坛子里的酒，半个月之后便可取出饮用。刺梨烧窖酒呈酱油色，带有焦甜味，是布依族人民的保健饮品。

三、布依族酒礼

布依族的酒礼、酒俗多姿多彩，独具特色。这些酒礼、酒俗，表现了布依族人民对生活的执着、乐观态度，增加了欢庆的气氛，加强了人们之间的感情和联系，凸显了独特的民族文化。

1. 拦路酒

在贵州省安龙县流传着布依族"拦路酒"的传说。很久以前，寨子里来了一只长着两个头的怪物，把寨中家禽几乎都吃光了，人们既害怕又愤怒。于是寨中年长的人们就召集年轻力壮的小伙子来杀死怪物，另一个寨子的同胞们听到这个消息之后也都纷纷赶来帮忙。大家有的拿锄头，有的拿镰刀，与怪物大战了三天三夜，合力砍下了怪物的一个头，但它拼命跑到一个险峻的山洞里面藏了起来。人们也都力气用尽，于是放弃了追捕，回到寨子中。寨中的人们听到胜利的消息，将酿造好的玉米酒和糯米酒一起抬到寨门口去迎接英雄们。英雄们本来已经筋疲力尽了，但是在喝了酒后又充满了活力，于是回去把怪物杀死了。寨中人们又一次将美酒端至寨子门口，亲自将美酒送到他们的嘴边。"拦路酒"的习俗就这样流传下来。

2. 鸡头酒

鸡头酒是黔西南布依族的酒俗。当贵客来到家中，布依族人民总会杀鸡招待客人。鸡是农村家庭的重要经济来源，通常情况下人们不会杀鸡。只有当贵客到来时，主人家才会杀鸡招待，这是最为热情的招待方式了。鸡头又被称为"凤凰头"，待饭菜上齐，主人与宾客都入席之后，主人会双手捧着"凤凰头"递给客人，客人接过"凤凰头"之后，要先喝一杯酒表示敬意，再把"凤凰头"一一对着在座的其他人，于是席上的人们都会端起酒杯一饮而尽。喝鸡头酒表现了布依族人民对客人的尊敬，是布依族人民热情好客的一种表现方式。

3. 交杯酒

交杯酒在侗族和布依族的酒礼中都存在，象征着情义相交、肝胆相照。侗族的交杯酒只有一种形式，布依族则有三种形式。第一种与侗族的交杯酒一样，两人各端一杯酒，端酒的两只手相互平行互喂对方，同时喝完。第二种是与传统的交杯酒仪式一样，双方各端一杯酒，将端酒的手臂相互勾住，各饮自己酒杯中的酒。这两种礼仪是客人与主人之间的相互敬酒方式，表达了两者间感情深厚、交情交心之意。第三种是集体间的交杯酒，这种交杯酒场景极为热烈，人们端起手中酒杯，顺着一个方向将手中的酒喂给下一个人喝，且是同时进行，表示圆满、团结、交心之意。

4. 转转酒

布依族人民主要临水而居，一般十几户多至几十户为一寨。转转酒，主要是在布依族村寨内部举行。某家的客人到来后，寨中的各家各户会轮流邀请他们到自己家里做客、喝酒。由于布依族村寨一般人口不多，互帮互助的风气很浓，邻里之间相亲相爱，有"一家来客全寨亲"的说法。布依族的转转酒体现了布依族人民热情好客的优良传统。

5. 讨八字酒

讨八字酒，顾名思义，就是讨要女方生辰八字时所需要喝的酒，是婚庆中的一种酒礼。在黔西南地区的布依族婚俗中，讨八字酒十分流行。在订亲之前，男方要去女方家讨要姑娘的生辰八字，而女方家要在堂屋的桌子上摆放八碗糯米酒，将女方的生辰八字压在八个碗中的任意一个碗底。男方家的媒人只能凭着感觉去猜，如果猜的那个碗下面没有生辰八字，就必须把碗中的酒喝完，然后继续寻找，直到找到字条为止。

酒及酒俗不仅仅是布依族人民日常生活的必需品，更是各种仪式、社会交往的必需品。酒不仅是简单的生活饮品，而且是增强人民团结的黏合剂；酒俗不仅是一种喝酒的习俗，而且是民族文化和思想的重要体现。

第四节　水族酒文化

水族主要聚居在贵州省黔南布依族苗族自治州的三都水族自治县以及荔波、都匀、独山，还有黔东南苗族侗族自治州的凯里、榕江、黎平、从江等地区，少数散居于广西的西部。水族文化丰富而灿烂，他们拥有自己的文字——水书，是中国为数不多有文字的少数民族之一，他们还创造了水历。在酒文化方面，水族也有独特之处，如精湛而复杂的九阡酒、独特的酒俗等。

一、水族关于酒起源的传说

1. 九仙女说

水族九阡酒是一种糯米窖酒，因为用来制作酒曲的植物达一百二十多种，而人们通常只能采到六十至九十种。关于九阡酒，水族还有一个古老的传说。相传很久以前，有九位老婆婆沿路乞讨到水族村寨，她们饥寒交迫，非常可怜。善良的水族人民就各自拿出家中的米饭和菜肴给她们吃。老婆婆们觉得水族人民很善良，便教他们酿酒，等他们学会了之后，老婆婆们就化作九道仙气飞走了，后来人们就称这种酒为"九仙酒"，后又称之为"九阡酒"。①

2.怪兽说

相传很久以前，水族村寨中的人们生活其乐融融，日出而作，日落而息，过着怡然自得的田园生活。但是有一天怪兽入侵，把庄稼毁坏了，把小孩抓走了，人们非常害怕，躲在家中不敢出来。过了很长时间，人们无法劳作，家中的粮食也都吃完了，于是他们商议派一个年轻的小伙子出去搬救兵。小伙子逃出村子之后，四处打听能够降服怪兽的人，终于在一个小镇找到了这个英雄。英雄指挥众人一起将怪兽杀死了。为了感谢英雄的帮助，寨中的人们拿出自己酿的糯米酒，将怪兽的胆汁淋入酒中，敬给英雄喝，表示与英雄肝胆相照。从此，肝胆酒便流传了下来。

二、水族的酒类及酿造技艺

水族人民喜欢喝酒，更会酿酒，酿造了闻名遐迩的九阡酒。水族酿酒工艺之复杂在贵州各民族中为少见，如制作传统的酒曲竟需要一百二十多种草本植物。

1.糯米窖酒及酿造技艺

很多酒的制作只需要发酵或者只需要蒸馏，其酒曲的制作工艺也较为简单。水族的糯米窖酒结合了发酵和蒸馏两种工艺，酒曲需要用一百二十多种草本植物来制作，其工序之复杂是其他民族少有的。贵州省黄平县新州镇水庆村至今还保留着这种传统的制曲工艺。

水族的酿酒工艺都是由妇女掌握，制曲也不例外。水族人民制作酒曲有许多禁忌，孕妇、经期妇女以及命运不好的女人都不能制曲。由于制作

---

① 参见中国民间文学集成全国编辑委员会、《中国民间故事集成·贵州卷》编辑委员会：《中国民间故事集成·贵州卷》，中国 ISBN 出版中心 2003 年版，第 410—413 页。

酒曲的植物种类繁多，水族妇女们便根据经验将这些植物进行分类，例如拇指代表药引、食指代表酸类、中指代表甜类、无名指代表苦类、小指代表辣类，这都是水族妇女们根据植物的形状、气味、习性等归纳总结出来的。制作酒曲的植物采摘也是有时间规定的，需要在每年的农历六月份进行，并且采摘过程不能突然中断，直到采满所需数量为止。酒曲植物的采摘还需要在一位德高望重的妇女带领下进行，这位妇女会把参加采摘的妇女们进行分组，规定她们所采摘的植物种类，并且只有在她采集到第一株植物之后，其他人才能够开始自己的采集工作。

采摘制曲的植物只是酒曲制作的第一步，经验丰富的水族妇女们早就掌握了一套成熟的酿制工艺，根据植物根、茎、叶功效的不同，将它们进行管理和分类，有的用来熬制汤汁，有的用来磨成粉末。熬制汤汁用的水和工具都有十分严格的要求，水必须用活水，工具必须使用陈旧的工具，而且在制作的过程中要保证柴火味道不能太重，否则会影响酒的质量。这些都准备完毕之后，酒曲的制作就开始了。将熬制好的汤汁倒入放置粉末的容器里，并进行搅拌，待呈糊状后，就开始捏制酒曲。酒曲需要制作成两种形状，一种类似锣面的形状，另一种就是长条形，前者象征女性生殖器，后者则象征男性生殖器，分别代表雌性与雄性。

捏制好酒曲之后，就要进行酒曲的发酵。在这个环节中，酒曲的摆放也有相应的规定。代表雌性的酒曲要和代表雄性的酒曲成对摆放，或者由几个代表雌性的酒曲围绕一个代表雄性的酒曲摆放。这样的形式是水族繁衍观念的体现，用酒曲模拟人类繁衍的行为来祈求酿制出更多更好的酒。

酒曲制作完毕之后，就要开始酿酒了。水族酿酒的时间一般集中在每年农历的七月份至十月份。酿酒的原料是糯米，在开始酿酒之前需要将糯米进行浸泡，待糯米发胀后，就把糯米放在甑子里蒸至米粒互不粘黏。待冷却之后，将糯米加入酒曲搅拌，并装入坛子中发酵。等糯米颜色发黄时，就开始进行蒸馏。蒸馏出来的酒放入一个密闭的坛子里，这些坛子有的会放进溶洞，有的会放在水下进行窖藏。窖藏时间越长，酒的香味就越浓厚。

2. 肝胆酒及酿造技艺

肝胆酒是水族一种十分特别的酒，通常用来招待贵宾，表示主人愿意与客人同甘共苦、肝胆相照。肝胆酒的制作也别具特色，在杀猪的时候，特意将连着苦胆的那块猪肝割下，为防止胆汁流出，须用火将胆管的开口烧结，然后煮熟，与猪肉一起祭祀祖先和神灵。在宴席临近结束时，主人就剪开猪胆管，把胆汁倒入糯米酒中，这就酿成了水族的肝胆酒，根据长幼客主的次序依次喝酒。肝胆酒中主要的成分就是胆汁，胆汁具有清火明目、降血压、消炎杀菌的功效，所以肝胆酒是一种健康饮品，在水族人民当中广为流传。

三、水族酒礼

水族人民不仅酿造了诸多美酒，而且创造了独特的酒俗。酒俗往往与水族重大节日、婚嫁、丧葬等结合在一起，既是重大仪式的重要组成部分，也是促进仪式顺利进行的润滑剂，在水族人民的生活、生产中具有积极意义。

1. 转转酒

端节是水族的新年，又称为"水年"，它从水历的九月初九开始。在端节期间，酒自然是必不可少的。从端节当日的凌晨五点左右，水族人民就开始制作祭祀祖先的食物——糯米饭和韭菜包鱼。屋内的酒桌上要摆满酒杯，酒杯的数量越多越好，要能超过来敬贺新年的人数，这是好兆头的象征。待到天亮，人们就开始挨家挨户地去敬贺新年，每到一家之后，大家按照辈分依次围成圆圈，右手端上酒杯将酒举到右边人的嘴边，等大家同时大喊一声"喝"，便从主人家这边开始喝，且必须将杯中的酒喝完，这样依次喝下去，直到回到原点为止，这就是水族著名的转转酒。与其他民族不同，水族的转转酒需要将酒杯中的酒喝干，而且每到一家都必须喝转转酒，喝完之后才能够回家去接待自己的客人。

2. 丧葬酒礼

在水族的丧葬仪式中，同样存在着很多关于酒的礼仪。水族人民有着灵魂不灭的原始信仰，他们会用酒祭祀生前喜欢喝酒的老人，希望他能够尝到自家酿制的美酒。所以，一般在老人年满六十的时候，家人都要酿制一坛酒，密闭窖藏起来，等到老人去世那天才取出来喝。老人活的时间越长，酒就越香浓。

前来吊丧的亲朋好友都会带上几斤甚至十几斤酒，这些酒会被放置在亡者灵牌前面的桌子上，如果放不下，就集中倒入一个大缸中，用来招待客人。但是这些酒不能全部倒完，需要留一点用来消除生者对死者的惧怕，同时表示对主人家的祝福，象征年年有余。在出殡的时候，水族人还有给唱诵祭祀经文的人倒酒的习俗。在奔丧结束之后，主人家将桌子摆放在一块宽阔的空地上，在桌上放上糖果、水果等食物供大家食用。规定的时间一到，丧家就要给祭司倒酒，同时祭司开始唱诵祭祀经文。倒酒的顺序也是十分有讲究的，必须根据血缘的亲疏依次倒酒，以表示对祭司的尊重。

3. 婚嫁酒礼

很多民族在婚嫁时都少不了酒的衬托，酒在这里体现出一种重要的媒介功能，在水族的婚礼当中，酒更是贯穿婚礼全程的物品。

（1）提亲酒

水族人民的婚恋虽然十分自由，但还是免不了媒妁之言的程序。所以在情定终身之后，男女双方要告知父母，并由男方的父母邀请媒人前去女方家提亲。水族提亲的程序较多，最少的都要提三次亲。第一次提亲时媒人要带四块红糖作为礼物，第二次提亲时媒人要在之前礼物的基础上加上五斤酒、五斤肉。一般女方家都会委婉拒绝前两次提亲，所以在第三次提亲的时候媒人要精心准备，通常需要十斤红糖、五斤糯米，以及手镯和银项圈各一个。

（2）订亲酒

女方家接受了第三次提亲的礼物之后，双方就要约定订亲的日子，商定结婚的日期。在订亲这天，两家人在酒桌上完成所有程序的商议，并相互敬酒，因为是喜事，酒桌上会十分热闹。

（3）迎亲酒

按照水族的结婚习俗，男方家在婚前一天就要带着迎亲的队伍去接新娘，并且还要请专人卜算出发的时间。时间一到，迎亲队伍就要带着聘礼去女方家接亲。聘礼是在定亲时就达成一致的，一般是一坛酒、一头猪、糯米、红糖、手镯一对、项链一条。到达女方家后，女方家就要杀猪设宴，开始第一轮酒席，但这一轮酒席不是正席，席间不劝酒只吃饭。等到女方家杀好猪后，正式的酒席才开始，人们开始喝酒。进行到一半时，新娘会一桌挨着一桌敬酒，首先敬的是新郎的父亲，敬了酒，新娘就要改口。新郎父亲喝下新娘敬的酒后要将红包放在酒杯中给新娘，凡是男方家来的客人都会在新娘敬酒之后给红包。

（4）誓婚酒

誓婚酒是新娘从娘家出发去新郎家之前喝的酒。新娘在出发之前要在娘家摆设一次酒席，并祭祀祖宗。等出发的时辰到了，双方的男性都要在祖宗灵位前祭祖，男方的哥哥作为代表领取嫁妆，并在得到嫁妆之前向女方的哥哥交代好，新郎会对新娘好，会善待她、疼爱她。双方谈妥之后，由媒人递上两杯酒给这两位哥哥喝，表示说话算数，这就是水族的誓婚酒。

（5）甜酒

甜酒是在誓婚酒之后的一种考验型酒，在喝完誓婚酒后，新娘家最有威望的人就会问新郎的哥哥刚刚喝的这杯酒是甜还是苦。如果回答甜，则多喝一杯；如果回答苦，婚事就会立即被取消。将新郎哥哥喝的这杯酒称为甜酒，这是对新郎、新娘甜美婚姻的祝福。

（6）媒人酒

在水族的婚礼中，媒人是避免不了要喝酒的。正是媒人的撮合和帮助才成就了这段婚姻，所以要敬媒人酒。敬媒人的酒由女方这边的寨老来想法子敬，一般口才差一点的媒人就要连续喝很多杯酒，所以当媒人的不仅要能说还要能喝。

（7）舅爷酒

"以舅为大"的思想观念在很多民族中都存在，而在水族中也同样存在。所以，待媒人喝完了酒之后，寨老就会给新郎的舅爷敬上一杯酒，俗称舅爷酒。在水族女方这边的婚礼仪式当中还存在着各式各样的酒礼，例如"钥匙酒""棉绳酒""马料酒""汤锅酒",这些喝酒仪式充满着生动幽默的乐趣,为婚事增添了许多喜气,使得水族婚礼热闹非凡、趣味横生。

（8）喜酒

新娘家的酒礼完毕之后,接亲队伍就会将新娘接回新郎家中。到了新郎家自然少不了酒宴,中午这一轮的酒席通常比较随意,大家根据自己的意愿喝酒吃饭。到了正席也就是下午的酒席,人们就开始劝酒、唱歌助兴。这时喝酒没有太多的规矩,就是相互对唱酒歌、喝酒,直到尽兴为止。

通过上述的描述,我们不难发现水族人民对酒的热爱及其酒礼文化的丰富,水族的酒礼诠释了水族人民对生活的热爱、对生命的渴望和尊重。当然,水族的酒礼不止这些,还有很多的酒俗等待我们去发现、去感悟。

第五节　彝族酒文化

彝族主要分布在中国西南地区,少数分布在越南、老挝等东南亚国家,是我国少数民族中人口较多的一个。彝族历史悠久,他们有自己的文字,典籍浩如烟海,文化独特而灿烂。

彝族人民对酒情有独钟,彝族谚语说:"酒是最好的饮料,绸缎是最好的衣料。"在彝族的谚语当中就有"一个人值一匹马,一匹马值一杯酒"的说法,可见彝族人民对酒的珍视。酒具有杀菌消炎、活血行气、御寒之功效,彝族人民大多居住在山上,湿气重,所以常饮酒能够祛除身上湿气,防寒杀菌。同时,作为彝族人民娱乐的助兴物,酒在各类节日和重大场合中发挥着不可替代的作用,正如康熙年间的《鹤庆府志·风俗》所记:"彝俗,饮必欢呼。彝性嗜酒,凡婚丧,男女聚饮,携手旋绕,跳跃欢呼,彝歌通宵,以此为乐戏。"彝族造酒历史悠久,明代的《行边记闻·蛮夷》详细记载了彝族咂酒的制作方法。饮酒已经成为了彝族人民社会生活中必不可少的元素。通过酒文化,我们可以开辟一条了解彝族的途径。我们首先来了解一下彝族关于酒起源的传说。

一、彝族关于酒起源的传说

彝族人民创造了独特的酒起源的传说，如荞麦说、富人说等。这些传说既体现了彝族人民的勤劳、好客和智慧，也体现了彝族人民的历史和社会特点，如社会结构、与其他民族的交往等，意蕴深远。

1. 荞麦说

相传在很久以前，汉族、藏族和彝族人民居住在一起，感情十分要好，以兄弟相称。有一年彝族荞麦丰收，邀请汉族和藏族同胞前来共食。由于彝族人热情好客而将荞麦饭做得太多，结果剩下的饭就变成了水，而且散发出香味。拿碗盛出后，人们轮流品尝，于是就有了彝族转转酒的风俗。

2. 富人说

由于彝族人民长期居住在山中，生活条件十分艰苦，大多数人都过着食不果腹的日子。寨中有一户有钱人家，靠压榨穷苦人民过日子。一天富人去赶集，买来了一些猪油和蜂蜜，怕被穷人盯上，就把这些东西放到装甜酒的酒缸里。回家之后没及时把猪油和蜂蜜取出来，时间一长，他也就把这事情忘记了。有一天拿酒招待客人时，富人才发现甜酒已经凝固成了白色粉状的膏体，他感到很惊奇，舀了一点在口中尝了一下，发现香甜可口，于是他舀了一碗出来，将其放在温水里面融化，与客人共饮，从此就有了窖干酒。

二、彝族的酒类及酿造技艺

彝族人民创造了丰富多彩的酒类和独特的酿酒技艺。不同的酒类在不同场合中使用，既有日常饮用的，也有在重大场合饮用的，把酒与生活密切结合起来。精湛的酿造技艺体现了彝族人的勤劳、智慧和乐观。

1. 咂酒及酿造技艺

咂酒是彝族具有特色的酒品，又称为竿竿酒、坛坛酒等。这种酒的喝法十分特别，用空心的细竹竿作为饮酒工具，人们用竹竿吸食坛中的酒，边吸边往坛里加水，直到酒变得淡而无味。咂酒是彝族具有特色的酒，酒精度数较低，味酸甜，酒具别致，是彝族人民招待客人的佳品。

呷酒以玉米、糯米、高粱、荞麦、稻谷等为原料，可以用一种原料制作，也可以用多种原料混制，所以也被称为杂酒。先将这些原料煮熟，等煮熟的原料稍微冷却之后，将酒曲倒入原料当中进行搅拌、发酵。等散发出酒的香味之后，就将发酵的原料装入缸中密封。为保证酒的口感，一般要密封几个月之后才能开启，在启封之后还要往酒中加入纯净水。

在喝呷酒的时候要掌握量。彝族人民在竹竿上钻一个小孔，在里面插入一根小竹条，第一个人必须将酒喝到竹条完全浮出酒面为止，下一个人再把水加满酒缸，然后同样喝到竹条浮出酒面为止，这样直到缸中的酒没有了酒味，保证每个人都能喝得平均。因为呷酒的度数一般在 20—30 度之间，味道不辣喉，老少皆宜，是彝族人民常备的饮品。

2. 甜酒及酿造技艺

甜酒，顾名思义就是味道香甜的酒，彝族的甜酒是酒汁和酒渣混合在一起酿制的酒类。与用糯米酿造的甜酒不同，彝族的甜酒用玉米、麦子、燕麦或者大米来酿造，其制作方法与普通的甜酒大致相同，将酿酒原料先泡发，然后蒸熟，加入甜酒曲和少量纯净水进行搅拌，然后装坛密封，放在 20℃左右的稳定环境下进行发酵，一般一个星期左右就可以开封饮用了。

3. 水花酒及酿造技艺

水花酒是彝族具有民族特色的酒之一，以糯米、蜂糖、白开水等为原料，在每年农历九月以后开始酿造。首先将糯米酿制成甜酒，酒曲要比普通甜酒放得多些，或者直接用白酒的酒曲，在装坛的时候要在坛底铺上一层厚厚的蜂糖，并加入凉水，进行泥封，至少密闭三个月后才能拆封。酿制好的水花酒色泽金黄、味道酸甜可口，平时可以常喝，逢年过节的时候也可以用来招待亲朋好友。制作水花酒选择在农历九月是因为在这段时间制作好，三个月的封坛期之后，启封的时间恰好是在过年期间，正好可以用来招待客人，并且在这一时期酿制的水花酒不会变味。

4. 水拌酒及酿造技艺

水拌酒是彝族的特色酒品，以糯米为原料，制作方法与水花酒类似，并不复杂。糯米经过泡发、蒸熟之后，放置于较大的容器里面进行冷却，再撒入酒曲进行发酵，发酵时间一般为三天，发酵好后用凉水搅拌，舀入铺有白糖的坛子中密封，存放15天就可以开坛饮用。水拌酒酒精度数不高，一般在20度左右，可以说是一种饮料。水拌酒的酒色会因为密封时间的长短而呈现出不同的颜色，密封时间越长酒就越香醇、酒的颜色也越透亮。一个月以下的呈乳白色，三个月左右的呈淡黄色，半年左右的呈淡绿色，半年以上的就会越来越透明，所以人们在选择酒的时候会根据酒的颜色来辨别其酿制的时限。

5. 窖干酒及酿造技艺

窖干酒的独特之处在于装坛之时所用的材料很特别。窖干酒的制作原料是糯米或者粳米，其前期的制作方法与甜酒一样，只是在装坛的时候要在坛子的底部铺上两斤猪油，再在猪油上铺上两斤蜂蜜，并撒上半斤左右的麦芽糖，最后才把甜酒舀进坛中压实密封进行窖藏，一般需要三至五年的时间。开封之后酒呈软固体状，在饮用时需用温热的开水将其搅拌开来，其味道甘醇独特。

三、彝族酒礼

彝族人热情好客，以招待客人为荣，而酒自然是招待客人必不可少的饮品。有客人到来时，彝族人都会给客人倒上一杯酒表示尊敬和欢迎，如彝歌所唱的"彝家多美酒，美酒敬宾客"。在彝族民间就有"彝族敬酒，汉族敬茶"的说法，彝族人民以敬酒为待客之道。彝族人民待客时不仅要有酒还要有肉，他宁愿自己平时少吃或者不吃肉，也要在客人来时让客人吃饱吃好，所以有"一斗不分十天吃，就不能过日子；十斗不做一顿吃，就不能待客人"的说法。彝族人热情豪爽，招待客人的肉食有很多讲究，对于尊贵的客人，首先需要宰杀四只脚的家畜，如牛、羊、猪等；其次才是宰杀两只脚的家禽，如鸡等。

1. 婚嫁酒礼

在彝族的婚礼上，酒是必不可少的黏合剂，有了酒似乎一切才显得自然。参加婚礼的人都以喝酒为主，吃饭为辅。在贵州彝族婚礼上，大家唱歌、跳舞，欢庆热闹。在唱祝酒歌时，一个男歌手和一个女歌手作为代表带领大家一起欢唱，并一起跳"阿左舞"。在歌舞尽兴之后，大家回到各自的位置坐好，新郎就会前来给每一位客人敬上一杯美酒，新娘则围绕装着咂酒的坛子跳舞三圈，表示请客人喝酒。待新娘跳完后，客人们就围着酒坛，用细竹竿轮流喝酒。酒兴正浓时彝族的青年男女就会同唱酒礼歌、齐跳酒礼舞。酒礼歌和酒礼舞是彝族人在婚礼上表演的形式，是十分喜气的歌舞，不能用于葬礼之上。

2. 丧葬酒礼

人不可避免要经历生老病死的过程。对彝族人民来说，死往往比生显得重要，很多彝族人甚至不知道自己的出生日期，只知道自己的属相，但他们对死亡却非常重视，认为死亡是人生的终结，因此要举行隆重的丧葬仪式。在人刚刚去世之时，丧家就要鸣枪三响，向人们宣布有人去世的消息，同时丧家的孝子要提着酒和一些礼品去请毕摩来主持葬礼仪式。在彝族的葬礼上，亡者的所有亲戚好友都会前来吊唁，至亲的亲戚们都会带着酒、一头猪、唢呐队，以十分隆重的形式前来奔丧，从而表示对亡者的哀悼和尊重，同时显示自己的孝道。

在为亡者指路的过程中，很多时候毕摩也要用到酒，例如在为亡者杀一头猪的时候，毕摩要一手端酒，一手拿着炮木叶，唱诵《杀牲经》，并往猪身上洒酒。在哭丧的时候人们还会借着喝转转酒的酒兴来回忆亡者生前往事，并给予公正的评价，言辞中带有赞美、哀叹和惋惜之意，让人们听了不免泪如雨下。

3. 转转酒

转转酒是彝族中常见的饮酒形式，广泛存在于婚嫁礼仪、丧葬祭祀和日常生活中。俗言道"话是酒撺出来的，鹿子是狗撵出来的"，很多内向的人在酒的作用下也会变得能言善道，所以酒是彝族人民娱乐、助兴的好帮手。彝族人不喜欢一个人喝酒，也不喜欢只喝酒的形式，所以彝族的喝酒场合往往热闹欢快，转转酒就是很受欢迎的形式之一。大家围坐一圈，从右至左一人一口地依次轮流喝，并且每个人喝过之后要用左手擦拭碗口表示对下一个喝酒人的尊敬。在喝酒的过程中没有一口干的情况，一人只能喝一小口，最后要留一口给主人家，表示主人家年年有酒，来日再饮。

4. 和事酒

在日常生活中，彝族人之间也不免会发生一些摩擦和矛盾，这时候酒就起到了化解矛盾、调解纠纷的重要作用。所以如果彝族人之间发生了纠纷，经过和事人的调解，不占理的一方就会买一些酒作为赔礼道歉的礼物，这样一场恩怨就通过酒得以解决了，因此酒具有维系族群稳定的积极作用。

5. 节庆酒礼

火把节是喝酒欢庆的日子，人们借着酒兴唱歌、跳舞，节日气氛异常热闹。在火把节期间，彝族姑娘会抬着玉米酒在人多的道路上摆设姑娘酒的酒阵，让人们体验火把节的热闹。在各类比赛结束后，姑娘们会为得胜的选手敬献美酒并唱酒歌，表示对胜利者的赞美和爱慕，男子会赠送给姑娘们一份小小的纪念品以表示感谢。

火把节也是青年男女谈情说爱的好时机。在火把节来临之际，男子会为自己添置一身新衣裳，并准备好要送给心上人的礼物，比如耳环、手镯、口弦等；女子也会为自己添置美丽的衣裳，并买上一坛好酒藏在特别的地方。在火把节的第二天，相互爱慕的青年男女就会成群地围坐在一起，女子会将自己准备好的酒送给心仪的男子，男子接过之后要赞美女子送的酒，然后将自己准备的礼物赠送给心仪的女子，然后大家谈天喝酒，有说有笑。

第五章
茅台酒文化研究

茅台酒是享誉世界的名酒，产自贵州少数民族聚居的赤水河流域，是贵州乃至中国白酒的代表。茅台酒虽然不明确归属于贵州哪个民族，但与贵州少数民族的历史文化、酿酒技艺密切相关。因此，茅台酒文化也应是贵州少数民族酒文化的独特而著名的一部分。本章首先介绍茅台酒文化及其研究现状，然后探索茅台酒的特色、成因，最后对茅台镇的变迁、茅台酒的变迁进行初步分析。

第一节　茅台酒文化及其研究现状

茅台镇位于中国酒都——贵州省仁怀市。因为仁怀市酒文化历史悠久，名酒众多，酿酒技艺独特，2004 年 7 月，仁怀市被正式认定为"中国酒都"。在荣获中国酒都称号的第二年，由仁怀市政府主办的祭水活动于 2005 年农历九九重阳节在宋家沱东岸首次举行。2017 年 1 月 13 日，笔者在遵义市文化馆拜访仁怀市文联原主席穆升凡，他被誉为仁怀红色文化和地域文化的"活字典"。他介绍仁怀市、茅台镇的酒文化，首先讲到了祭水仪式。他说政府主办的祭水仪式参考了民间流传的祭水仪式，但又不同于民间的祭水仪式。民间祭水一般是个人行为，酒师提着装有香烛、纸钱等物品的篮子来到水边，拜祭水神和师傅。仪式比较简单，大概持续半个小时左右。与个人祭水仪式相比，政府举办的祭水仪式盛大、隆重。无论是民间祭水还是政府主办的祭水，人们都希望在水神的庇佑下能够酿制出最醇厚的美酒！[①] 茅台酒就是仁怀市悠久酒文化与独特自然环境的结晶。

茅台酒是闻名遐迩的世界名酒，与苏格兰威士忌、法国科涅克白兰地并称为三大蒸馏名酒，品质优秀，以酱香突出、酒体醇厚、清亮透明、回味悠长、纯正舒适、空杯留香、饮后不上头等特点而名闻天下，屡屡荣获国内外大奖。茅台酒最早荣获的国际性奖项是 1915 年巴拿马万国博览会的奖牌。1915 年，为庆祝巴拿马运河通航，在美国旧金山举办了荟萃世界各国精品的巴拿马太平洋万国博览会，茅台酒作为中国名优产品的代表被送展。据说当年博览会临近尾声，中国参展的酒一个也没评上，中国代表团的代表急中生智，想出了一个绝妙的办法，他拿起一瓶茅台酒，佯装失手，将其摔在地上。这一摔可谓石破天惊，浓郁的酒香立即散开，让评委大为吃惊。在反复品尝后，评委们一致认为茅台是世界白酒中的佼佼者，但因为金奖第一名已经定下，只能想个折中的方法，于是把茅台酒列在获金奖的第二名。这一摔真是"怒掷酒瓶扬国威，一摔摔出了中国人的尊严"，向世界展示了中国白酒中的珍品，揭开了茅台酒千遮万盖的面纱。

关于茅台酒是否曾经获得过巴拿马万国博览会金奖一说仍存在一些争议，且至今未息。1918 年，当时的贵州省长把金奖判给茅台酒。虽说这是一个地方性判决，但至少说明两点：一是茅台酒曾代表中国的名产入选并参加过 1915 年的巴拿马万国博览会；二是至少贵州官方认可茅台酒的品质和所获奖项。在此之后，茅台酒如身藏深山的美玉，日益被世人认识和推崇。在国内，有几个人没听说过茅台酒？又有几个人不想亲自品尝一下茅台酒？在国际上，茅台酒是中国的特色名片之一，经常被当作礼品赠送给外宾。

① 2017 年 1 月 13 日下午于遵义市文化馆。

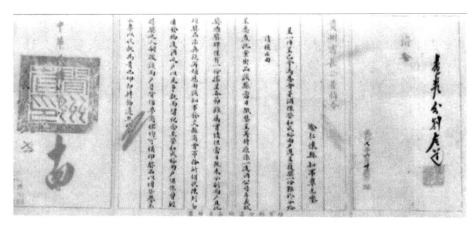

1918年贵州省长公署对茅台酒厂获巴拿马万国博览会金奖归属权的裁决书，
转引自《茅台酒厂志》

那茅台酒文化究竟是什么？茅台酒文化不仅包括茅台酒的物质形态、包装、酿造工艺、器具等，而且包括酒的精神形态，如茅台酒传说、生产习俗、发展演变、文化渊源、内涵以及社会作用等，如茅台酒的酒窖修建也有规范和习俗。从窖址选择、窖区方位、大小高度，到窖内透气性能、温湿度控制以及酒瓮的形式、容量和瓮口泥封的技术等，都有严格的规定。这些被认为是成品酒的再熟化、香气纯度再提高的关键。除了技术层面的规定，还有习俗方面的要求，如酒曲必须由女子制作等。在酿酒期间，每天要有人检查酒窖，开关透气孔，控制好温湿度，确保酿出纯正的茅台酒。不仅如此，对看守地窖的人也有严格的要求。看守人必须品行端庄，衣着整齐洁净，举止文明，言语合礼，不得在窖内使用污言秽语，严禁起哄打闹，否则将影响酒的质量。在烤酒期间，规定女人不能进入厂房，烤酒工人在此期间也不能同房等等。茅台酒作为一种名酒，其生产过程中必然有着丰富而独特的规定和习俗，但由于种种原因，只有数量很少的规定和习俗被记载下来，它们更很少为外人知晓。这些规定和习俗并不是可有可无的，而是能够反映出茅台酒的酿造工艺和酿造者的思想、心理，如对品德、言行举止、衣着的强调，并非是毫无意义的炒作，而是体现了人们的一种庄重、严谨的态度和酿出美酒的美好愿望。这也是酿造者对茅台酒的认识

贵州少数民族酒文化研究

和理解，对于我们了解茅台酒文化具有重要意义。茅台作为国酒具有独特的文化象征性；作为中国文化酒的杰出代表，茅台是几千年中国文明史的一个缩影，是综合反映政治、经济、军事、外交、社会生活以液态方式承载的一种文化。所以茅台酒不仅是酒，而且是贵州乃至中国社会、历史文化的结晶。

虽然茅台酒闻名海内外，但是了解茅台酒文化的人却不多。茅台酒的来历、制作方法、发展演变，茅台镇的自然条件、社会、历史文化，茅台酒在社会中的地位和作用，都应该是茅台酒文化的重要组成部分，但现在人们更加关注茅台酒的物质形态，如醇厚芳香、绿色有机、不上头、价格高昂、有价无市、真酒难求等方面，而轻于文化方面的关注。重物质而轻文化，这就是目前茅台酒文化研究的现状。

经过近些年的发展，茅台酒文化正在得到越来越多人的关注和研究，但目前似乎仍是以茅台酒在国家层面的地位和作用为重点，更多关注茅台酒在中国政治、外交中的作用，国家领导人与茅台酒的关系等。由于地域、原料、工艺等的特殊性，茅台酒注定将成为一种高贵而产量不大的名酒。现在茅台酒已经成为高端白酒的象征，走进了国宴大厅，成为馈赠外宾的礼品，也屡屡受到名人达士的赞扬。在1949年开国大典上，周恩来指定茅台酒为开国大典国宴用酒。从此每年的国庆招待会上，茅台酒都成为指定用酒。在日内瓦和谈、中美建交、中英谈判等历史性事件中，茅台酒都成为融化历史坚冰的特殊媒介。

中华人民共和国成立后，茅台酒频频出现在国宴和外交场合中，成为中国白酒的佼佼者。在无数次重大活动中，茅台酒都被当作国礼赠送给外国领导人。自古而今，向往茅台、赞美茅台的文人墨客不计其数。毫不夸张地说，茅台酒的每一个细小侧面都有着丰富的人文历史故事，有着深厚的文化积淀与人文价值。犹如中国发给世界的一张飘香的名片，具象的茅台酒和抽象的人文，以醉人的芳香将中华酒文化的魅力和韵味淋漓尽致地展示给了世界，让世界更加了解中国和中国文化。

茅台酒文化研究，一方面可以继续梳理茅台酒在国家层面的意义和作用，另一方面可以研究茅台酒对普通民众的影响和作用，深入挖掘其在整个社会层面的意义和作用。毕竟，随着社会生产的发展和人民生活水平的提高，茅台酒已经能够进入寻常百姓家，并且发挥着积极作用。

茅台酒文化研究目前虽处于起步阶段，但已经受到了国家、茅台酒厂和部分研究者的重视。2016 年 12 月，国家旅游局官方网站公布了首批 22 家国家工业旅游创新单位名单，茅台酒厂（集团）有限责任公司作为贵州省唯一一家单位名列其中。茅台酒厂的主要工业旅游景点是茅台酒厂工业旅游区以及国酒文化城景区。工业旅游区位于贵州茅台酒厂区，主要包括生产车间、酒库车间、包装车间等参观点，旨在向游客展示茅台酒的生产工艺及流程。国酒文化城主要介绍各代酒礼、酒俗、酒技、酒故、酒史、酒文、酒诗及与酒有关的重要人物故事等书画作品、雕塑、楹匾及实物。茅台酒厂经常举办形式多样、内容丰富的文化活动，如书画展、征文、出版刊物等活动，宣传和挖掘茅台酒的文化内涵，增加茅台酒的文化意蕴，进一步提升茅台酒的文化品位。一些文化学者也以不同方式参与茅台酒文化的研究。2015 年《科技日报》开设"相约茅台"专栏，刘成刚进一步提出建立"茅学"的主张："2015 年我主笔《科技日报》'相约茅台'专栏时，曾写过《说'红楼'，想茅台》一组 10 篇的系列文章，提出应该建一门像'红学'那样的'茅学'。后来读到纪念茅台酒荣获巴拿马万国博览会金奖 90 周年大会当天的一篇演讲，更坚定了我认定茅台酒文化研究有条件成为一门'专学'的信心。"①

建立"茅学"是一种大胆而可行的探索，也是茅台酒文化的发展趋势和研究重点。有了研究者的自觉意识，有了企业的决心和支持，"茅学"前景光明。当然"茅学"目前仍处于建立和发展的初级阶段，任重道远，绝非一时一人之力可以实现。首先，要有人才团队。"茅台酒文化研究至今没有形成一支基本的学者队伍，不要说一流学者的参与了。这正是茅台为什

---

① 刘成刚：《做好酒的文章（序一）》，见周山荣：《茅台酒文化笔记》，大众文艺出版社 2009 年版，第 1—2 页。

么至今没有成'学'的根本原因。" 人才的缺乏确实是茅台酒文化研究不足的重要原因。目前从事茅台酒文化研究的人确实很少，屈指可数。中国目前关于酒文化的著作有几十本，谈到中国酒文化就必然会谈到茅台酒文化，但多为泛泛而谈。目前也有一些较好地介绍研究茅台酒文化的著作，如《茅台酒厂志》等，但为数不多。其次，需要资金支持。研究者从事研究需要一定的资金支持，用来进行资料购买、田野调查、数据采集等活动。再次，需要时间。罗马不是一天建成的，茅台酒文化研究也不可能一天达成，其学科体系需要一段时间甚至很长一段时间才能建立、发展、成熟起来。

第二节　茅台酒特色及其形成原因

茅台酒是大自然恩赐给茅台镇独一无二的礼物，它只能在茅台镇生产出来，"离开了茅台镇，就造不出茅台酒"。由于茅台酒美名远扬，或为了扩大生产、满足人民的需要，或为了偷师学艺，许多人非常想学到茅台酒的制作工艺和秘诀，把茅台酒搬到其他地方生产，但无论个人还是组织，甚至是茅台酒厂自身，竟没有一个获得成功。

"20 世纪 70 年代，出于实现'茅台酒年产万吨'宏伟目标的良好愿望，国家有关部门组织攻关，在遵义市郊筹建'茅台酒异地实验厂'。从茅台酒厂搬来酿造工艺、酿酒技师、发酵大曲乃至窖泥。历经十余年艰辛，怎么也酿不出茅台酒，最后只得遗憾地给易地试验酒冠以'酒中珍品'之名，宣告试验结束。'离开了茅台镇，就造不出茅台酒'这个观点在接二连三的试验失败之后得到了有力的佐证。"[2]

关于为什么只有茅台镇才能酿制出茅台酒，有着不同的解释，有的学者从科学实证角度进行分析，有的人用绚丽多彩的民间传说进行阐释。在

①　刘成刚：《做好酒的文章（序一）》，见周山荣：《茅台酒文化笔记》，大众文艺出版社 2009年版，第 2 页。

②　周山荣：《茅台酒文化笔记》，大众文艺出版社 2009 年版，第 3 页。

《茅台酒的传说》中，人们这样阐释茅台酒的神奇：

> 早年间，赤水河畔的茅台村，才十几户人家。……居住在这里的人们都有酿酒的习惯。可那时，不管富人也好，穷人也好，酿酒的技术都很平常。①

茅台村的人们酿酒技术并不好，富人为富不仁，贫穷人心地善良。一对贫穷的老夫妇在大雪天帮助了一个衣衫单薄的少女，这个少女竟是天上下凡的仙女，为了报答老夫妇，她把普通的赤水河变成了能够酿出美酒的神奇河流。

他恍恍惚惚地看见一个仙女，头戴五凤朝阳挂珠冠，身穿镂金百花绸袄，下着翡翠装饰百褶裙，脖上挂着赤金项链，肩披两条大红飘带，袅袅婷婷，立于五彩霞光之中。只见她手捧夜光杯，将杯里的琼浆玉液向着茅台村一洒，顿时出现一条清清的河流，从半山腰直泻而下，注入赤水河中。忽地，仙女手中的夜光杯不见了，手里捏着一根木棍。她用木棍在富人的三间大瓦房和那间茅屋之间的溪流里划了一下，便消失了。②

老头兴冲冲地拿着水瓢，提起水桶，在小溪里舀了一桶水，将这水用来酿酒。不几天，酒酿出来了。一品尝，色香味俱佳，真是绝色天香。老头把穷哥们儿都找来，你尝一口，我尝一口，大家连声赞叹："好酒，好酒。"③

至此，酒业大兴，许多达商巨贾慕名而来，争买这里的酒到各地销售。后来茅台村的人们为怀念这位"仙女"，便将"仙女捧杯"作为茅台酒的注册商标，并特意在瓶颈上系两条红绸丝带，以象征仙女披在肩上的那两条红飘带。④

这个传说带有被文人修饰和润色的痕迹，但总体而言，仍是茅台镇人民思想和文化的体现。茅台酒包装的设计者是否参考了民间传说而设计茅台酒标志，仍有待于考证。茅台酒的标志肯定是后来设计的，即使传说增

① 陈庆浩、王秋桂主编：《中国民间故事全集》十二卷《贵州民间故事集》，台北：远流出版事业有限公司 1989 年版，第 21 页。

② 同上书，第 23 页。

③ 同上。

④ 同上书，第 24 页。

加了对茅台酒标志的解释，也不能简单认为传说是为了茅台酒包装设计而被创造出来的，更不能否认传说的古老性和其深厚的文化内涵。因为民间传说具有传承性、变异性等特征，它在传承古老思想文化的同时，也会吸收一些新的内容。神奇事物一般来自天上，好心好报等内容就是传统思想文化的反映和延续。

还有一个有关茅台酒的传说，把茅台酒的神奇通过吕洞宾与天上的仙酒联系起来。吕洞宾在蟠桃会上舞剑，受到众仙一致赞赏，被王母娘娘赏了一坛御酒和一颗"玉液珠"。

> 这"玉液珠"有一大妙用：不管如何低劣难咽的酒，只要把宝珠放进去浸泡一炷香的时间，这酒立刻就会变得幽雅细腻，回味悠长，如同多年陈酿，香气四溢。倘若将宝珠抛进河里或井里，水质立即就会发生变化，用这种水酿造出来的酒，那是开瓶十里香啊！[①]

吕洞宾在牡丹仙子面前吹嘘自己受到玉帝、王母娘娘和众神仙的赞扬，并要把"玉液珠"拿给她炫耀一番时，却不小心将宝珠滑落到人间。这对于吕洞宾是不幸之事，但对于人间来说却是莫大的幸运，人世间从此多了一眼"宝泉"。

> 说来也怪，吕洞宾刚离开，杨柳树下立刻就有一股清冽甘甜的泉水冒了出来。附近山民取水酿酒，其酒醇美异常，甘冽芳香，如千年陈酿。山民们将泉眼称为"宝泉"。[②]

也正是因为这眼宝泉，茅台镇酿出了远近闻名的美酒，被定为贡品。

> 茅台酿的酒渐渐远近闻名，连那皇帝老儿也知道了。他专门派人取酒尝了，果然香醇无比，醉了三天三夜。一醉醒来，他下了一道圣旨，御封这酒为"仙酿"，并钦定为贡品。[③]

在《茅台酒文化笔记》中，周山荣把这个传说称为"天降宝珠生灵

---

① 周山荣：《茅台酒文化笔记》，大众文艺出版社 2009 年版，第 118 页。
② 同上书，第 119 页。
③ 同上。

泉"，并记载了其他三个与茅台酒有关的传说，分别是"蝶引佳泉酿美酒""黄龙醉饮毁佳泉""仙女临河赐美酒"。其中"仙女临河赐美酒"与"茅台酒的传说"有相似之处。概而言之，这几个传说都有一个共同的主题——解释茅台酒的神奇来历。许多传说都是借用神仙的神奇来突出事物的不同寻常，茅台酒自然也是如此。不论是仙女、吕洞宾、蝴蝶，还是黄龙，都是神奇非凡的，都在述说着茅台酒来自天上，而天上是神仙居住之地，神仙们所用的东西都是人间没有的，因缘际会才会以各种方式来到人间。来自天上的身份似乎证明了茅台酒非同寻常的起源，也暗示着其与众不同的品质。

除了品质的优异外，茅台酒还有另一神奇之处，即产地的唯一性。正如南方的柑橘到了北方就会变成枳，茅台酒的酿造也依赖于特殊的地理条件，离开了茅台镇，同样的工艺、器具、原料和酿造者，却酿不出茅台酒。除了民间传说外，有些研究者从地理、水源、空气等方面进行分析，认为茅台镇能够酿造出茅台酒的主要原因主要包括以下几方面。

第一，独特的地理环境。茅台酒的传统工艺，只有在茅台镇这块方圆不大的区域内，才能酿造出醇厚正宗的茅台酒。由此可见茅台酒依赖于茅台镇独特的地理环境。茅台镇位于贵州高原的盆地中，海拔440米，虽在高原之上，却远离高原气流，常常云雾密集，夏热冬暖，少雨少风，高温高湿。一年中有大半的时间被闷热、潮湿的云雾笼罩，夏天35℃～39℃的高温往往持续五个月之久。峡谷地带的土壤是微酸性的紫红色土壤，加之千年的酿造环境，空气中充满了丰富而独特的微生物群落。茅台镇地处贵州北部赤水河畔，位于河谷地带，风速小，空气流动舒缓，有利于微生物的栖息和繁殖。微生物资源多样性是酿造茅台酒的重要条件。特殊气候、土壤对于酒料的发酵、熟化非常有利，在一定程度上决定了那些影响茅台酒香气成分的微生物产生、精化、增减。如果离开茅台镇的特殊气候、地理条件，有些香气成分就无法产生，茅台酒的味道也就不再纯正。因此为了保护产地，2001年茅台酒成为我国白酒行业中首个被国家列为原产地域保护的产品。

第二，特有的酿酒原料。酿制茅台酒的用水主要是赤水河的水。赤水河水质好，硬度低，微量元素丰富且含量高，无污染。用这种入口微甜、无杂质的水酿出的酒醇正芳香。所以清代诗人用"集灵泉于一身，汇秀水东下"的诗句赞美赤水河。《遵义府志》转载《田居蚕食录》的记载："仁怀城西，茅台村制酒，黔省称第一。其料纯用高粱者上，用杂粮者次之。"

生产茅台酒所用的高粱并非一般的高粱，而是糯性高粱，当地俗称红缨子高粱，与其他地区的高粱不同，其具有独特的品质。这种高粱颗粒坚实饱满、粒小皮厚、大小均匀，淀粉含量达 88% 以上，内部结构独特。这种独特的内部结构把每一次翻烤的营养消耗限定在合理范围内，不会让营养成分消耗过多，有利于实现多轮翻烤的茅台酒酿造工艺。这种高粱表皮较厚，富含 2%～2.5% 的单宁，在发酵过程中会形成儿茶酸、香草醛、阿魏酸等物质，这些物质最终会促使形成茅台酒特殊的芳香化合物和多酚类物质等。这些有机物的形成与茅台酒高粱及地域微生物群系密切相关，因此是茅台酒细腻幽雅、酒体醇厚丰满、回味悠长的重要因素。

第三，复杂的酿造工艺。茅台酒是大自然的恩赐与人类智慧的结晶，如果说独特的地域和特殊的原料是自然天成之作，那么独特的酿造工艺就是能工巧匠的心血和人类智慧的结晶，概而言之就是"三高三长"。"三高"是指茅台酒酿造工艺的高温制曲、高温堆积发酵、高温馏酒。茅台酒大曲在发酵过程中温度高达 63℃，比其他白酒要高 10℃～15℃。高温制曲会对微生物进行筛选，最终保留耐高温、能产香的微生物体系。高温堆积发酵是中国白酒敞开式发酵的经典和独创之作。高温馏酒是指在酿酒过程中使固、液分离的技术，但茅台酒的蒸馏工艺有其独特之处。"三长"主要指茅台酒基酒生产周期长、大曲贮存时间长、基酒酒龄长。茅台酒基酒生产周期长，工艺复杂，需要二次投料、九次蒸馏、八次发酵、七次取酒，历经春、夏、秋、冬一年时间，而其他白酒往往只需要几个月或十几天。茅台酒大曲需要经过长达半年的贮存才能使用，比其他白酒酒曲要多存三四个月。这对提高基酒质量具有重要作用。制曲不仅时间长，而且用量大，用量往往是其他白酒的四五倍。基酒一般需要经过三年以上的贮存才能用来勾兑，而通过贮存可使酒更醇香味美，更能体现茅台酒的价值。

茅台酒酿制工艺具有很强的季节性，生产流程受到时间的严格限制，不能随意随时生产。茅台酒生产投料要在农历九月重阳节期间进行，只有这样才能产出高品质的茅台酒，否则就酿不出纯正的茅台酒。传统茅台酿造工艺坚持在九月重阳节期间投料生产，主要有以下原因：一是九月九左右是高粱的收割季节；二是顺应茅台镇当地的气候特点，避开高温天气，便于人工控制发酵过程，培养有利的微生物体系，以便利用自然微生物；三是象征意义，九被看作最大的数字，象征着极大极多，寄托着人们酿出更多美酒的愿望。

关于茅台酒酿造工艺的复杂性，有一个"心急喝不到茅台酒"的传说。太平天国翼王石达开率兵来到贵州仁怀，在茅台驻扎，喝过茅台美酒之后，来了诗兴，提笔写道："万斛明珠一瓮收，君王到此也低头。赤虺托起擎天柱，饮尽长江水倒流。"

可是茅台酒被士兵们喝光了，石达开又非常想喝茅台酒，就让酿酒师连夜重新酿造，亲自监工，可是最终只酿出了没有酒味的白水。石达开认为这是天意，于是带兵走了。其实没有酿出茅台酒并非天意，更不是上天要让石达开灭亡，而是石达开忽视了茅台酒的生产流程和工艺，这才导致最终没能酿出茅台酒来。

其实，哪里是天意，是茅台酒的烤制方法特别，工艺复杂，时间也长，要反复八次回窖、再蒸，才能烤出真正的茅台酒来。酒师为了保住酿酒工艺的秘密，想说又收了话头。石达开哪晓得这当中的奥妙，一心急着想喝到茅台酒，两次烤不出酒来就以为有灾星，实在是个误会。难怪酒师们后来要说：心急是喝不到茅台酒的。[1]

茅台酒精细而复杂的酿造工艺，具有悠久而深厚的文化底蕴，是不同时期、不同族群酿酒工艺的结晶。《遵义府志》记载"枸酱，酒之始也"，

贵州少数民族酒文化研究

---

① 中国民间文学集成全国编辑委员会、《中国民间故事集成·贵州卷》编辑委员会：《中国民间故事集成·贵州卷》，中国 ISBN 出版中心 2003 年版，第 407—408 页。

认为枸酱是最早的酒。这种观点与果酒最早的说法相一致，即认为最早的酒是用野果酿造的。而枸酱是遵义地区的物产，由此或可证实该地区悠久的酿酒技术。悠久的酿酒技术必然会随着时间而不断发展完善，最终形成现在遵义地区的酿造工艺。因此，枸酱与茅台酒之间确有某些联系。

自古以来，茅台镇及周围地区居住着不同的民族，而每个民族既有对酒的共同爱好，又有自己独特的酿酒工艺和名酒，如仡佬族、彝族、苗族等，每个民族都有独特的酒文化，都有自己独特的酿造工艺。仡佬族是现今居住在茅台镇地区的古老居民。据有的学者研究，茅台酒与仡佬族关系密切，渊源极深。在《茅台酒文化笔记》中，周山荣认为仡佬族的先祖是濮僚人，并且一直居住在茅台镇附近。①

> 仡佬族善酿酒，以"爬坡酒"最富特色，酒用玉米、高粱、毛稗、稻谷等酿制而成，常用作礼品馈赠亲友。酒酿成后，盛于缸内，用紫灰拌黄泥密封缸口。密封时，将两根一弯一直的空心细竹管插入缸内，外露一口。有的还将此酒埋在地下，两三年后作嫁女酒宴之用，故又称"嫁女酒"。②

仡佬族人民长期居住在如今的茅台镇地区，他们善于酿酒，那么仡佬族的酿造技艺应该会影响到茅台酒的酿造。除了仡佬族外，居住在茅台镇附近的其他民族应该也对茅台酒的酿造工艺产生过影响。彝族是一个历史悠久而文化灿烂的民族，在他们的日常生活中，时时处处离不开酒，酒具有重要地位和作用。如走亲访友要带酒，参加婚礼往往要送酒和牲畜，参加丧葬活动也要送酒和牲畜。当然彝族人民更喜欢喝酒，"有酒便是宴"已经成为一种习俗。彝族谚语说"所木拉以以，诺木支几以"，意思是在汉族地区以茶为贵，在彝族地区以酒为贵。每当客人到来时，好客的彝族人民总会倒酒相迎。每逢婚丧嫁娶，酒更是不可或缺的物品，以"酒足"为重，"饭饱"在其次。在丧葬时，酒也成为衡量亲属关系的标准，体现着送礼者与逝者的亲疏关系，送酒多的人一般被认为最敬最孝。此外，酒还具有协

---

① 周山荣：《茅台酒文化笔记》，大众文艺出版社 2009 年版，第 100—101 页。

② 同上书，第 101 页。

调关系的社会功能，如用以解决纠纷等。如果家族间、个人间产生矛盾冲突，理亏方往往需要送酒赔礼道歉，如果另一方接受，则表示他们同意消除双方怨恨或化解民事纠纷，可见酒在彝族社会中的重要地位和作用。因此，彝族人民必然会对酒特别珍视，也必然会精心研究和传承酿酒的工艺和方法，而这些工艺和方法对茅台酒有着一定的影响。

在《黔语》一书中，作者吴振棫说："寻常沽贳，皆烧春也。茅台村隶仁怀县，滨河。土人善酿，名茅台春，极清冽。""土人善酿"说明了当时茅台镇周围的人民酿酒技术高超。在日常交往中，每个民族的酒文化必然会相互交流。因此，茅台酒的酿造工艺应该是不同民族酿造经验、工艺的结晶。同时由于茅台镇是黔北名镇，是重要的商业中心，吸引着全国各地的商人来此经商。在领略到茅台酒醇厚芳香的同时，他们也把自己家乡的酿酒技艺带到贵州茅台镇，并与当地的酿造技艺相融合。在《贵州茅台酒》中记载，来自山西的商人带来了汾酒的酿造技艺："贵州茅台酒，被誉为我国名酒之冠。说起来，它和山西汾酒还有一段'血缘'呢！"①

相传在清朝康熙年间，山西汾阳有一个名叫贾富的商人，特别喜欢喝汾酒，即使外出经商也随身带着汾酒。可有一天，贾富来到贵州仁怀县，恰巧把带的汾酒喝完了，只好到附近的酒店去喝酒，可没喝到想喝的好酒，随口说了句"唉，真扫兴，这样一个好地方，竟出不了好酒"。贾富的话引起了店老板的不满，店老板为了证明仁怀有好酒，让伙计抬来十几坛酒让贾富品尝。

他连忙站起身来，把这些酒坛打量了一番，然后，由远而近地对着酒坛深深吸了几口气，接着，斟了一碗酒，饮了一点含在口中，喷了三喷，才把酒碗放下。

店老板一看贾富的举动，就知道是个品酒的行家。为什么呢？这里有个名堂。贾富刚才这一看二吸三喷，用行家的语言来

---

① 陈庆浩、王秋桂主编：《中国民间故事全集》十二卷《贵州民间故事集》，台北：远流出版事业有限公司1989年版，第18页。

说，叫作"看色，闻香，品味"。非内行断不知其中奥妙。①
店老板诚心向贾富请教，贾富也爽快地答应了。

　　果然，第二年金秋时节，贾富特地在山西杏花村用重金聘请
了一位酿制汾酒的名师，带着酒药、工具，再一次来到贵州的仁
怀县。他同名师一道察看地形，选择了一个四周长满芳草的芳草
村（以后改名茅台镇），作为建场址。

　　贾富和名师一起，按照汾酒的酿制方法，经过八蒸八煮，酿
出的酒液特别纯正，香气袭人，纯甜无比，非当地酒可比。这就
是在茅台酿制的"山西汾酒"，那时叫作"华茅酒"。因为古代
"华""花"相通，"华茅"就是"花茅"，也就是"杏花茅台"的
意思。②

当然这只是一个传说，茅台酒与汾酒有何关系，还需进一步考证。但
这个传说所表达的是，外地酿造技艺随着商业的发展而传到茅台镇，并与
当地技艺相结合，使得茅台镇的酿酒技艺更加完善，从而产出举世闻名的
茅台酒。

第三节　茅台酒的变迁

　　茅台酒因茅台镇而得名，茅台镇因茅台酒而扬名。茅台镇融厚重的古
盐文化、灿烂的长征文化和独特的酒文化于一体，被誉为"中国第一酒
镇"，是茅台酒的故乡。虽然茅台酒闻名于世，知道茅台酒的人不计其数，
喝过茅台酒的人难以胜数，但了解为何以"茅台"命名酒名的人却未必很
多。茅台酒的名字来自它的产地——贵州一个历史悠久而长期默默无闻的
村寨茅台镇，茅台酒把茅台镇推向全国、推向世界。茅台镇是这个古老村

　　① 陈庆浩、王秋桂主编：《中国民间故事全集》十二卷《贵州民间故事集》，台北：远流出版
事业有限公司 1989 年版，第 19 页。
　　② 同上书，第 20 页。

寨最响亮却并不是唯一的名字。在漫长的历史时期中，这个村寨曾有不同的名字，以表达当时人们对它的认识和理解，积淀着丰富而久远的历史记忆。

一、茅台镇的变迁

据《茅台酒厂志》记载：马桑湾是茅台镇最古老的名字。因为赤水河的东岸长满了马桑树而得名。[①] 在一些民族看来，马桑树并不是普通的树，而是一种神圣的树，具有超自然的神奇力量，能够帮助英雄成长并战胜困难。彝族英雄史诗《俄索折怒王》中描述，俄索折怒在诞生、成长过程中历经坎坷曲折和重重磨难，得到了神奇动物、植物的帮助，最终战胜困难，建立丰功伟业。

> 多少个白天，
> 马桑轻轻拂面，
> 殷勤给折怒哺奶。
> 百鸟偎依桑树，
> 竞相为折怒歌唱。[②]

由歌谣可见，马桑树并不是普通的树，而是能哺育英雄成长的神树。俄索折怒王有可能不仅是被马桑树的乳汁抚养大的，而且就是马桑树所蕴含的神圣力量的延续。彝族先民认为马桑树不仅能抚育英雄，而且当英雄生命处于危难之时，还能使英雄转危为安。

> 暑索的兵马，
> 团团围住达发。
> 阿达和阿嬜[③]
> 难脱暑索的魔爪。
> 骨肉托付给马桑树。[④]

贵州少数民族酒文化研究

---

① 茅台酒厂编著：《茅台酒厂志》，科学出版社 1991 年版，第 5 页。
② 阿洛兴德整理翻译：《支嘎阿鲁》，贵州民族出版社 1994 年版，第 153 页。
③ 阿达：彝语为"妈妈"，阿嬜：彝语为"祖母"。
④ 阿洛兴德整理翻译：《支嘎阿鲁》，贵州民族出版社 1994 年版，第 153 页。

为什么马桑树能够抚育英雄、拯救英雄？这可能与马桑树强大的生命力有关。在彝族人民的思想观念中，马桑树具有强大的生命力，即使天神为了惩罚人类，让七个太阳和五个月亮同时照射大地，马桑树却仍能活下来。

> 七个太阳和五个月亮照射大地，
>
> 使地上的树木都干枯，
>
> 只有马桑树没有枯死。①

马桑树具有与生俱来的顽强生命力，彝族人民把马桑树和本民族的生命力、生命意志联系起来，并以马桑树作为彝族生命力的象征，将马桑树当作神树。马桑树在彝族史诗中的地位和作用，体现了彝族人民的思想文化、生活习俗，与彝族的起源、发展，以及部落迁徙等有着密切的关系。

当时这片土地上生活着不同的族群，不同族群有着不同的文化，深入挖掘不同族群的文化对于了解茅台酒的历史渊源具有重要意义。

> 后来又叫四方井，是因为在河东岸有一股纯净的泉水，世居那里的濮人部落，砌了一口四方形的水井，因此而改名。宋代才叫茅台。据查考是因其街后有一个历代濮人祭祖的圣地——长满茅草的土台，当地人们又称此地叫茅草台，简称茅台。元朝以后，在县以下分设寨、村、坪、部，正式定名茅台村。后由于茅台街上修建起万寿宫大庙，在庙内建了一座少有的半边桥，因此茅台村也叫半边桥。又因为在赤水河先修建了九座大庙，并在其中的观音寺、灵仙寺、禹王宫内珍藏了三面东汉铜鼓，因而这三个寺得名三鼓寺。茅台村又名云鼓镇。清代中叶，曾因商业发达一度改名益商镇，简称益镇，终因当地群众长期习惯茅台难改，因而仍更名为茅台镇。②

由此可见，如今的茅台镇经历了不同的名称——马桑湾、四方井、茅草台、半边桥、云鼓镇、益商镇、茅台镇。这些不同的名字，如同时隐时现的星辰，在告诉人们某些东西，同时又将大部分秘密隐藏在历史长河之

---

① 张福：《彝族古代文化史》，云南教育出版社1999年版，第262页。

② 茅台酒厂编著：《茅台酒厂志》，科学出版社1991年版，第5页。

中，吸引着人们去探寻那些曾经存在的人、曾经辉煌的思想文化以及与我们之间的关系。当然这是一个富有魅力而困难重重的任务，尽管一些学者为此付出了很多努力，但所得到的也只是一些残章断篇。濮人是一个古老的民族，如果说他们世居在如今的茅台镇，那么为什么茅台镇一开始不以"茅草台"命名，而要等到马桑树和四方井之后？如果说茅台是具有浓郁当地文化特色的称呼，又是何种原因导致了茅台改名？作为世居民族的濮人在当地社会发展中发生了哪些变化？为什么要恢复"茅台"的称呼？是当地群众的习惯，还是因为知识精英的怀古情结？总之，对于这些问题的疏理有助于理清茅台镇的演变和茅台酒的历史文化内涵，但又难以一劳永逸，而需要进行长期的探索。

近现代记载茅台镇的历史文献逐渐增多，为了解茅台镇的历史文化提供了便利的途径。茅台镇历来是黔北名镇，在清代乾隆时期成为贵州北部重要的交通口岸，有"川盐走贵州，秦商聚茅台"的廉洁。《遵义府志》记载："茅台村，城西三十余里，乾隆十年张广泗开修河道，始通舟。赤水环绕，盐艘集，四川自流井之盐由是起拨。"因交通便利和贸易兴盛，茅台镇出现了"家唯储酒卖，船只载盐多"的繁盛景象。据统计，当时贵州有三分之二的食盐由茅台镇运往全省各地[1]。随着商贸的兴盛，茅台酒也随着往来的客商走遍贵州，走向全国。直到 1915 年茅台酒在巴拿马万国博览会上获得殊荣，它从国内走向国外，才真正闻名于世。随着茅台酒声誉日隆，茅台镇也名扬四海。

二、茅台酒的变迁

罗马不是一天建成的，茅台酒也不是一天酿造出来的。作为中国白酒的一个传奇，茅台酒的诞生是一个漫长的历史过程，是自然物产与人文创造的结晶。以前物质生产不发达，酒是一种珍贵的饮品，在祭祀、节日、宴会上必不可少。因为贵州历史文化悠久，各民族先民很早就开始酿酒。

---

[1] 茅台酒厂编著：《茅台酒厂志》，科学出版社 1991 年版，第 5 页。

但是，因缺乏相关文献的记载，只能依据现有的少量文献进行推测。据目前可见的资料，有的研究者认为茅台酒比较早的源头为《史记》中记载的枸酱。《史记》中关于唐蒙饮枸酱一事记载如下：

建元六年（公元前 135 年），大行王恢击东越，东越杀王郢以报。恢因兵威使番阳令唐蒙风指晓南越。南越食蒙蜀枸酱，蒙问所从来，曰："道西北牂柯，牂柯江广数里，出番禺城下。"蒙归至长安，问蜀贾人，贾人曰："独蜀出枸酱，多持窃出市夜郎。夜郎者，临牂柯江，江广百余步，足以行船。南越以财物役属夜郎，西至同师，然亦不能臣使也。"①

《汉书》《后汉书》中也有类似的记载。但《史记》的记载实在难以直接证明枸酱就是茅台酒的古老形态，似乎更能说明枸酱是当时蜀地的特产，被贩卖至南越。当然也不能说枸酱肯定与茅台无关，因为古代蜀地的区域有可能包含现今的茅台镇。《遵义府志》记载："枸酱，酒之始也。"枸酱是用植物果实酿造的一种酒，被《遵义府志》的编纂者看作酒的源头。枸、蒟二字为同音异写，《史记》《汉书》并作枸酱，蒟字则晚出。《遵义府志》物产类"蒟酱"条："常璩《蜀志》：江阳郡有蒟。"又《巴志》："蔓有辛蒟。"《前汉南越传》："使唐蒙风指晓南越，食蒙蒟酱。蒙问所从来，曰：'道西北牂柯江。'"扬雄《蜀都赋》："椒蔄蒟酱。"刘渊林《蜀都赋注》："蒟酱绿树而生其子如桑葚，熟时正青，长二三寸，以蜜藏而食之辛香，温调五藏。"《益部方物赞》："蔓附木生，实若椹累。或曰浮苴南人谓之和以为酱五味皆宜。"②

由此可见，蜀地盛产枸酱，遵义也盛产枸酱，否则它不会被列入《遵义府志》物产类名录中。因此，枸酱也许与茅台酒有些隐隐约约的联系，但这种联系是否是直接的，还有待于进一步考证。

在缺少直接的文献资料的情况下，从当地世居民族入手考证茅台酒的

① （汉）司马迁撰，（宋）裴骃集解，（唐）司马贞索隐，（唐）张守节正义：《史记》卷九，中华书局 1982 年版，第 2993—2994 页。

② （清）平翰等修，郑珍、莫友芝纂：《道光遵义府志》，道光二十一年刻本。

源头，则更为便捷有效，也有许多学者正在这样做。有的研究指出濮人是世居在茅台镇的古老民族，并认为茅台来源于濮人祭祖的茅草台。[1]从方法上来说，这种观点把茅台这个名字与当地历史文化结合起来，探讨其来源，具有可行性。同时也有待于深入研究，如濮人是什么时候居住在现今的茅台镇的，濮人是一个独立族群还是族群联合体，现今居住在茅台镇的民族与濮人的关系等等。只有这些问题得到进一步解决，茅台酒以及茅台镇的变迁路径才能更加明晰。

到了宋代，贵州酿酒业得到了进一步发展。宋代朱辅所著的《溪蛮丛笑》中记述了湘、黔边境仡佬族、苗族等少数民族酿酒的情况："酒以火成，不刍不篘，两缶西东，以藤吸取，名钩藤酒。"但是这种记载仍是间接的，只能提供当时湘黔边境民族的酿酒情况，与茅台酒的关系仍然不明显。

范成大在《桂海虞衡志·老酒》中说："以麦曲酿酒，密封藏之，可数年。士人家尤贵重。每岁腊中，家家造鲊，使可为卒岁计。有贵客则设老酒、冬鲊以示勤，婚娶以老酒为厚礼。"这是对南方一些地区酿酒和习俗的记载，为了解当时的酿酒以及习俗提供了借鉴，但也与茅台酒关系不明显。

清道光年间编辑出版的《遵义府志》曾转录《田居蚕食录》的记载："仁怀城西，茅台村制酒，黔省称第一。其料纯用高粱者上，用杂粮者次之。制法：煮料和曲即纳地窖中，弥月出窖熇之。其曲用小麦，谓之曰白水曲。黔又通称大曲酒，一曰茅台烧。仁怀地瘠民贫，茅台烧房不下二十家，所费山粮不下二万石，青黄不接之时，米价昂贵，民困于食，职此故也。"

这是目前可见的直接记载茅台镇和茅台酒的文献。其中几点尤其值得注意：一是当时茅台村酿制的酒已经被公认为贵州最好的酒，说明酿造工艺成熟并已经达到很高的水平。1843年，清代诗人郑珍咏诗称赞茅台"酒冠黔人国"，可为佐证。二是较为详细地记载了酿酒原料和工艺。如原料主要是高粱和杂粮，用小麦制曲，先发酵，后蒸烤。三是在当时酿酒作坊已经颇具规模，不少于二十家。四是仁怀的资源限制了茅台酒的酿造。因为

---

① 茅台酒厂编著：《茅台酒厂志》，科学出版社1991年版，第5页。

酿酒需要大量粮食，而贵州山多地少，人们本来就生存不易；酿酒消耗了大量粮食，导致了人们更加贫苦，甚至难求温饱。

1915 年，茅台酒在巴拿马万国博览会获奖后，名声大振。人们开始认识到茅台酒的价值，注意制作专门的商标，用质地较好的道林纸印刷，并将酒标确定下来，以区别于其他酒。最开始，茅台酒商标用红纸木刻印制，比较粗糙简陋。居中印黑字："某烧房回沙茅酒"，左右两边印有"货真价实，童叟无欺"八个字。成义、荣和两家烧房打破陈规，商标为石印白底蓝字，一套分为三张，贴正背面和瓶口。正面为"某烧房回沙茅台酒"。背面说明茅台酒是取杨柳湾天然泉水，运用传统工艺酿造而成，并且特别强调曾荣获巴拿马万国博览会金奖。桓兴烧房是后起之秀，在营销上有所创新，商标采用套色印刷，并在报纸上刊登广告促销。[①]1915 年后，茅台酒成为了权贵的专利。1926 年，军阀周西成主政贵州，大量订购茅台酒做礼品。因价格较高，而贵州整体经济水平比较落后，所以茅台酒就成了达官显贵的专属品。

在 1949 年之前，茅台酒生产衰落。鼎盛时期的二十多家烧房，数量急剧减少，到 1949 年时仅剩三家酒坊，即华姓出资开办的"成义酒坊"，所产之酒被称为"华茅"；王姓出资建立的"荣和酒坊"，所产之酒被称为"王茅"；赖姓出资开办的"恒兴酒坊"，所产之酒被称为"赖茅"。1951 年，政府将三家私营酿酒作坊合并，实施三茅合一政策，成立了国营茅台酒厂。

新成立的国营茅台酒厂位于贵州省遵义地区仁怀市西北六公里的茅台镇，地处赤水河东岸，在寒婆岭下和马鞍山斜坡上，依山傍水，群山环峙，形势险要。这也令一直盛名在外，却产量较少的茅台酒迎来了新的发展机遇，其发展迅速，规模猛增，产值巨大。

在近现代的中国，茅台酒获得历史机遇。遵义会议是中国共产党历史上一个生死攸关的转折点，在这次会议上，中国共产党确立了毛泽东的领导地位，也在中外战争史上留下了光辉的战例——四渡赤水。在这个光辉

---

① 茅台酒厂编著：《茅台酒厂志》，科学出版社 1991 年版，第 22 页。

战例之中，中央红军三次是在茅台镇渡过赤水的，因此茅台镇也在中国革命史上写下了壮丽诗篇。这就使得老一辈无产阶级革命家们与茅台镇、茅台酒有了刻骨铭心的接触，使得茅台酒能够为老一辈无产阶级革命家所熟知，并进而成为国宴用酒和馈赠外宾的礼物。周恩来等领导同志以及许多指战员在喝了茅台酒后都赞叹不已，并广为传颂。中华人民共和国成立以后，周恩来对茅台酒记忆犹新。在他与各级人民政府的关心和支持下，茅台酒的生产得到大力扶持和快速发展。

韩念龙在《茅台酒厂志序言》中写道："1972 年周总理在全国计划工作会议上明令：'在茅台酒厂上游 100 公里内，不能因工矿建设影响酿酒用水，更不能建化工厂。'这是茅台酒得以长久保持纯郁芳香、绵甜爽口这一特色的重要保证。周总理的上述指示，已镌刻在石碑上，昭示后人永远遵守。"①

中华人民共和国成立后，茅台酒获得历史性的发展机遇，通过了ISO14001 环境管理体系认证，是中国白酒行业为数不多的通过绿色食品认证的产品之一。在 1915 年荣获巴拿马万国博览会金奖后，茅台酒享誉全球，先后 14 次荣获国际金奖，蝉联历届国家名酒评比金奖，畅销世界各地。在中国第一、二、三、四次全国评酒会上被评为名酒，荣获金质奖章。茅台酒在获得极高荣誉的同时，也创造了巨大的经济价值。在 2010 年 11 月，中国酒类流通协会发布了"第二届华樽杯"中国酒类品牌价值排行榜，茅台以品牌价值 531.46 亿元超过五粮液，名列第一。

综上所述，茅台酒经历了漫长而曲折的发展过程，从一个古老村寨的土特产变成享誉世界的名牌产品。在这个过程中，影响茅台酒发展的因素很多，如地理、原料、工艺等，也有社会和政治方面的因素。中华人民共和国成立后，茅台酒受到国家领导人的关心和重视，发展迅速，并成为中国白酒第一品牌。我们有理由相信，茅台酒在今后会取得更大的发展，而茅台酒文化研究也会取得长足进步。

---

① 韩念龙：《序》，茅台酒厂编著：《茅台酒厂志》，科学出版社 1991 年版，第 4 页。

貴州少数民族酒文化研究

第六章
贵州少数民族酒文化与岁时节日

  在中华民族的传统文化中，酒虽然不是生活必需品，却是一种特殊饮品，在社会、生活、文化、习俗中占有重要的地位。历代古籍对酒不乏郑重其事的记载。《礼记》有言："酒食所以合欢也。"合欢者，亲合、欢乐之谓也。周公所作的《酒诰》说："祀兹酒，惟天降命，肇我民，惟元祀。"其意思是在表明酒具有极为特殊、重要的政治意义。在中国传统文化中，饮酒也是重视礼仪、礼节的庄严表达，所谓"酒以成礼"。《左传》："君子曰：酒以成礼，不继以淫，义也。以君成礼，弗纳于淫，仁也。"合而言之，酒在日常生活中具有相当独特的社会功能和文化意味。《汉书·食货志》说："酒者，天之美禄也。"在民间岁时节日中，酒更是不可缺少的物品。民间也有所谓"百里之会，非酒不行""无酒不成礼"的说法。在中国人的日常生活中，酒和各种祭祀、婚丧喜庆等重大活动往往是密不可分的。偶尔的亲朋相聚，也需以酒待客。平时老友叙旧，也要举杯小酌一番。酒可以拉近人们之间的感情，也能充当人生悲欢离合的生活润滑剂。从古至今，或逢年过节，或婚丧喜庆，寻常百姓也都会以酒为礼、以酒助兴。酒之于民，可谓无处不在。它是中国人社会生活中不可或缺的民生物资。《诗经·小雅·天保》有云："民之质矣，日用饮食。"[①] 酒是民生日用的饮食物

---

  ① 程俊英、蒋见元：《诗经解析》，中华书局 1991 年版，第 461 页。

品之一。

在一年之中，作为"民之质"的饮食，随着时节的变化不同，其内涵、意蕴等往往不同。《诗经·国风·豳风》中说："八月剥枣，十月获稻，为此春酒，以介眉寿。七月食瓜，八月断壶，九月叔苴。采荼薪樗。食我农夫。"[①] "九月肃霜，十月涤场，朋酒斯飨，曰杀羔羊。跻彼公堂。称彼兕觥，万寿无疆！"[②] 这一段先秦诗歌既包含着对特定时节、气候的强调，也表现了岁时节令与生活之间的紧密联系，体现了先民对自然规律的认知。所谓岁时，源于古代的历法。所谓节令，源于古代的季节气候。岁时节令，即由年、月、日、时与气候相结合而排定的节气时令。岁时节令指的就是岁时、岁事、时节、时令，是人们在社会生活中约定俗成的集体性的习俗活动，基本上反映了不同时节里人们的社会生活。在各种岁时风俗活动中，尤其是被列为特殊饮品的酒，更是调解、增进社会生活情趣的关键载体，或者说是重要媒介，实践着"成礼"的历史使命。拥有悠久、深厚酒文化历史的贵州，也是多民族聚居比较典型的地区之一。除汉族之外，贵州聚居生活着大量苗族、布依族、侗族、水族、仡佬族等兄弟民族群众。贵州的酒俗普遍且广泛，宋代爱国诗人陆游在《老学庵笔记》卷四中曾有非常精彩的描述："生子乃持牛酒拜女父母。初亦阳怒却之，邻里共劝，乃受。饮酒以鼻，一饮至数升，名钩藤酒，不知何物。醉则男女聚而踏歌。农隙时至一二百人为曹，手相握而歌，数人吹笙在前导之。贮缸酒于树阴，饥不复食，惟就缸取酒恣饮，已而复歌。夜疲则野宿。至三日未厌，则五日，或七日方散归。"[③] 由此可以看到，早在八百多年前，贵州民间就有着豪放的饮酒之风。

贵州酒文化多姿多彩，很大程度上源于丰富而悠久的民族文化，因为不同民族、不同风俗、不同岁时节令，让酒文化有了广阔的生存、发展空间。在数千年的社会发展过程中，由于种种原因，各民族在空间分布上呈

---

① 程俊英、蒋见云：《诗经解析》，中华书局1991年版，第413页。

② 同上书，第415页。

③ （宋）陆游撰：《老学庵笔记》，中华书局1979年版，第45页。

现出这样的特征：汉族主要分布在大、中、小城市及交通干线周围，少数民族则主要居住于乡村和山区。苗族、瑶族、彝族主要居住在山上，仡佬族多居山谷，布依族、侗族、水族等则傍水而居。民间俗语对贵州民族分布格局有形象概括，所谓：高山彝苗、水仲家（布依族旧称），仡佬住在石旮旯，苗家住山头，夷家（指布依族）住水头，客家（少数民族对汉族的称呼）住街头等等。在贵州各民族中，汉族和苗族分布最广，遍布全省，各民族分布位置大致如下表所示。

贵州部分民族主要聚居地

民族	主要聚居地	民族	主要聚居地
汉族	黔中、黔北、黔西北地区	苗族	黔东南、黔南、黔西南、黔西北以及黔东北地区
水族	黔南	回族	黔西北、黔西南和黔中地区
布依族	黔南、黔西南、黔中地区	白族	黔西北地区
侗族	黔东南和黔东地区	瑶族、壮族	黔东南、黔南地区
土家族	黔东北和黔北地区	畲族	黔东南和黔南地区
彝族	黔西北和黔西南地区	毛南族	黔南地区
仡佬族	黔北、黔西北和黔中地区	满族、蒙古族	黔西北部分地区
羌族	黔东北的石阡、江口两县境内		

不同民族的风俗习惯固然各有不同，但是，除了少数不饮酒的民族外，酒的的确确是在这一片土地上生活着的人们的共同爱好。贵州是汉族、苗族、彝族、布依族等多个民族共同生活的省份，风土人情、文化信仰多有不同，故而节日多如繁星。从正月到腊月，每个月都有节日，而且有节必有酒香。节日给美酒增香，酒为节日锦上添花。酒礼习俗在各民族的生活中已绵延数千载，由于环境、习俗差异，不同民族的表现方式不尽相同，在"以酒为礼"的礼仪中，古老的酒歌传唱着人类的智慧，醇厚的米酒蕴含着深情，譬如拦路酒、交杯酒、顺杆酒等，都表达着相似的意蕴。

苗族、侗族、水族、布依族等少数民族，每到逢年过节的时候，都要先准备好酒、饭祭耕牛，让牛吃饱喝足，然后家人才会用餐。苗族男女皆善饮酒，绝大部分农户都能自家酿酒。他们懂得如何自制酒曲，如何用糯米、苞谷、高粱等酿造甜酒、泡酒、烧酒、窖酒等。甜酒，清甜可口，老少皆宜；泡酒，度数不高，饮用方便；窖酒，馥郁芳香，是待客之佳酿。"节日遇远客，必迎至家中设酒肴，并以客多酒多为荣。一家来客，邻里纷纷送酒菜，视为自家人。待贵宾敬牛角酒。或以顺酒待客，即用芦苇、竹管插入酒坛吸酒。"古道热肠，好客如亲，于此可见一斑。在黔东南地区，苗族有所谓送客酒。当客人告别起程时，主人递上饱含深情的送客酒。待客人上路，主人一手持酒海，一手持酒碗，边唱边走，三步一首歌，五步一碗酒，歌声绵绵，酒气浓浓，主人的惜别之情弥漫四野。在黔西南地区生活的布依族，每逢节日庆典，或贵客临门，主人便会杀鸡备酒，热情款待客人，来几位贵宾就得杀几只鸡，此鸡头谓之"凤凰头"。入席后，主人将"凤凰头"双手献于客人，客人接过"凤凰头"后，要饮酒一杯，再将鸡头对着其他客人，示意众人，共同畅饮。土家族人平时粗茶淡饭，但有客来时，夏天会让客人先喝一碗糯米甜酒解渴，冬天则喝一碗开水泡团馓驱寒，再继以美酒佳肴款待。侗族人通常用最好的苦酒和腌制多年的酸鱼、酸肉以及各种酸菜款待贵客，有"苦酒酸菜待贵客"之说。水族招待客人时，都要饮酒。喝酒往往用大酒海（可装三斤的大瓦钵）来盛酒，以示主人热情大方。如果家中少酒，要去借酒来给客人喝个十二分饱足。如果客人真喝醉了，主人不仅不介意，反而很高兴，认为客人是真的看得起他。向客人敬酒时，主人先把客人的酒杯或酒碗斟满，然后才会给自己斟，主客的酒要一样多。主人斟的头两碗酒必须喝干，只喝一碗是不行的，因为客人是双手双脚进来的，喝酒要喝双杯，好事要成双。第三杯，宾主互相碰杯或交换喝，如在座的人多，就要进行交杯，从左到右，互拿上手的酒碗，并把你的酒碗交到下手客人的左手上，双手各拿着上和下的酒碗，从长者起一气喝干，而后类推。每喝一碗，大家同声高呼"秀！"，意为"干杯"和"好样的"，直到最后一个喝完，大家才把酒碗放下。

布依族、苗族、藏族等少数民族还有喝"顺酒"的习俗。《闲处光阴》

贵州少数民族酒文化研究

一书记载："施南人燕聚，若饮以呷酒，盖亲而近之之意。"所谓"顺酒"，又名"钩藤酒""竿儿酒"，就是用细竹管或藤管插入酒瓮中吮吸，宾主围酒瓮团坐，由长者、德者、尊者先饮，众人依序轮饮，一边饮酒一边叙谈。《皇朝职贡图》载，明初哀牢山区彝族人"喜歌嗜酒"，春暖花开时，青年男女"携酒入山，饮竟月，不知节用，过此则终岁饥寒，惟寻野菜充腹而已"。此地嗜酒之风可见一斑。彝族人民饮酒时，众人席地而坐，围成一圈，边谈边饮，端着酒杯依次轮饮，称为"转转酒"，还有"饮酒不用菜"之习俗。酒与歌舞时常相伴，贵州的民族酒歌就是一个鲜亮的文化标记。遇有隆重节日，民族乡寨的芦笙场就会摆上好酒，每一位客人都由两人举牛角杯劝饮，旁边有人欢呼助兴。在饮酒的同时，唱酒歌与之相伴，酒歌多是婉转悦耳，声音与情境交融，因为多数酒歌是即景而唱，均是真情流露，故能感人肺腑。酒歌的形式多种多样，可两人对唱，也可分组对唱，还有盘歌对唱，其歌淳厚质朴又不失活泼。较常唱的有《酒歌》《敬酒歌》《谢酒歌》《问酒歌》《祝酒歌》《赞歌》等。在婚宴上，主人劝酒时唱《酒礼歌》："贵客到我家，如凤落荒投，如龙游浅水，实在简慢多。"客人听后，欣然举杯，并唱歌以回敬。每饮一杯酒必对一曲歌，如果答不上来，就要被罚饮"哑杯"。

　　贵州各民族对酒的钟爱表现在日常生活中，尤其在岁时、节日之类的重要日期，酒更是不可或缺的。从节日上看，每逢仡佬族的"祭山""吃新"，瑶族的"祭盘王"，侗族的"祭萨"，水族的"过端""过卯"，彝族的"火把节"，布依族的"三月三""六月六"，苗族的"吃鼓藏""吃新""吃姊妹饭""跳花山""四月八"等民族节日，必有集会，必有宴饮。民族风情流露在节日的每一个角落中，不同文化意蕴在相互影响中滋养成长。从整体地域上讲，酒与岁时节令共同建构、营造了丰富多彩的贵州民情民俗。从具体生活来看，酒与岁时节令一并滋养、培育着贵州各民族春夏秋冬的每一天。酒和岁时节令相融合，既是他们的特色文化，更是他们的真实生活写照。相互包容、并行不悖的民族风是这里最迷人、最醉人的色彩。

第一节 春季节日中的酒文化

《诗经·豳风·七月》云："十月获稻，为此春酒，以介眉寿。"其中春酒，又称冬醪、冻醪，就是寒冬时酿造，以备春天饮用的酒。宋代的朱翼中在《酒经》中写道："抱瓮冬醪，言冬月酿酒，令人抱瓮速成而味薄。"杜牧在《寄内兄和州崔员外十二韵》中说："雨侵寒牖梦，梅引冻醪倾。"年末天寒之际酿造的美酒，从新一年年初的节日、时令开始就多有应用。

一、春节

春节是汉族农历新年，还有大年、新岁、度岁、过年等称谓。自西汉武帝太初元年（公元前 104 年）起，就以夏历（农历）的正月作为一年的开始，正月第一天为元旦，新年的日期也就从此确定下来，一直沿用至今。辛亥革命以后采用西元（公历）纪年，将公历 1 月 1 日称为"元旦"，农历正月初一改称"春节"，又叫阴历年、农历年，民间俗称"过年"。传统意义上的春节，是指从腊月的腊祭或腊月二十三或二十四的祭灶起，一直到正月十五晚上，以除夕和正月初一为高潮。在春节期间，各类庆贺活动主要包括祭祀神灵、祭奠祖先、除旧布新、迎禧接福、祈求丰年等。美酒佳肴是祭祀先祖、节日宴饮中必不可少的组成部分。旧俗有喝屠苏酒之习。宋朝文学家苏辙的《除日》诗写道："年年最后饮屠苏，不觉年来七十余。"

根据《都匀县志稿》记载：正月初一、初二日，酒食皆"除夕"凤具。初三烹饪鲜荐享，谓"煮生"。初五称"破五"。始折柬招亲友聚宴，谓"饮年酒"，又谓"春酒"。亲友多者，尽正月皆燕食，故俗称为"酒肉开花"。正月里的酒，既有悠闲，又饱含期待，美好而祥和。

二、拜树节

每年农历正月十四日是仡佬族的拜树节。在过节之前，由六户人家负责收集资金、采买祭品，另有一人推石磨空转三次，表示"告之山神"，然后逐巷逐寨地呐喊"久剁刀"，意为祭山神。过节期间，人们上山选一棵又高又大的树作为神树，用桦树枝在山上扎一个高一米、宽一米的小屋，放置于神树之下，插三角形小彩旗，牵鸡、猪、羊绕树三次，宰杀祭祀，燃以香、烛、纸，请山神入座，祭之。鬼师口中念念有词，全族跪拜，祈祷神灵保佑，五谷丰登。拜树的习俗使得许多仡佬族村寨至今仍保存着千年古树。除集体行动之外，有的寨子还以两人为一组，带上米酒、猪肉、糯米饭出门拜树。人们选择高大的树，在树前点燃鞭炮四响，一人向树身轻砍三刀，成嘴巴状，每砍一刀问答一句，然后将祭品塞进"树嘴"，用红纸封住，表示树饱劲足。有的寨子向房前屋后及山上的树木举行"拜树"仪式，祈求林木旺盛、果树丰收，并刨掉树根周围的野草，培土，祭拜。拜树节后全寨自发地进行植树造林。拜树节无声地培养了仡佬族民众与大自然的亲密和谐关系，而米酒在拜树节中不可缺少。

三、舟溪芦笙节

黔东南凯里舟溪一带的苗族，在农历正月十六至二十一要过芦笙节。芦笙堂设在舟溪井坎边的河沙坝上。正月十六清晨，几位主持芦笙堂的老人，扛着芦笙来到井坎，查看并念诵碑文。念完后，倒出葫芦中的米酒，先往碑石和芦笙堂喷上几口酒，各人再饮一大口，而后吹响第一支芦笙曲。伴随着芦笙的曲调，身穿节日盛装的苗族姑娘、小伙子翩翩起舞。数日过后，主持芦笙堂的老人，再次背着米酒，往碑石和芦笙堂上喷酒，结束节日狂欢。芦笙节是黔东南苗族、侗族的传统节日，凯里、从江、榕江、黄平等地之人均格外重视。由于族群和地域分布等原因，不同地方举行芦笙节的时间不一致。芦笙节大致在农历九月初、农历正月初至二月末期间举行，有时会在不同区域之间连续举行，总体而言，持续时间比较长。

四、接龙日

农历二月初二是镇远县报京乡侗族的"接龙日"。报京乡侗族把牛当作龙的象征，为了祈求侗寨事事如意、人畜兴旺，在"接龙日"这一天，全寨人从一个丰收寨方向，由芦笙队簇拥着一头牯牛进寨，然后将牛杀掉，把牛肉平均分给各户，名曰"吃龙肉"。寨里各户之间互请吃肉喝酒，唱龙王归位的酒歌。最后将牛角埋在地下，表示龙王归位。在"接龙日"这一天，在一些地方，男青年上山采集香皮藤，带回舂成浆，女青年用此浆与糯米舂成粑粑，放于锅中烙熟，冲油茶吃。

五、姊妹节

姊妹节是贵州黔东南地区的传统节日，一般在农历二月十五或三月十五举行，以台江县施洞地区的姊妹节最具民族特色。按照当地习俗，姊妹节期间要吃姊妹饭。所谓姊妹饭，就是姑娘们上山采摘野生植物的花和叶，把糯米染成五颜六色后蒸熟而成。在姊妹节当天的上午，苗家姑娘去田里捉鱼，准备姊妹饭，家家户户都要蒸五彩糯米饭。做此饭所用之糯米，经染色、分开蒸熟后，再和在一起，红、黄、蓝、绿、黑，晶莹透亮，清香悦目。此外，还要备酸汤鱼、血豆腐、米酒等迎候客人光临。在夜幕微降时分，姑娘们各自带上准备好的美酒佳肴，集中到一户宽敞的院坝里，摆上条桌，盛情款待远道而来的青年朋友，尤其是男青年。小伙子们则以歌声来取悦姑娘们。只有对歌取胜的小伙子才能吃到姑娘们的五彩糯米饭。吃罢姊妹饭，年轻男女身着节日盛装参加娱乐和体育活动，如唱山歌、吹芦笙、沙滩踩鼓、鸣锣击鼓、跳芦笙舞、划船、斗牛等。

六、迎送"圣婆"

侗族信仰多神，且崇拜祖先，每逢敬祭活动，都少不了饮食，而其中必然会有酒水。三穗、天柱和剑河三县交界处的圣德山一带侗族尊崇"圣婆"。"圣婆"，又称冷神婆。在侗族北部方言区，"圣婆"与侗族南部方言区的"萨玛"一样，是一位驱邪除恶、保寨安民的使者，每年正月、二月、三月或六月，祭祀七天。祭祀头一天，请"圣婆"神位。到送"圣婆"神位的时候，人们聚在河坝沙滩上，用猪、羊、粉粑和水酒祭祀。榕江县车

贵州少数民族酒文化研究

江一带，春初，全寨妇女都备酒菜，来到井边，祭敬水神；每至腊月，全寨集资买猪祭祀，以消除火殃。

七、萨玛节

萨玛节是贵州黔东南地区侗族的古老民俗节日，是母系氏族社会风俗的遗存，主要流传于贵州榕江、黎平、从江及周边地区，以榕江县车江的萨玛节最为典型。祭萨活动一般在春耕前或秋收后。祭萨有祭坛，祭坛由德高望重的老妇人管理，祭萨仪式只有中老年妇女和年长的男性才能参加。萨玛节期间，女子参加游乐活动，男人承担所有家务。祭萨是很隆重的，所有女性均要身着盛装。管萨老妇烧好茶水，向萨玛敬香献茶，然后女人们排队祭祀。每人喝口祖母茶，将常青树枝插于发髻，然后各村寨跟随持半开半合伞的老妇人踩路，队伍绕寨一周。主寨在寨口路边摆酒，客寨装扮成无衣无裤、身披稻草衣的"乞人"。乞人讨酒，主人敬酒，双方对歌。客寨萨玛队集合后，女人们载歌载舞，众人赞颂萨玛。

八、清明日

《安平县志》载：三月，清明日，"是日又为'土地盛会'，凡祀土地者，必刑牲洒酒以赛之"。《开阳县志稿》载："三月，清明，为扫墓之期。世居而族大之家，类置祭田若干亩，更番收租，轮流拜扫。日期，由主办之家酌定；有限于族众，有尽邀街邻戚者。届期，主办之家置酒食于墓地，午后亲友渐至，陈酒馔于墓前而祭之。祭毕，据地而食之，是为'野餐'。亦有祭之、餐之于宗祠者；亦有无祭田而独家自办者，犹踏青也。普通新故未及三年者坟，其拜扫皆在'春社'前，故有'清明不过社'之谚。而皆谓之'挂青'，与会者曰'吃挂青酒'"。

九、三月三

三月三是布依族的传统节日，但在不同地区，其具体内容不尽相同。对于罗甸县布依族来说，农历三月三既是歌节，也是祭奠祖先的扫墓节。

到了这一天，布依族的人们纷纷前往扫墓，将带着青叶的竹竿系着白纸插在坟上。一家人或宗族集体到祖坟墓地，杀猪杀鸡，祭奠酒肉和花糯米饭，并以新土补坟。对于贵阳市乌当地区的布依族而言，农历三月三是"地蚕会"节。当地传说地蚕可能在开春后危害庄稼，必须在三月初三用炒好的苞谷花祭地蚕，这样可以堵住它们的嘴，使其不能损害庄稼。另有些地区将三月三作为祭社神、山神的日子。清代乾隆年间的《南笼府志》称："其俗每岁三月初三宰牛祭山，各聚分肉，男妇筛酒、食花糯米饭。""三、四两日，各寨不通往来，误者罚之。"故而，当地人又把这一天叫"仙歌节"或"地蚕会"。一村或邻近几个村集资买猪、牛宰杀供祭，供祭之日，外人禁止入村。望谟、册亨县一些地方要杀狗、杀猪请客。关岭地区要做清明粑，黔西地区要去扫墓，有的地区会集会游玩等等。

三月三是仡佬族过年的日子，俗称仡佬年。仡佬族人民会准备鸡、酒、肉、饭等敬奉山神或秧苗、土地。祭拜之后，人们在山上或寨门前分食供品。三月三这天早饭后，男女老少身着新装，携带乐器、体育器械以及酒肉饭菜，汇聚到祖先坟茔附近。众人聚齐后，族中首领放炮和放火铳，表示过年开始。之后，众人进行娱乐，下午两点左右，重聚祖先坟前祭祖。首领杀死十只活鸡，公鸡、母鸡各五只，将鸡血滴入酒中，洒之于地祭奠祖先，歌颂祖先"开荒辟草"的功绩，并祈求祖先保佑子孙。祭祖完毕，人们再敬奉山神和"秧苗土地"，祈求山神和"秧苗土地"庇佑五谷丰登、六畜兴旺。随后吃年饭，同辈同席，每席十人，辈分高的在前排，辈分低的在后排。每桌一盆鸡汤和一盆菜，互敬一杯酒，然后吃饭。饭后才各自回家，春耕也随之开始。

十、牯藏节

牯藏节，也称"吃牯藏""吃牯脏""刺牛"，是黔东南、桂西北地区苗族、侗族最隆重的祭祖仪式，其重要内容是杀牛祭祖。在这个节日里，苗族人杀牛祭祖，并以酒、鱼供奉祖先。在苗族祭礼活动中，酒和鱼是不能少的，尤其鱼是必不可少的祭品。这很可能与苗族先民以鱼为主食的生活方式相关。直到现在，在龙里、贵定、福泉一带生活的苗族还有集体杀鱼祭祖、就地野炊的"杀鱼节"。在"吃牯藏"祭祖活动中，榕江、三都地区的苗族同胞穿戴的贯首绣花羽毛服极有特点。这种衣饰特点，可能与古代的渔猎生活相关。牯藏节一般在联系密切的村寨之间进行。牯藏节有小牯、大牯之分。小牯每年一次，一般选在初春与秋后的农闲时节举行。在节日期间，人们杀猪宰牛、亲友聚会，举行斗牛、吹芦笙等娱乐活动。大牯一般十三年举行一次，轮到之寨为东道。承办的村寨提前一两年喂养牯牛，有力者一家可喂二三头，力少者两家共喂一头。每家都要准备酒肉、鞭炮、红彩等物，有女孩子的家庭往往会置办衣物、银首饰等。主寨提前两月或半年，向客人发出邀请，节前再次邀请。首日早饭后，观斗牛。次日早晨，参加斗牛的牯牛，除少数外都将被尽行宰杀，以其内脏祭天地、祖先。节日期间歌舞酒宴日夜不休。

十一、捕鱼节

贵州中部独木河和南明河两岸的苗族，在每年农历三月到六月要过捕鱼节。此节最初起源于祈求龙王降雨，祝愿风调雨顺、五谷丰登的活动，后来演变成了饮宴、郊游和娱乐活动。每年捕鱼节的具体日期，由各寨善捕鱼并有威信的"渔头"商定。到了这一天，青壮年男子上山采集树叶制药，下河捕鱼；女人备办腊肉、香肠、糯米饭和酒。正午时分，全家老少携酒带肉到河边，将捕得的鲜鱼煮熟，开怀美餐一顿，唱山歌、吹芦笙，尽兴而归。人们将剩下的鲜鱼带回家，作为设宴招待之用，或者直接馈赠亲友。

第二节　夏季节日中的酒文化

春季节日刚刚结束，夏季节日就接踵而来。贵州夏天气候凉爽，草木丰富，瓜果成熟，是过节的良好时期。夏天的节日主要有牛王节、四月八、端午、龙船节、查白歌节、林王节等，内容丰富多彩，形式多种多样。

一、牛王节

根据布依族传说，农历四月初八是牛王生日，亦称"牧童节"，黔西地区还有"开秧节""开秧门"的叫法。每逢牛王生日，贵州荔波县一带的布依族人民都要做黑糯米饭来礼敬"牛王"；望谟县要吃四色糯米饭，罗甸、安龙、册亨、贞丰等地吃二色、三色糯米饭；也有的地方除做糯米饭之外，还要杀鸡备酒祭祀先祖，要用鲜草包糯米饭喂牛，给牛洗澡，让牛休息一天；有的地区还会举行斗牛、赛马等活动。此外，滇南壮族、侗族、瑶族以及湘西土家族、苗族的牛王节也是在这一天举行。

二、四月八

农历的四月八是贵州、湘西以及桂北等地的苗族、侗族、瑶族、壮族、彝族、布依族、土家族、仡佬族等民族的传统节日。因地区和民族不同，四月八的具体内容也有所不同。其中，贵阳市苗族的四月八规模最为宏大，场面最为隆重，影响最为深远。每逢四月八，贵阳周围的苗族人民都会聚集一堂，举行各种庆贺活动，纪念古代民族英雄亚努，所以这一天也叫"亚努节"。人们欢聚一堂，吹笙、跳舞、唱山歌、荡秋千、上刀梯、玩龙灯、耍狮子等，场面热闹欢快、恢弘壮观。四月八以前主要集中在盘信区、牛郎区以及湖南凤凰县落潮井乡，后来由松桃、凤凰、花垣几个相邻的县轮流举办。节日的主要活动有上刀梯、舞狮子、打花鼓、杀牛舞、接龙舞等。在接龙舞活动中，苗老司有专门的接龙词：

> 如今我呵，沐浴净身，
>
> 洗净那杯杯盘盘，
>
> 盛上那最干净的酒礼
>
> 呼唤那海底深潭的亲人
>
> 早已备待五碗酒
>
> 五碗肉

贵州少数民族酒文化研究

五碗粑粑

和那陈年的干鱼

高山大岭上采来的瓜果，

候龙的来临

只因老天多灾

大地多难

民不聊生

盼望你呵——万能的象征

澄清环宇

复苏乾坤

布播甘霖

舞降福音

东方龙公、龙母、龙子、龙孙

南方龙公、龙母、龙子、龙孙

西方龙公、龙母、龙子、龙孙

北方龙公、龙母、龙子、龙孙

中央龙公、龙母、龙子、龙孙

骑着骏马

跨着毛驴

拥着队伍

带着官兵

穿着绫罗

戴着银饰

环佩叮当

我们慈祥的老母亲回来了

回到了阔别已久的故乡

走进了熟悉的家门

唢呐喇叭高奏

大鼓大锣齐鸣

前呼后拥

毕恭毕敬

先让妈妈到西屋火炕右边（苗家神龛）

最圣洁的地方——

歇息

三、端午

《贵阳府志》载："贵阳，五月，端午。""食黍，饮菖蒲、雄黄酒，兼以雄黄涂儿女头额，以避邪毒。"《普安厅志》也说："五月五日，治角黍，采艾挂蒲，饮雄黄酒，以避瘟疫。"对汉族群众而言，这是端午节通常的过法。布依族也是在农历五月初五过端午节，内容与汉族大体相仿，这一天要喝由雄黄、大蒜、姜、葱泡成的雄黄酒，吃雄黄酒泡过的大蒜，用以预防痢疾和其他疾病，还要将雄黄酒喷洒在房屋四周，以防蛇、鼠、蚊子、臭虫等。

四、龙船节

苗族有端午节，也有龙舟竞渡，只是时间在农历五月二十日，这是古已有之的传统习俗。清代同治年间，徐家翰在《苗疆闻见录》中记载："（苗人）好斗龙舟，凤以五月二十日为端节，竞渡于清江宽深之处。其舟以大整木刳成，长五六丈，前安龙头，后置凤尾，中能容二三十人。短桡激水，行走如飞。"明嘉靖《贵州通志》卷三"风俗"记载："镇远府端阳竞渡。府临河水，舟楫便利，居人先期造龙船，绘画首尾，集众搬演居戏。以箬裹米为粽，弃水中。拽船争先得渡者，是岁做事俱利焉。"清乾隆《镇远府志》卷九"风俗"："重安江由秉入清江。苗人于五月二十五日亦作龙舟戏，形制诡异，以大树控槽为舟，两树并合而成。舟极长，约四五丈，可载三四十人。皆站立划桨，险极。是日男女极其粉饰，女人富者盛装锦衣，项圈、大耳环，与男子好看者答话，唱歌酬和，已而同语，语至深处，即由此订婚，甚至有时背去者。"直到今天，在台江、凯里、剑河、施秉、

贵州少数民族酒文化研究

镇远等县生活的苗族人，依旧保留着农历五月过龙船节、竞渡龙舟的风俗。据苗族习俗，农历五月二十四至二十七日为核心时段。五月十八、十九两日，洗龙船。二十二、二十三日，母船与子船系为一体，安龙头。二十四日，举行仪式。以前在龙船节头一天，人们要请巫师念经，而现今大多从简。有的老规矩还在延续，比如龙船不得半途停顿或休息，须一鼓作气划至终点等等。龙船调头后，掌舵者分给水手每人一束青草，再合一起投入江中，以此驱邪。赛事结束时，各村寨会挑一头本村寨最肥的猪，宰来酬谢众人对龙船节的支持，全寨大摆酒席，一起欢聚宴饮。

五、六月六

六月六是汉族、布依族、苗族等民族的传统节日。由于居住环境不同以及历史、风俗的差异，过节情形多有不同。在六月六这一天，汉族民俗活动主要有回娘家、晒虫虫等，民俗有云"六月六，请姑姑"。贵州《永宁州志》卷十"风土志"称："六月六日，祀土地神。晒衣服。士晒书。农夫以鸡鸭酒饭祀田祖，插纸钱于田中，以祈丰美。"布依族人民很重视六月六，有"过小年"之称。各村寨杀鸡宰猪，白纸做旗，沾以鸡血或猪血，插在田间地头，认为如此这般之后，"天马"（蝗虫）就不会吃庄稼。六月六早晨，村寨中的老人率领年轻人举行祭盘古、扫寨赶"鬼"等活动。其余男女老少，带着糯米饭、鸡鸭鱼肉以及酒水，到寨外山坡"躲山"。祭祀完毕，主祭人带领众人扫寨驱"鬼"，"躲山"者在寨外娱乐。傍晚时分，"躲山"的各家各户席地而坐，以美酒佳肴待客。等到祭山神处传来"分肉了！分肉了"的呼声，各家便派四组壮汉前去搬回四只牛腿，到寨中领取祭肉。也有些布依族是农历六月十六日或六月二十六日过节，称为六月街或六月桥。

苗族在六月初六祭祀祖先。在铜仁、松桃、凤凰、花垣、秀山一带的苗族中流传着英雄天灵的传说。传说当时暴君当道，民不聊生，苗族英雄天灵经过三年苦练射箭，可一箭射到京城。天灵练成神射的那天，很早就去睡觉，并让母亲在公鸡打第一遍鸣时就叫醒他。不曾想，老母亲半夜簸米，引起鸡叫。天灵听见鸡叫，急匆匆爬上在贵州松桃、铜仁和湖南凤凰交界处的将军山，他两脚各踏一座山峰，对准北斗星连射三箭。皇帝在天亮登殿时，看见龙椅上插着三支利箭，且箭还在晃动，吓得浑身直冒冷汗。皇帝下令搜捕刺客，不久天灵遭捕被杀。据说天灵死于六月六日。为追念英雄，每逢六月六苗人便云集将军山下，吹唢呐、唱苗歌、跳鼓舞，祭奠先烈，祈求幸福。

六、查白歌节

查白歌节是布依族的重要传统节日。该节因古时为民除害、抗暴殉情的男女青年查郎、白妹而得名。每年农历六月二十一日，云、桂、黔三省区交界地区的布依族青年人便聚集在兴义县的查白场，举行歌会。歌节主要内容有赛歌、认亲访友、吃汤锅、赶表和祭山等，一般持续进行三天，其中的第一天是高潮。在查白歌节里，各家各户准备花米饭、粑粑、豆腐、米酒待客，老老小小都有一份汤锅钱。传说查白场上的汤锅能祛病免灾，甚至百里以外的老人都会背着小孙子赶场。

七、林王节

林王节是锦屏县寨母一带的侗家人纪念明代英雄林宽的节日，属于侗族传统节日，在农历六月的第一个卯日举行。过节头一天，寨中要杀猪宰牛，家家放田捉鱼、磨豆腐、包粽粑。各家都聚集到传说是林王倒栽的古枫树下，摆案置酒肉，供奉粗如大碗口、长可盈尺的大粽粑，唱林王古歌，祭祀先祖。

八、吃新节

吃新节也叫"新禾节"，人们将六月摘的稻苞、七月摘的稻穗脱粒去壳，蒸熟后祭祖，是清水江和都柳江中上游地区苗族在夏秋之交的节日。该节日无固定日期，农历六至八月的卯日、午日或辰日皆可过此节。八月吃新是将新谷加工成米，蒸熟后先祭祖，后全家共食。按照旧习俗，人们须在收禾时节，挑选出一块长势最好的稻田，众人齐集于此进行"吃新"。在吃新节当天，人们带着米饭、酒、鸡、鸭、鱼、肉来到田间，先是祭祖，而后围成一圈，每人将酒杯举到下位人的嘴边。老族长一声令下，众人连呼三声，相互喂酒，一饮而尽。台江县番台一带的苗族，在吃新节这天男女老少带着酒食到芦笙场上聚餐。斗牛活动结束后，芦笙场四周的山坡上、大路旁，三五成群的人们在津津有味地品尝着自己带来的米酒、鱼肉和糯米饭。遇有过路的客人，苗族同胞会十分亲热地敬上一碗米酒，或送一团糯米饭、一串粽粑。苗族的吃新节，"备好新米饭和酒肉后，一定要先敬祖宗，后叫'米魂'。敬祖宗时，不请巫师，也不念巫词，只用白话唤祖宗来领受"。南方的苗族、侗族、仡佬族、基诺族等民族都有吃新节的习俗，它作为一个农事节日，主要是为了庆贺丰收，希望来年丰收，大都在庄稼成熟时节过。具体安排上，不同民族、不同地区又有所不同。

吃新节也是侗族古老的传统节日，只是各地过节的具体时间和仪式有所不同。有的在农历六月十二，有的在七月初二、初四、初七或七月十四、八月初一等，但过节的活动皆是吃新鲜饭菜。饭是由刚成熟的新稻米制成，菜是菜园里刚摘下的新鲜豆角、茄子或上山新采的野菜，以及新杀的鸡鸭、刚捉的鲜鱼等。天柱、锦屏、三穗等县的侗寨，在吃新节前，妇女们来到河边，将竹筒、水桶、粽粑叶和干蕨菜等清洗干净备用，人们用刚挑来的新水泡糯米，酿造甜酒。节日菜肴以鱼为主，还要吃不放盐的玉米和瓜菜，这叫"忆苦饭"。在火塘边的方桌上，摆着盛满糯米饭的器皿，饭上面盖四张接骨丹叶；桌边放置一个长凳，在长凳上给每一房族人摆放若干张接骨丹叶，叶上放糯米饭和三节未出穗的禾苞、四尾鱼、两碗煮熟的瓜菜、两碗甜酒以及干蕨菜拌腌菜，旁边放上一双实心的竹制新筷子。摆放完毕，最年长者先品尝各种饭菜，各房族人按长次顺序入座，一起就餐。有的地方还保留着较传统的习俗：将腌鱼、细鱼、未出穗的禾苞、黄瓜、红苋菜、干蕨菜、干笋子、糯米饭、甜酒糟等，各分成七份或十二份，摆七双或十二双竹筷，由家中年长者带领祭祖，之后方才共同进餐。

第三节　秋季节日中的酒文化

秋季是一个收获的季节，经过辛勤的劳作之后，庄稼、瓜果、蔬菜等丰收在望，贵州少数民族收获着自己的劳动成果，感念神灵和祖先的护佑，祈望来年风调雨顺。欢庆热闹的节日是人们表达情感、祭祀神灵、祈求丰收的重要时刻，酒文化则是人们表达情感、祭祀神灵、祈求丰收的重要体现。

一、仡佬族吃新节

每年农历七、八月新谷成熟在即，将要收割时，仡佬族人会选择一个日子进行吃新活动，祭祀祖先，感谢祖先护佑的恩德，祈求来年风调雨顺。夏收较早的村寨，大多在农历七月第一个辰（龙）日或戊（狗）日举行，夏收较迟的则在八月间巳（蛇）日举行，因此，仡佬族中有"七吃龙""八吃蛇"的说法。祭祀用品是由各家主妇到田间采摘新粮，附近村寨田地里的庄稼、果蔬，只要是七成熟以上，不论是谁家的都可以采摘一些，大家对此不仅不在意，而且乐在其中。将采摘回来的粮食和瓜果蔬菜，与鸡、鸭、牛肉混煮，先用来祭拜"开荒辟地的祖先"，追忆先祖功德，然后人们才能吃新。有的地方会杀鸡杀猪，甚至杀牛祭天，杀马祭地。仡佬族吃新节以传统文体活动和吃转转酒的习俗为主，白天有打"篾鸡蛋"的活动，夜晚邀请邻近亲友到家做客，畅饮转转酒，并吃新米饭，宾主共庆丰收，边吃边摆家常，酒过两巡，各抒己见，既有虔诚地祈求祖先保佑的，也有总结生产、生活经验的。

二、砍火星节

砍火星节是关岭一带苗族的传统节日，为一年一度，大约在农历七、八月间或九月二十七日举行。砍火星在苗语里叫"若琐"，是苗族同胞在一年的辛勤劳动之后，庆祝丰收、消除灾难的一种民族风俗。头领或族长用米、鸡蛋、酒、鸡和小树做祭物，以求消灾辟邪。其中一个仪式是喝特制的合欢酒，主要目的是消除邻里隔阂，增进族人团结，祝福全家吉祥如意。按族中家户，轮流值年。值年人负责召集族人，商讨乡规等大事。循环轮流负责，轮到谁家值年，就在谁家举行聚议和饮合心酒。

三、八月十五

这是一个比较流行的节日。据《普安厅志》记载：八月十五日，民间以果饼相赠，置酒赏月。从节气上讲，八月十五是瓜果成熟的时候。纳窝乡苗族人把刚成熟的葵花、花生、板栗采摘回来，让家人、族人一起享用，也会吃月饼。在中秋月圆之夜，该地允许小孩子偷瓜、偷糯谷。这意味着"邪气"就被偷走了，是兴旺的好兆头。另外，结婚两三年仍未生育之家，青年们会偷个大南瓜送去，送瓜意味着送子。要是来年这家添了儿女，则要摆席宴请送瓜的人，用自家酿制的甜米酒、玉米酒、高粱酒款待他，且往往客醉主乐。

四、额节

额节是贵州荔波县水扛、德门、母早、太吉、尧古、拉交、水庆等地水族人的年节。节日时间为水历正月（农历九月）的酉日或亥日，活动的内容及方式与端节相似。此日半夜设素席祭祖，供品以鱼为首要，还有糯饭、甜酒、大小南瓜等。在过去还要举行赛马与击铜鼓等娱乐活动，时过境迁，由于种种原因，有些民俗场景化作了历史烟云。

五、重阳节

《普安厅志》记载："九月重九，登高，佩茱萸，食米糕，醉菊酿，种罂粟、蚕豆及麦。是日酿酒，谓之'重阳酒'，香味尤佳。"这是典型的汉族重阳节的形式和内容。贵州酒风悠远，各民族皆有酿酒、饮酒的习俗。喜欢饮酒的布依族人，在每年秋收以后，家家户户都酿制米酒，并储存下来，以备常年饮用。侗族人喜欢喝自己酿制的米酒，也有他们所创造的重阳酒。每至农历九月，侗族人用新糯米制甜酒酿，密封于坛，或火塘温烤，或埋在肥堆里，促使其发酵，待到春节时取出饮用。此种米酒，酒液黏结成丝，甜美爽口，醇香异常，有缓解疲劳、生津止渴的功效。

六、端节

水族人民一年中最为隆重的传统节日就是端节，相当于汉族的春节。按照水族历法，以农历九月作为一年的开始。在每年农历八月下旬至十月上旬（水历十二月至新年二月）之间，每逢亥日，各村寨轮流过端，具体日期由各寨自选，此时大季作物已收割，小季作物已播种，水族人趁此空闲时间，辞旧迎新，庆贺丰收，祭祀祖先，并祈求来年丰收。过端之时，四乡八寨亲友，甚至是不认识的人都可以到过端的寨子去吃酒。现在的端节改在了农历十一月的第一个亥日。依据传统习俗，端节前一晚，只能吃素。端节当天，家家户户盛宴欢庆。端节源于以血缘关系为纽带的原始宗教祭典活动，主要活动是祭祀和赛马。节日来临之时，男女老少一律身着盛装，欢欢喜喜地走亲访友。戌日晚和亥日早每户和每个村寨都要举行祭祖活动，并连续两餐忌荤。此时要仔仔细细地清洗用具器皿，不能带一点油腻。祭祖的贡品主要是鱼包韭菜。据民间传说，水族先人曾用韭菜和鱼虾合制成一种包治百病的药，治好了许多在病痛中挣扎的族人，因而鱼包韭菜成了水族人端节时最珍贵的祭品和待客的佳肴。其制法是：取鲤鱼或草鱼沿腹部剖开，除去内脏洗净，洒上少量好酒，配以葱、蒜、生姜、食盐和糟辣等作料，并以洗好的韭菜、广菜填充鱼腹，捆扎好清炖或清蒸而成。此鱼制好后先敬祖，后食用。味道鲜美可口，鱼肉肥细柔嫩，烂而不糜，鱼骨酥脆，热天里搁置三五天也不会变味。端节的祭品还有豆腐、糯米饭、米酒等。亥日上午，寨子里的水族人要挨家挨户吃贺年饭，并把糖果等食品及干鱼等供品分给孩子们享用。

第四节　冬季节日中的酒文化

冬季是一年中最后一个季节。人们在辛苦一年之后，得到一段较长的闲暇时间，往往以各种方式来欢庆一年收获，消除一年的劳苦与疲惫，祭祀神灵祖先，并为来年做好准备。酒自然是冬季节日中不可或缺的物品，或为娱乐，或加强情感，或沟通人神，或祈求来年诸事顺利。

一、牛王节

农历十月初一，是仡佬族的传统节日牛王节，这个节日主要流行于居住在贵州仁怀、遵义一带的仡佬族，又被称为"敬牛王菩萨"或"祭牛王"。每到这一天，当地仡佬族人便要杀鸡备酒，点香燃烛烧纸线，在牛厩门前敬牛王菩萨，祈愿它保佑自家的耕牛健壮有力、无病无灾。

二、彝年

彝族人在农历十月过年。在历史上，彝族先民曾经创造出十月太阳历，将一年分为十个月，每月有三十六天，以十月为年节，故称十月年。这个节日没有固定日期，各地根据农闲时间来确定，并不统一，大多在秋收后（农历十月），由毕摩择吉日确定，也有的地方是由族中头人根据实际情况选定时间。彝族人过年，必须杀猪敬天祭祖，族人围火聆听老人讲古说今。三天之后，人们各自走访亲友，互相恭贺新年，共饮转转酒。年节期间，会有射箭、摔跤、斗牛等娱乐活动。过彝年的时候，威宁县岩脚的彝族人民要身着盛装，准备丰富的宴饮食材，并迎接祖宗回家过年。在"请菩萨回家"后的"菩萨祭"中，人们要将酒杯盛满酒，供菩萨食用。十月初三"送菩萨上山"后，本家族成员聚集于长房家中，叙家常，饮转转酒，唱酒礼歌。

三、盘王节

瑶族的盘王节，也叫盘王还愿，这是纪念始祖盘王的节日，迄今已有1700多年历史。海内外的瑶胞都十分重视祭祀祖先盘瓠的盘王节。古代瑶族地区就有过盘王节的风俗，在晋代干宝的《搜神记》、唐代刘禹锡的《蛮子歌》、宋代周去非的《岭外代答》等典籍之中都有记载。《岭外代答》说："瑶人每岁十月旦，举峒祭都贝大王。于其庙前，会男女之无夫家者。男女各群，联袂而舞，谓之踏摇。"①"踏摇"即是"跳盘王"。每年的农历十月十六日，瑶族举行古朴庄重的公祭盘王大典仪式，男女老少都穿着节日盛装，用吟唱、祭酒、舞蹈、上香等形式来祭祀盘王先祖。过盘王节，有的是一家一户，有的是数家联合，有的是同族共度。不论几家一起过节，都必须杀牲祭祀，设宴款待亲友。一般而言，瑶族盘王节为期三天两夜，但也有长达七天七夜的。在盘王节期间，要杀鸡宰鸭，祭祀盘王，唱盘王歌，跳黄泥鼓舞和长鼓舞，追念、歌颂先祖功德，酬谢盘王护佑。有些地方还要打花棍、放花炮、请班子唱戏等等。

四、大年节

大年节是布依族一年之中最大的节日。明代至清初，多数地区的布依族以农历十一月为岁首，也有以十月望日为岁首的，或以十二月为岁首的。日期虽不统一，但都是在秋收结束之后、下一季农忙到来之前。清中叶以后，布依族逐渐改以正月为岁首，正月初一即大年。节前，布依族家家忙着杀猪、熏腊肉、灌香肠、做血豆腐。妇女们忙于烤酒、打糍粑、爆米花。有的地方包"枕头"粽子及用经草灰浸泡的糯米制成"黑粑粑"。有的粽子里面还包着肉馅或豆馅，过年时供自家人食用或用来招待客人。腊月二十三日晚送灶神，与汉族的送灶神习俗基本相同，布依族人用糯米制成的麦芽糖等送灶神，请其向玉皇大帝禀报时多说好话。送灶后，要准备香、

---

① （宋）周去非著，杨武泉校注：《岭外代答校注》，中华书局1999年版，第423页。

烛等用品，写对联、贴对联、说吉祥话等。也有不少人家贴门神、贴年画。除夕夜，用美酒佳肴敬祖先，燃放爆竹，全家一起守夜到鸡鸣。正月初一，姑娘们都争挑第一担水回家，名曰"聪明水"；男孩则来到土地庙旁，将小块石头搬至家中畜圈之中，寓意为"六畜兴旺"。大年期间，人们相互庆贺，饮酒为乐。初九叫"上九"，到这一天才能"煮生"。先要燃香烛，以生肉供祖，然后将生肉煮熟再供一次，之后才可食用。在大年节期间，娱乐活动颇为丰富，有赛马、掷石、铜鼓、唢呐、歌舞、篮球等。

五、苗年

苗语称"能酿"，是苗族人民最隆重的节日之一。各地过苗年的时间，多选在收获季节之后，从农历九月至正月不等，一般历时三天、五天或十五天。过年前，各家各户都要准备丰盛的年食，除杀猪、宰牛羊外，还要备足糯米酒。年饭讲究"七色皆备""五味俱全"，并要用最好的糯米打年粑。现在有的苗族人和汉族一样，在农历正月过年。黔东南大部分地区的苗族仍旧在农历十月至腊月的丑、卯、辰日过年。黔东南苗族侗族自治州雷山县就是在十一月过苗年的。苗年是苗族同胞最隆重的传统节日，他们准备的食物较其他节日更为丰富。节日前后，各处的苗家村寨都沉浸在喜庆热烈的气氛中，家家户户在年前忙着采办年货、打糯米粑粑、煮酒、杀猪宰羊、煮鸡煎鱼，准备好丰盛而充足的珍馐佳肴。大年清晨，各家都抱着大红公鸡，来到村边路口迎接祖先英灵回家过年。晚辈要将做好的酒菜、糯米粑粑等放在祖宗牌位前敬供，还要在牛鼻子上抹些酒，以示对牛辛苦耕作一年的酬谢，然后全家人与来客一道，举杯交盏，唱歌助酒。过年期间，人们串寨走乡，走亲访友，互相问候。因此，轮番饮宴成了苗族人过年的一大习俗标志。苗族人称过年为"吃年"，足见"吃"在苗年中的重要地位。2008年6月7日，由贵州省黔东南州丹寨县、雷山县申报的苗年被正式列入第二批国家级非物质文化遗产保护名录，饱含民族风情的苗年开始被更多人所关注和了解。

六、赶年

赶年节是土家族的传统节日，土家族过年比汉族早一天，小月为腊月二十八，大月为二十九。关于提前一天过年的原因，传说是为了抗倭寇而提前。明嘉靖年间，土家族先民随胡宗宪抗倭。胡宗宪在十二月二十九日大犒将士，然后趁倭寇不备，攻而大捷，后土家人沿之，遂成家风。每进腊月，土家族地区过年的气氛便渐渐地浓了起来。杀年猪、做糖糁、推豆腐、打粑粑、贴对联、置办团年饭菜等，为过年做准备。这种喜庆的气氛一直持续到正月十五日，此时堂屋中撤下祭祀围帐，摆手锣鼓收场，整个年事活动这才告落幕。过赶年节要做糯米粑、杀猪祭祖、煮酒。土家族人打的粑粑有易存放、不易变质、易食用等特点。春天农忙时节便于随身携带，只要燃起柴火，便可烤粑粑吃。若是家中来人，主客围坐火塘边，可以将甜酒与粑粑一起煮来待客。除夕之夜还要"守年""抢年"，即吃过团圆饭后，手执吹火筒在房前屋后转一圈，名曰"出征"，有的手持猎枪上山走一趟，名曰"模营"，以纪念先人。虽提前一天"赶年"，大年三十晚上还要照样过除夕。有的地方是"初一拜家神，初二拜丈人，初三初四拜友邻"。年节期间，土家族会举行各种各样的文娱活动，如"玩龙灯""荡秋千""踩高跷""唱傩戏"等等。这种喜庆的气氛一直持续到正月十五，堂屋中撤下祭祀围帐，摆手锣鼓收场，整个过年活动才告落幕。

七、侗年

侗年是侗族同胞们最隆重、最热闹的民族节日。这既是侗族人祭祖和欢庆丰收的日子，又是族人同乐的休闲节日。侗族年节的日期，各地不同，榕江县"七十二寨侗乡"的侗年节就没有固定时间，往往根据各寨传统习惯而定。有的寨子在每年古历十月下旬过侗年，有的寨子则在古历十一月下旬过侗年，还有的村寨分别在古历的十月下旬、十一月中旬以及春节（汉族）过三次年。现在大部分地区的侗族，受汉族文化影响，将侗年与春节合而为一了。过侗年前夕，侗寨中家家户户都会忙着宰猪杀牛、打糍粑、酿酒、备油茶。其中糍粑又分碱水糍粑（糯米用草木灰淋下的灰水泡过）和白糍粑两种。做成的糍粑晾干后，要放在水缸里用新鲜泉水浸泡着，可存放一个多月。除夕夜，家家摆设供品，祭祖敬神，合家团聚。榕江县车江一带，春节之夜要舞龙灯。舞毕，舞灯的青年会被热情的主人拉到"姑娘堂"前，与已等候在堂内的姑娘对唱龙歌。然后挨户拜年，分散到各户去吃夜宵，猜拳喝酒，黎明方散。还有一些侗寨过春节要举行"月也"，在寨与寨之间，集体互相走访做客，汉语称之为"吃乡食"或"吃相思"。主方备油茶，宰猪杀牛，以酒肉相待，三五日才散。客人临走时，主人还要包糯米饭、鱼肉送给客人带走做干粮，有的还会馈赠猪羊。

　　在千百年来的社会发展过程中，由于所处空间的自然环境、生活条件、语言、文化的种种差异，贵州各民族逐渐塑造出了各具特色的岁时节日文化。这些岁时节日的基本情况，在相关著述以及各地、州、县地方志中多有介绍。譬如贵州省社会科学院历史研究所编著的《贵州风物志》中的节日部分，对贵州各少数民族节日的基本情况以及相关的神话传说做了概述；贵州省文管会等编写的《贵州节日文化》较全面地介绍了贵州各民族的节日文化；张民主编的《贵州少数民族》一书也介绍了贵州少数民族的节日，尤其是附录的《贵州省民族节日集会概况一览表》，有助于人们了解各民族节日的基本线索；刘柯编著的《贵州少数民族风情》以及李朝龙、李廷兰编著的《贵州少数民族风情录》，对贵州少数民族的节日也有较详细的介绍。各民族传统节日的产生与流行，多与四时节气相暗合，虽然主要的设置目的各不相同，基于前面对贵州四季岁时节令的梳理，还是大致可以划分为"农事性节日""祭祀性节日""纪年性节日""纪念性节日""社交娱乐性节日"等类型。据说，在贵州有数千个民族文化传统节日，从正月初一到腊月三十，几乎每一天都有民族节日，都有人在过节，真是"大节三六九，小节天天有"。酒是"成礼"的重要内容，酒能助兴，符合人们希望过节热闹、祈求日子红红火火的心理。节日大都安排在农闲时节，是一年之中人们相对清闲、可以稍作放松的日子。各少数民族同胞所酿制的米酒醇厚清香，能消除疲劳，有助于人们放松身心。民族节日里用酒待客、用酒做礼物相送，乃是不可缺少的内容。一年十二个月，每个月各有不同的节气，也有不同的酒俗民风。贵州不同月份的酒歌，直接表达了各族民众在不同时节的多彩生活。祖岱年编的《贵州酒歌选》一书中，共收录了两首《十二月酒歌》。

《十二月酒歌》之一

正月吃酒正月正，黄蜂绕树下山行，
我是蟒蛇新出洞，还没找到结缘人；
二月吃酒正适合，燕子衔泥做新窝，
我们今晚初相会，大家齐心来唱歌；
三月吃酒三月三，阳雀阵阵叫得欢，
阳雀聚会山坡上，我们相会在今晚；
四月吃酒四月八，五色糯饭蒸得灺，
我送糯饭不周全，得罪三亲和六戚；
五月吃酒端阳节，家家门口挂艾帘，
清水江上划龙舟，甩串粽粑祭屈原；
六月吃酒天气长，不怕红火辣太阳，
红火太阳我没怕，只怕唱歌要唱黄；
七月吃酒交了秋，挨姐唱歌心担忧，
鸡陪野猫去打架，耗子陪猫去磕头；
八月吃酒桂花香，我是空中黑老鸹，
老鸹乱叫没得唱，不会唱歌心里慌；
九月吃酒是重阳，不会唱歌就退堂，
妈有好歌多唱点，我变灰猫溜回乡；
十月吃酒小阳春，轻言细语讲妈听，
跟妈讲句老实话，我们不是唱歌人；
冬月吃酒冬月冬，光棍难跳独脚龙，
妈你说是我会唱，我是借雨来还风；
腊月吃酒到年边，家家杀猪忙过年，
妈你慢唱我回去，回到家中好团圆。

《十二月酒歌》之二

正月吃酒正月正，画龙画虎难点睛，

画龙画虎难画骨，知人知面难知心。

二月吃酒二月二，江边杨柳倒生根，

有心栽花花不发，无心插柳柳成荫。

三月吃酒三月三，酒是杜康来发明，

江河后浪推前浪，世上新人赶旧人。

四月吃酒四月八，五色糯饭送六亲，

客讲近水知鱼性，我讲近山识鸟音。

五月吃酒五月五，大水淹到客家门，

一涨一退山溪水，一反一复小人心。

六月吃酒六月六，远看青山绿茵茵，

客讲金钱如粪土，我讲仁义值千金。

七月吃酒七月七，七七鹊桥会双星，

为人莫做亏心事，半夜敲门心不惊。

八月吃酒是中秋，月亮当空亮晶晶，

席上吃酒分左右，杯杯都敬有功人。

九月吃酒是重阳，重阳酿酒桂花香，

姨妈得喝重阳酒，回去好久还思量。

十月吃酒跑江湖，人生在世莫括毒，

平时少吃油炒菜，留给子孙多读书。

冬日吃酒暖悠悠，席上唱歌摆根由，

留得五湖四海在，莫愁无处下金钩。

腊月吃酒浑身酥，生儿育女要教育，

养子不教如养驴，养女不教如养猪。①

---

① 祖岱年编：《贵州酒歌选》，贵州民族出版社 1987 年版，第 102—108 页。

两篇《十二月酒歌》，每个月的开头都有"吃酒"两个字，但所述内容并不仅限于此，其中包含了对婚姻、家庭、亲情等现实生活问题的广泛解读，非常强调伦理道德等观念。唱的是酒歌，实际传达出的还有文化和礼仪。《左传》："君子曰：酒以成礼，不继以淫，义也。以君成礼，弗纳于淫，仁也。"在中国传统社会里一年的四时八节，不论是祭祀荐福，抑或是避邪延年都会用酒，宴饮往往与四季之节令相融洽，有所谓"春酸、夏苦、秋辛、冬咸"之说，加之饮食与不同时代、地域、民族的结合，无不有力地促进了各民族节日与酒文化的多元异彩。如春节里用酒，"正日辟恶酒，新年长命杯"，这是表示春节祭酒活动具有避鬼、驱邪以及祛病延年的寓意。其他岁时节令，如元宵节、端午节、七夕节、中秋节和重阳节的酒文化活动，同样具有避鬼、驱邪以及祛病延年的含义。宴席酒在民间的时令节日、婚丧喜庆、应酬唱和、礼尚往来之中，时常充当着联络感情、增进情谊的重要媒介和载体。从这一角度来说，酒是人民群众日常生活、岁时节日中不可缺少的饮品，也是流淌在贵州各个民族之间的、被共同认可的珍贵液体，是一种情愫，也是一种文化，即酒的文化。这种酒的文化贯穿于贵州少数民族一年之中所有的岁时节令，酒陪伴着贵州各族人民群众走过了无数个春夏秋冬，还将与各族同胞继续相伴，迎接欢乐美好的明天。

贵州少数民族酒文化研究

第七章
贵州少数民族酒文化与人生仪礼

　　贵州各少数民族人民的诞生、婚姻和死亡这三个人生重要节点，都与酒密切相关。酒是人生仪礼的催化剂和兴奋剂。梁实秋说："酒实在妙。几杯落肚之后，所有苦闷烦恼全都忘了，酒酣耳热，只觉得意气飞扬，不可一世。"《说文解字》说："酒，就也，所以就人性之善恶也。"许慎认为酒可以铸就人性的善恶，可以给人召来吉凶与祸福。酒使人兴奋，使人胆壮，使人倾吐心中之情，给贵州少数民族人民带来红红火火、热热闹闹的生活。

　　酒在人生各个重要阶段承担着不同的作用和功能。在贵州的少数民族地区，在诞生、结婚以及丧葬等人生仪礼中都能看到酒的身影，如诞生礼中祈祷孩童茁壮成长的酒席、婚礼中寄托邻里亲属祝福的婚宴、丧礼中体现亲人哀思的奠酒等等。总之，酒成为人们表情达意的媒介。贵州少数民族礼俗类型多样，种类繁多，但大都与酒密切相关。酒可能不是仪礼的主角，却是多种礼俗不可或缺的部分和重要的表现方式。因此，本章将对贵州地区少数民族人民的诞生、婚嫁、丧葬等重大人生仪礼习俗加以描述，介绍酒在贵州少数民族仪式和生活中的作用。

第一节　酒文化与诞生礼、成年礼

　　除了少数不饮酒的民族外，贵州少数民族人民一生离不开酒，自出生开始，酒便渗透在每个人的人生之中。在成长过程中，酒也是一个人长大成人的见证。

一、酒文化与诞生礼

　　诞生是人生的开始，各种礼俗也由此而始。诞生礼是从婴儿出生开始的。生儿育女是家庭的大事，增人添丁，人人为之欢喜。在贵州少数民族地区，诞生礼作为人生的开端之礼是一件很重要的事情，所谓"无酒不成礼"，在诞生礼的仪式中，处处都离不开酒。

　　1. 报喜酒

　　在孩子出生后，贵州一些地区的汉族、土家族和彝族等民族有举办"报喜酒"的风俗。当小孩出生后，孩子的父亲要携带提前准备好的礼物，前往岳父家或舅家报喜。报喜的礼物主要有酒、茶、公鸡、母鸡等，这些礼物具有一定的代表意义。通常来说，生女孩的礼物是茶和母鸡，生男孩的礼物是酒和公鸡。岳父家看到这些礼物时，便知道生的是男孩还是女孩了。当收到礼物后，岳父要将家中的公鸡或母鸡作为回礼带回去，这份礼物俗称"送祝米"或"贺生礼"。贺生礼除了鸡以外，还有一坛酒、一个背带、一套衣服和数百个鸡蛋。有些地方还有"男家不报喜，女家无祝米"的说法。当收到礼物后，岳父便准备"祝米"给女婿。有的会直接让姑爷将礼物带回去，有的会将礼物汇集起来，再找一个"姨"代表全家人送去。

　　2. 姑娘酒

　　贵州一些地区的侗族人至今仍保留着酿制姑娘酒的习俗。在女儿出生的时候，父亲要酿一坛甜酒，并把酒放入酒窖或者埋在池塘里，待到女儿出嫁那天开窖取出，作为陪嫁送给女儿。在苗族，姑娘酒又叫女酒，也就是在女儿出生时酿制的甜米酒。贵州苗族人将精心酿制的酒封入土罐，等到寒冬腊月时，把酒坛埋在池塘中，一直存到女儿出嫁，直到女儿婚后回娘家的时候，才取出女酒招待亲朋好友。姑娘酒同江南地区的女儿红有异曲同工之妙，这些长期窖藏的琼浆玉液经过岁月的结晶，酒液高度浓缩，色泽绿中透红，酒香浓郁持久，酒味甘甜醇和，又被赋予一定的蕴意，成为不可多得的佳酿。

3. 三朝酒

在贵州黎平有个被称为"天府"的地方，"天府"是当地的古地名，意思是"好地方"。贵州黎平县西部的坝寨、青寨、流黄、高近、寨头直至榕江县的归柳一带，在地理上就是"天府"。天府侗族的孩子出生后，侗族有"踩生"的禁忌。所谓踩生，就是生育孩子的家庭忌讳外人、生人来家中做客；也忌讳孩子的父亲随便进别人的房屋，甚至连别人家的屋檐都不能过。因此在新生儿出生后，主人家要在门上打草标或悬挂橙子叶，告知陌生人莫入。只要门上吊有草标，人们就知道这家有新生儿，并且吊一字形辣椒者代表生的是男孩，吊柿子形草标、放蛋壳者代表生的是女孩。三天之内，若有陌生人不慎登门，主人会让他喝口水离去；若是较亲近的人，主人则会留他吃饭后再离去。生小孩的第二天，主人家要请一位老人，手拿一只大公鸡，前往外公外婆家去报喜。因为公鸡掌管一天十二个时辰准确无误，带公鸡去报喜，就是表明很慎重、准确。生孩子的第三天，侗族有打三朝的习俗，打三朝分大办和简办两种，大办要杀猪，宴请宾客饮酒吃席。大办一般是在生第一胎或多胎连续生女孩而突然生了男孩时才进行，而简办就只会请至亲的人来参加。

打三朝的重头戏就是要喝"三朝酒"，同时要举行隆重的"三朝礼"仪式。"三朝礼"主要是指婴儿出生的第三日举行的仪式，也称"三朝酒"。打三朝通常在婴儿出生后的第三天或十天以内选定一个单日举行。"三朝礼"邀请的嘉宾主要以女方亲属为主，各位宾客要在中午之前到齐，但外公是要在太阳落山后赶来。受邀宾客均携厚礼以祝，而外婆的礼物最重。除了日常食物，如猪肉、糯米、鸡蛋等之外，还有衣饰、家具等，可以说是应有尽有。不仅如此，办"三朝酒"宴席所需的粮食和肉需要外婆负担一半。由此可见侗族人民对"三朝酒"的重视。

在侗族的习俗中，"三朝礼"预示着婴儿真正具有了生命力。从出生到"三朝礼"之前，婴儿脆弱的生命一直处于不稳定状态，因而侗族婴儿出生后，只用柔软的旧衣裙包裹，事先并不为其准备衣服。只有经过"三朝礼"后，婴儿才能穿上为其赶制的衣服。因此，举办"三朝礼"时，姨妈、舅妈等女方家亲属宾客格外忙碌，因为婴儿的衣服主要由她们张罗准备。这时外公和本家长辈要为婴儿取名字，通常也要有正式的仪式。鬼师主持取名仪式，在诵念祝词后，请外公开始赐名。外公每报一个名字，鬼师便打一卦。如果是顺卦则表明新生儿的名字得到了老祖宗的认同，如果不是顺卦则依次往下推，直到出现顺卦为止。取好名字后，主人家要向赐名者敬酒。之后还要用银子"压名"，首先从外公开始，众人依次压名，但数量不能多于外公，如果在外公之前下银或比外公多，则被视为不礼貌。

"三朝酒"宴席于正午时分正式开始，酒自然是其中主角。除了饮酒外，客人们要先吃甜酒鸡蛋，再吃油茶，后吃午饭。午饭的很多食物是由外公家提供的，所以又被称为"吃娘家饭"。仪式活动一直持续到晚饭后，人们还要演唱琵琶歌，以表达对婴儿的祝福。宴席结束后，女宾要用竹片串起一块或三块重约四两的肥肉带回家，以显示主人家生活富足，办的"三朝酒"宴席肉菜丰盛，享用不尽。带回家的肉可用来打油茶，还要邀请邻居家的女子们吃，以此来传告喜讯，共享快乐，这在当地称为"串肉礼"。

三朝酒之后，亲戚们便要前来探望。妇女们在天黑前带着一只鸡、一段布、一些糯米和鸡蛋去看望产妇，当地人称之为"看新人"。主人家会根据前来看望的人数安排晚餐，设酒席款待。不仅如此，新生儿的诞生礼还是产妇真正成为男人家一员的标志。侗族姑娘在出嫁时，父母一般不会为她们准备嫁妆，等到女儿生下孩子后，他们才会到本房所有的人家里去约钱约米，每户出几元、几十元或几百斤糯米，然后集中起来，委托一个稳重的人将这笔礼金送到女婿家里，这个过程被称为"苟久领"。除此之外，外公还要给孩子准备一至三套新衣服和一顶镶有银制品的帽子。

4. 满月酒

婴儿满月，称为"弥月之喜"。既是人生的重要节点，也是家庭的喜庆日子。因此，婴儿满月那天，侗族人民再一次用酒来表达内心的喜悦，用酒寄托对新生儿的祝福。这天，主人这边的人要将外公灌醉，让外公喝越多酒，说明主人家对外公越尊重，外公也以醉酒为荣，以示他心里高兴。酒席过半，主人这边的人会要求外公给新生儿送礼物。这时，外公会将自己家的钥匙给他们，并说他家里的东西尽管拿。人们听到这话后，便去外公家里取东西，有的赶猪赶牛，有的取禾谷，有的去捉鱼，大家用很长的杉木抬着礼物走寨串巷，以炫耀外公的富有。仫佬族的满月酒仪式也很隆重，被称为"万年香火"的一件大事。酒席当天，婴儿的外婆送来背带、布匹和外家姐妹的一副"白米担"。男方亲友送来鸡、鸭、米、面等礼物。这天还要举行"开斋""取名"的仪式。到了晚上，主人家与外公家还要对歌。当然，歌声中离不开酒的助兴。

5. 寿诞酒

说到诞生仪礼，不免要引申出寿诞礼。寿诞礼仪源于较独特的文化传承。我国古代就讲"五福"——福、禄、寿、喜、财，说的是五种人生理想。不同古籍有不同的说法，有把"寿"排在"五福"之首的。《尚书·洪范》记：五福，一曰寿、二曰福、三曰康宁、四曰攸好德、五曰考终命。寿不仅居首位，其他四福也多与它有关。对于祝寿，土家族有些不成文的俗规：未满童限的小孩，称为"长尾巴"；成年人，则叫"过生日"；五十岁，方称"祝寿"。若父母在世，即使年过半百，也不能举办"祝寿"活动，有"尊亲在不敢言老"之说。最隆重的祝寿，是满六十花甲；特大隆重的寿诞，是年满百岁之礼，过寿之人被称为"人间寿星"。寿诞礼中最隆重的是为长者做寿。做寿时要请亲朋好友前来吃酒席，来宾应携带礼物赴宴。少数民族大都注重五十岁以上老人逢十整数年龄的寿辰，举办酒席的规模也相对较大。一般酒宴要延续两到三天，大家白天向老人敬酒祝寿，晚上饮酒对歌，通宵达旦。

二、酒文化与成年礼仪

成年礼仪是人生礼仪中非常重要、具有多重特性的礼仪，是一种普遍存在的文化现象。成年礼时宴请亲族饮酒以示祝贺的风俗在我国古代很盛行，后来渐渐地衰落了。但是在一些地区特别是少数民族地区，还可以寻到它的痕迹或看到它的影子。直到今天，贵州很多少数民族还保留着成年礼的习俗。

这里主要介绍彝族的成年礼。彝族少女的成年礼称为"换裙"，又称为"沙拉洛"，意思是脱去童年的裙子，换上成年的裙子。未成年的彝族少女平常都身着只有红白两色的裙子，而且发型只梳独辫，耳朵上也只是穿耳线。只有在经过"换裙"仪式后，少女们才能穿上三接拖地长裙，以黑蓝色为主，发型也由独辫变为双辫，并要用绣花手帕盖着，挂上耳坠；少女们也可以自由出行，可以逛街、看赛马、交朋友、谈恋爱等等。

"换裙"仪式通常是在少女 15—17 岁之间举行，一般根据少女的发育程度来定，通常会选择在少女的单数年龄时来举办，因为彝族人认为双岁"换裙"会多灾多难，致使终身不吉利。仪式的具体时间是经彝族老人仔细测算而确认的最吉利的一天。仪式当天是主人家非常热闹的一天，就像是在过节。正日早上，宾客纷纷来到主人家送上贺礼。因为是少女的成年礼，父母对此十分重视。母亲作为女儿的贴心人，最了解女儿的生理状况，她要在临近换裙前就为女儿准备好头上戴的黑色哈帕和新裙、各种颜色的珠子和领上的银饰等饰品。当然，仪式当天酒更是不可或缺的，与之相伴还要举行一系列的仪式。按照当地的习俗，只有女人才能参加仪式过程，男人是绝对不允许参加的。"换裙"的仪式在各地有所不同，有的是请一位成年女性在果树下抽打一头小猪，等小猪死后，举小猪在女孩的头上绕几圈，以驱除邪恶，再为少女挂耳坠、梳双辫、换新裙。有的地方则将一棵树或一个石磨当成姑娘将要出嫁的夫君，将少女打扮得花枝招展，由一位成年妇女背着，围绕"夫君"走三圈，意思是"结婚"。有的地方一些妇女会向少女说些风流话来逗趣少女，或以唱酒歌的方式发问，如用歌声挑逗、审问"换裙"的少女，问她喜欢谁，是喜欢好吃懒做的还是喜欢勤快勇敢的，是喜欢诚实稳重的还是喜欢投机耍滑的。少女则羞而不敢回答，通常是由坐在少女旁边最好的朋友来应答。仪式最后，发问的姑娘要唱一首歌：

> 要戴银牌要亲手系，
>
> 要戴珠链要亲手串，
>
> 要找知心人要亲自选。

唱完闹完后，"换裙"少女开始梳头，要请漂亮能干的妇女来帮忙，将原来梳在脑后的单辫梳结到前面，在耳后梳成双辫，再戴上哈帕，佩上艳丽的耳珠子，换上蓝黑三接拖地长裙，少女看上去便婀娜多姿、楚楚动人，充满着青春的活力和热情。在场的所有人都会沉浸在这美好的时光中，整个仪式也达到高潮。在仪式结束后，男子们才能入席畅饮，大家一边吃着砣砣肉、荞馍和炒面，一边开怀畅饮，一醉方休。彝族人性格的豪迈在此时表现了出来，他们总是用酒和欢唱去庆祝最美好的时光。"换裙"是彝族少女的成年礼，"换裙"后就意味着女子已经成年，可以自由地找情人、谈恋爱了。

第二节　酒文化与婚嫁习俗

婚礼是确立婚姻关系的一种仪式，是结婚的标志，是我国遗留并沿用至今的一种传统习俗，它与民族、宗教信仰、文化素质、道德教养、风俗习惯、家庭环境、个人职业、经济收入以及社会风气等因素有关。绝大多数人都会将婚姻作为自己最重要的人生转折点。有人说人生如酒，越老越浓郁，那么婚姻的甜美自然离不开酒的陪衬。

可以说，酒是人类须臾难离的良朋益友，说"无酒难解因缘"也非夸张之语。早在春秋时代，《诗经》中便有了男女相爱而对饮的记述，《礼记·昏义》中也有"共牢而食，合卺而酳"的说法，意思是新郎新娘拜堂成亲后要共吃同一块用于祭祀的肉食，然后各执一瓢酒漱口，表达两人要永结同心、相亲相爱。各民族的婚姻仪礼各不相同，婚礼仪式繁简不一。在汉族，婚礼有"六礼"之说，即纳采、问名、纳吉、纳征、请期、亲迎。在水族，要经过放口风、提亲、开亲、订亲和结婚等几个环节。在黔南地区的汉族和布依族的婚姻也要经过请媒人、提亲、吃改口饭、要八字、订亲和结婚等程序。在彝族也有说亲、允口酒、要婚期、结亲等程序。虽然各民族的婚礼程序不同，但都表达了人们对婚姻的重视和美好的祝福。同时，作为一种庆祝的催化剂，酒贯穿在整个婚礼过程中。

一、择偶

少数民族男女的择偶过程相对自由，节日期间的饮酒歌舞聚会成为他们择偶的最佳时机，例如彝族的火把节、苗族的花山节、白族的三月三等节期都是少男少女相识相知的好时机。

二、说亲

在贵州傈僳族，男方父母要带着儿子去女方家里求婚，去的时候必须带两斤酒，"两"是寓意二人，"酒"是久的谐音，象征着二人天长地久。双方父母坐定后，男方父母要向女方父母表达来意。女方母亲会向女儿征求意见，一旦女儿同意，女方母亲便会出来告诉女方父亲，这时女方父亲将端起酒杯喝第一口酒。此时，男方便心领神会，大家举起酒杯共饮，庆祝联姻成功。

贵州册亨地区的布依族则要请媒人带上"问亲酒"前往女方家，以酒作为媒介，来来回回要四五次。等到有了眉目，男方还要送一次"断媒酒"，表示事情已经成功。说亲结束后还会有"八字酒""定魂酒""嫁女酒""娶媳酒"等等。

贵州威宁地区的苗族也有这类习俗。苗族人民普遍喜欢喝酒，常以酒解除疲劳，以酒示敬，以酒传情，饮酒为乐。苗族的酒主要有白酒、甜酒、刺梨酒、泡酒等。白酒即土酒，是苗族人民经常喝的酒，以大米、糯米、玉米、高粱等为原料酿制。泡酒则在甜酒的基础上掺入适量清水或冷开水。刺梨酒使用蒸熟的刺梨干掺入适量的米饭中，加入酒曲搅拌均匀后，入缸密封，半月后酒化，再用木甑蒸馏，可分别得到 20 度、30 度和 50 度的刺梨酒。

在说亲仪式中，苗族男方要请"子稿"（介绍人）带着酒前往女方家里。子稿一进门，便要大声说："哈哈！今晚有碗酒要放在你家堂屋里。"让座后，子稿便向女方父母说："我来时渴望岳丈岳母给双草鞋穿，给件蓑衣披，让我好回家呀！"意思是说，请你们把酒喝了，答应这门亲事，我好回去交差。这时，如果女方父母把酒收下并喝了，便表示他们答应了这门亲事。苗族人将是否喝酒看成是否订立婚约的标准，酒被赋予了象征意义。

贵州丹章的苗族青年男女在确定关系后，男方家便要请媒人到女方家说亲。一般说亲要去三次。首次到女方家里，媒人要带上酒、糖等礼物，并对女方家说："今年您老人家的庄稼好，丰衣足食，人畜两旺，想来找杯酒吃，不知嫌弃不？"女方家听到这些话，便知道其来意，他们会摆酒席招待媒人，期间边喝酒边拉家常，然后会给媒人斟第二杯酒，媒人会故意推托，女方家要说："多喝一杯才好摆门子。"这样就是要媒人说说男方家的情况，说说是哪家来提亲。这时媒人要用酒歌表明来意，大致意思是："某某家想打开一条路到您老人家门口，牵上一条银线，叫我来搭座金桥，不知肯不肯？"女方家笑笑说："路是要人修，沟是要人开，桥是要人搭，好说，好说。"媒人听了这些话，便懂得了意思，再喝点酒就回去了。第二次、第三次来都要喝酒、谈事。

贵州苗族还有一些比较独特的风俗，有一种被称为"认亲酒"。有些地区，男女成婚时通常不会预先告诉父母，新娘子要与新郎精心策划，悄悄跑到男方家中。待成亲以后，新郎家会派人带着酒等礼物到新娘家中去通报，这就被称为"认亲酒"。如果女方父母同意，他们会收下酒喝掉并款待使者，若不同意便会将使者拒之门外。因此，当使者回到家后，人们都会先问他"喝到酒没有"；此时，是否喝到酒便成了婚事成败的象征。

在赫章、威宁一带的彝族地区，男子看中某家的姑娘，便要拿着一斤酒、一升燕麦炒面前往女方家提亲。如果女方家接过酒，在祖宗牌位前把酒打开喝了，就算原则上同意，双方再商量具体事宜。如果女方家拒收礼物，则视为亲事告吹。

仫佬族从前还有一种叫"会亲"的古老的婚娶形式。在经过媒人的穿针引线后，如果男女双方同意联姻结亲，男方先要挑一担礼物，通常就是酒肉，放在十字路口，然后避开。随后，女方与父母前往吃一餐酒肉，剩下的要全部带回去。第二天，女方也要回赠男方酒肉，放在同样的路口，男方父母、亲友也要来取食。这样的联姻过程即称"会亲"。但今天这种古老的婚俗已经消失。

三、订婚

订婚要吃订婚酒，意思是将婚约公布于众，吃个安心酒。贵州水族订亲时，男方携带彩礼前往女方家，女方家的叔伯姑舅等也会携带礼物前来祝贺。女方家一般都要杀猪宰鸡祭祖，置办酒席，饮酒祝福。有的地区的水族人订亲时，男方要携带礼银、首饰、猪和鸡等礼物前往女方家里。男方还要确定好女方家亲属的户数，并按数准备适量的红糖和糯米作为礼物。为了表示礼貌，女方家的叔伯姑舅等亲戚也要准备礼物前来祝贺。女方家设宴，双方要在酒席上选出精通古俗古礼的人作为证婚人。酒席开始前，女方代表要以唱歌的形式与男方代表证婚，歌曲中要体现出作为双方见证人、调解人等身份的内容。酒席上一问一答，唱一段歌曲喝一杯酒，这既是对对方的尊重，也是对订婚仪式的见证。对歌结束后，其他亲属便开始对歌饮酒，直到深夜。

壮族订亲时要在宴席上唱结亲歌，唱歌时一定要举杯劝饮，一方面唱歌饮酒，一方面相互攀谈商量婚礼相关事宜。从江、黎平、独山、荔波等地的壮族人民在订亲时，男方要请三五个能说会唱的使者，带上一坛酒、一二十斤肉、十几斤米和一只小猪前往女方家中。双方在宴席上以歌劝酒，很是热闹。

清水流域一带的苗族在订婚时，男方家要在女方家请吃"满寨酒"，凡是被女方邀请做客的亲属都要设宴款待男方家，双方对歌饮酒，边走边唱，边唱边饮，互相告别。

关岭县的苗族订亲时由媒人、新郎和陪郎一起，带着酒前往女方家。男方家到达后，女方家要杀一只鸡卜卦，如果卦象好，女方家就会款待客人，大家痛饮畅谈，商量婚事的具体事宜。通常，吃过订亲酒后，男女就被认作合法的配偶。丹寨县苗族吃订亲酒的习俗又被称为"讨鸡酒"。这一天，男方家要带上礼物前往女方家，女方家要热情款待客人。在宴席上，大家开怀畅饮，热闹非凡。这时男方家要对女方家说："我们缺少鸡种，想来你们家讨只鸡回家繁衍后代，烦请您送一只呗。"而后，男方家要唱《讨鸡歌》："没有土地不成人，没有媳妇不成家。我找南又找北，找东又找西，找到你们家。看你们的姑娘长得好，求你们让给我家做媳妇，拿什么作证，添酒来作证，拿什么来订亲，一对公母鸡，它们来订亲。谁家要变心，鸡的嘴巴硬，鸡的心公平，由鸡来评理。"主人家先要说没有鸡，又要说自家的鸡又小又瘦。大家你一言我一语互相说着、唱着，直到天黑主人答应为止。然后亲朋好友会端来"吃鸡料"给订亲的人享用。所谓的"吃鸡料"，就是灌酒，所有亲友你一碗我一碗地灌酒，一定要把订亲人灌醉，才把半斤重的小公鸡、小母鸡各一只送给男方家。[①]黔南地区的汉族和布依族吃订亲酒的习俗相似，主要由女方家操办，用猪肉、鸡、鱼和酒招待男方客人。宴席一般有十到二十桌，席间男女双方要请歌手向参加酒宴的客人献唱敬酒。到了晚上，主客双方还要对歌饮酒，表示对喜结连理的祝贺。

赫章、威宁地区的彝族在确定婚约关系后，男方要择定吉日，由媒人带领前往女方家吃定亲酒，彝语称之为"亚去阻"，就是烧鸡吃的意思。女方要请亲族前来吃酒，共同见证亲事。席间，男方要向女方家长辈敬酒，以表示尊重。

在贵州土家族的订婚仪式中，男方求婚成功后，就要准备酒、肉、衣物送到女方家，取回八字，并请地仙先生"合庚"。如年庚相冲，议婚作罢；相合则鸣放鞭炮，表示订婚。土家族善豪饮，饮酒和煮酒都是他们的民族传统。土家人传承了先民酒艺，酿酒种类繁多，并且有特殊的喝酒习

① 阿皎、阿里：《八寨苗族婚俗浏览》，载《苗岭风谣》，总第五期。

俗，称为"咂酒"。饮用时，打开酒坛的盖子，注入凉水，插入一支竹管，轮流吸饮，别有一番情趣。布依族有进门酒、交杯酒、格当酒、转转酒、千杯酒、送客酒六道酒礼。

罗甸布依族在订婚时，女方家要在客厅的八仙桌上摆十二个碗，其中十一个碗中都盛着米酒，一只碗中放有红纸包着的鸡头，象征将女许配之意。这十二只碗又被另十二只碗扣着，谁也不知道放鸡头的碗是哪个。而后，男女方歌手对唱，男方唱的主要内容是赞赏女子的心灵手巧，期望女方家长能够同意；女方则在歌声中自谦，说自家姑娘心迟口钝，心中有愧。唱到尽兴时，男方歌手便唱要鸡头的歌，女方则任凭男方选择八仙桌上的碗，如果打开是酒，则必须一饮而尽。就这样，在场的人尽情饮酒，全都沉浸在快乐之中，直到猜中有鸡头的碗为止。有些地区布依族人在订婚后要举行"背八字"的仪式，由男方准备"鸾书"，写上新郎的生辰八字，并准备酒席，把一对鸡和鞭炮等礼物带到女方家。在祭祀女家祖先时，将填上了女方生辰八字的"鸾书"和一只鸡腿一起放在神龛上。酒宴后，男方家安排一个男孩择机把"鸾书"取下离去，男方家取得八字后，便依据双方八字择定婚期。

黔南布依族婚俗中也有一项颇为有趣的讨八字酒习俗。在经过恋爱和说媒阶段后，男女双方的家长要择定婚期。这时，男方家要请媒人到姑娘家里"讨八字"。媒人带着男方家一行人来到女方家中，女方早已将一张写有生辰八字的小纸条放在堂屋的神案上。男方不可能轻易拿走这张纸条，因为纸条被压在神案上八个碗中的一个下面，每个碗中都装满了酒，当地人称之为"便当酒"。媒人要凭着直觉揭开碗，倘若碗下没有纸条，便要将酒一饮而尽，直至找到八字为止。

在平塘县，布依族的订婚仪式要在女方家举行。当天，男方家要准备一篮红糯饭、一缸美酒、若干封糖、布等礼品。男女双方要邀请内亲参加，仪式开始时，要在正堂前焚香祭拜祖宗。仪式后，人们喝酒唱歌以示祝贺。最后，女方把糖分给亲友，表示此女已经许配他人；男方则把红糯饭分送亲友，证明订婚完成。

贵州少数民族酒文化研究

毛南族有讨八字的习俗，并且把它当作除结婚之外最重要的礼仪。"因为参加的人多，故多选在冬春农闲季节。届时，男家邀约全部近亲中的老翁老妇数十人作为亲家前往，加上数十名抬东西的青年男女，一早在男家吃罢简单早饭后，燃放鞭炮出门，一路浩浩荡荡前往女家。当讨八字的队伍来到女家门前时，燃放鞭炮，女家三亲六戚出门迎亲，叫送彩礼衣物等等，摆在女家堂屋正中神龛脚下的大八仙桌上，燃香点烛，供奉祖宗。也供三亲六戚品评好坏。此时女家一对歌手拦于门槛之内，将男家歌手和女宾拦于门槛之外，唱歌敬酒，以示洗尘。她们一唱就是两三个小时，内容相当丰富。男家多唱请亲之歌，感谢主家把女儿养育成人，请求结亲。女家则诉说女儿长得笨，不配你家儿郎，做不好你家媳妇，请原谅等等。"①

四、结亲

结亲时男女双方家里都要置办酒席，一般先由女方家办嫁女酒，再由男方家办娶媳酒。这里先介绍几个地区的嫁女酒。

1. 嫁女酒

黎平、从江县部分地区的侗族一般在春节期间举办婚礼。婚礼当天，新郎由朋友们陪着，带着酒肉和各种糯米饭作为礼物前往女方家。女方家的朋友要在半路设置路障，置放酒坛，拦客敬酒，对唱拦路歌。男方家必须对歌，否则就会被罚酒，大家边唱边走，边走边喝，直到女方家门口。女方家燃炮相迎，而后一同进入酒宴。

天柱县侗族嫁女也很有特色。在女子出嫁酒宴开席之前，要举行一个叫"唱伴嫁歌"，又叫"开堂歌"的活动。在家中摆好宴席后，新娘邀请与自己玩得最好、感情最深又没能在一起的男性朋友来家里唱歌。活动一般在叔伯家举行，男伴有朋友相伴，女方也有朋友相伴。双方在席上对歌饮酒。新娘为男伴斟酒，酒过三巡后，双方开始对歌，对歌的内容从酒歌逐

---

① 黔南文学艺术研究室：《毛南族婚姻略述》第三辑，黔南人民印刷厂1993年版。

渐转换为叙事歌。待男伴走后，新娘回家收拾嫁妆，准备出嫁。在嫁女的酒席上，接亲人要先喝牛角酒，然后与女方家对歌饮酒。值得一提的是，"开堂歌"必须有男伴参加，倘若谁家的女子没有男伴来唱陪嫁歌，就会被认为不讨人喜欢。

剑河地区的侗族姑娘出嫁前要吃"断头饭""分离饭"。被邀请的对象是姑娘原先的男朋友，通常现在已经成家，当初由于双方家长不同意而没有走到一起。当男朋友来到家中后，女方父母会设酒席，姑娘的女性朋友会陪她一起招待男方吃酒、对歌。这顿饭吃过后，姑娘才能出嫁，意思是吃过这顿酒，就不能恋旧情，要互相祝福彼此幸福美满。

在彝族，在接亲队伍来到之前，女方的朋友会在女方家门前用竹子、活木条搭起三道门，称为金门、银门和铜门。每道门前都要放一张桌子，上面放置酒和水。当新郎来接亲时，新娘的女性朋友要与新郎对歌，新郎对不上来就要接受被水淋的惩罚，对上了就可以喝酒过门。当天晚上，新娘的姑妈和女性长辈要手甩手帕走在前面，新娘的哥哥背着新娘紧随其后，一行人在堂屋中绕着桌子走三圈，边走边唱，然后走出大门，经过另搭的三道门到唱阿买凯的地方去。"阿买凯是婚嫁歌的主要部分，其内容涉及政治、经济、天文、地理、历史等诸方面。以唱歌为主，以跳助唱，以问答的形式互相盘歌，狂欢达旦。另外，前来贺婚的亲友要唱被称为酒礼歌的'阿眉恳'，主要内容为叙述历史、姻缘、生产、生活、抒情等。"[1]

黄平、施秉、凯里一带的苗族婚礼也别具特色。男女双方在确定结婚后，女方会被男方接到家中居住。三天后，男方派人前往女方家中报喜。到了第十三天，才是男方正式请客的日子。这天，男方会派人将新娘送回家中，女方家则准备酒肉宴席盛情款待。宴席结束后，女方家还要在村口摆上很多酒坛，男方作为客人会被敬酒对歌，对得上的可以吃酒放行，对不上的就要被罚酒。

仡佬族嫁女时要吃嫁女酒，当接亲队伍来到家中后，女方会邀请本家

① 游来林：《有酒且长歌——贵州民族酒与酒歌论略》，贵州人民出版社 2004 年版。

长辈陪着媒人和接亲人。女方家将酿制很久的嫁女酒从地窖中取出，邀请接亲人一同咂饮。这里的咂饮不是将酒倒在碗里喝，而是用空心竹管插进酒坛中，大家一同围着酒坛吸咂。

水族姑娘出嫁时也要吃嫁女酒，又称为"媒酒"。届时，女方家用男方提前送来的二百斤猪肉、五十多斤红糖、若干糯米和酒等摆设宴席。在酒席上，新娘要手持酒壶向男方证婚人敬酒，证婚人会赠与新娘一些提前准备好的礼物，并夸新娘贤惠能干。新娘接过礼品后还要敬酒答谢。

仫佬族的结婚仪式，新郎不亲迎。结婚前一天，男方请男女亲属及歌手二人往迎新娘。到新娘家门前时，有女方人拦门，女方歌手唱"拦门歌"，内容主要是对迎亲人提出"诘难"，问他们从哪里来，来做什么，接哪家的姑娘，姑娘长得什么样子等等。男方歌手要有针对性地一一作答，称为"拆门歌"。如果回答得合情合理，男方立刻就会被请进门；如果答非所问，就要被罚酒取笑，迟迟进不了门。第二天早晨，新娘离家前，迎亲人要祭祀女方祖先，祭品主要有酒、肉、盐、茶等物，双方再次举行"交亲"仪式。新娘由哥哥背出门，交给一位接亲妇女，她用伞遮住新娘，一行人步行前往男家。

据《贵州少数民族》记载，分布在黔西、大方、金沙等地区的满族"女子喜唱酒歌，即'送亲歌'。这种歌是专门用在女子出嫁时唱的，所以，每个妇女从小就开始习唱"。在瑶族，新娘出嫁的前一天要请自己的好朋友来家里，其中要找几名男歌手围坐在新娘堂哥家的火塘边练歌，以应对第二天的迎亲队伍。到了出嫁当天，接亲队伍来到新娘家中，新娘家要设宴款待，双方"以歌会友""以酒会友"，各自选取歌手对歌，在酒席上互相盘歌。

2. 娶媳酒

娶媳酒一般比嫁女酒隆重，很多少数民族称之为"正酒"。不同少数民族中的习俗更是风采各异。这里选取部分地区的娶媳酒习俗进行介绍。独山、平塘一带的布依族婚礼有"三天不分老少"的说法，就是说不分男女老少、不论辈分大小，都可自由出入。主人家的大桌上放置一个大盆，盆中有一个半熟的猪头，猪嘴上插着红纸喇叭。新郎家的司仪端起大盆在人群中随意走动，当红纸喇叭对准谁时，谁就必须唱酒歌，任何人都不能推辞，必须唱歌喝酒。[1] 而黔南地区的布依族又是另一番景象。结婚当晚，男女双方请来的宾客中的男女青年可以自由结对，对唱"宵夜歌"，他们边喝酒边将餐桌上的东西加以修饰，以民歌的形式进行夸张和描绘，往往要唱一天一夜。到了第二天，双方才开始唱婚礼赞歌。

在黔西北的苗族地区，当新娘进入新房后，男方家就要准备酒席了，通常情况下，酒席要吃一天两夜。男女宾客互相谦让饮酒，祝贺新婚。在黔东南的苗族地区，婚礼举办当天要请三亲六戚和左邻右舍前来赴宴，而后，新郎家端来一只熟鸭，邀请两名歌手对唱。结束后，主客双方再次唱酒歌，行酒令，畅饮喜酒，一直到深夜。在关岭一带的苗族地区，新娘进入堂屋后，送亲人也挤进堂屋，然后迎亲、送亲的双方互相问候。堂屋中的酒桌摆好后，迎亲的人要斟一杯满酒给送亲的人，并唱酒歌感谢他们不远万里将美若天仙的新娘送来。歌曲唱完后，送亲的人要将酒一饮而尽。送亲的人再斟一杯满酒感谢迎亲人的热情款待。双方有来有往，唱一段，喝一杯，从感谢双方父母的养育之恩到感谢媒人、朋友的帮忙，持续两个多小时都不会结束。喝酒的时候要烧酒和醪糟酒一起喝，没有酒量的人通常不敢接受这样的敬酒。在黔东南一带苗族则有"打印酒"的习俗。在婚嫁当天，主人家要用萝卜或红苕等做成"大印"，当酒过三巡，主客饮酒正酣之时，主人就要在客人的脸上印大印。大印要蘸上蓝靛、墨汁或锅灰等。客人脸上的印迹越多，表示主人越盛情、客人越海量。打印酒可以看成是婚礼晚宴的一种娱乐形式，打印酒往往还会伴随着酒歌进行。当悠扬的歌声响起时，伴随着浓郁的酒香，四处是打印的笑脸，婚礼晚宴达到了尽情欢娱的境地。

在罗甸县逢亭镇苗族的娶媳酒宴上，男方家的老人要举杯敬送亲客人，其他人也要随着老人一同敬酒。敬酒结束后，主人要举杯邀请送亲客人唱酒歌，边饮边唱，屋内外都聚满了人，很是热闹。随后，新郎家族的亲属

① 祖岱年：《布依族婚礼趣谈》，载祖岱年、罗文亮主编：《都柳江风情》，贵州民族出版社1989年版。

要户户宴请送亲客人，客人到了哪家，哪家就要敬酒唱歌，一直持续到第二日清晨。

水族青年举办婚礼时，在男方置办的宴席上，男方家长要同女方家来的一位老人同席饮酒，唱历史题材的酒歌。同时，送亲的妇女要和男方的妇女对歌饮酒，男女青年都要围绕在他们身边，歌声彻夜不息，有的还要唱三天三夜。

在瑶族，婚礼酒席开始后，男方便要派出一名歌手开始歌唱，女方歌手也要应答。双方歌手每唱一首歌都要喝一口酒，在场的宾客一同沉浸在欢娱的气氛中。

在壮族，酒席宴会结束后，男方会将提前准备的酒和菜拿出来，男女青年聚集在一起，开始唱歌饮酒。老年人则会对唱酒歌，讲古谈趣，其乐融融，一直聊到深夜。

都柳江、寨蒿河、平永河一带的侗族，新娘与送亲的人会步行前往新郎家。男方的同族兄弟或伙伴会与伴娘对歌、饮酒。一天或一昼夜之后，这些小伙子会结队鸣礼炮欢送新郎、新娘回娘家。新人来到后，女方父母就会摆设酒宴，请女方的房族兄弟陪新郎一行人用餐，伴娘也要临席敬酒。

仫佬族的新娘嫁到新郎家后，当天不进婚房，而是要陪送亲的人在堂屋唱歌，有的要唱三天两夜，边唱歌，边喝酒。仫佬族新娘来到男方家大门外时，新郎就坐在面向大门的祖先神龛前面，在大门框上横架一根扁担，上面挂着一双新郎的鞋，新娘进门时必须低头从新郎的鞋下面通过。这样做的用意是，要求新娘必须对她的丈夫服服帖帖。新娘进门还有许多禁忌，比如，一定要由两个"全福"（即父母、夫妻、子女齐全）的妇女抱着她跨过门槛，进门时她们必须紧紧地抓住新娘的两只脚，不能让她的脚尖碰着门槛，否则人们会认为这会给男方家里带来大灾大难。新娘进门后，要叫她抬头看看祖先神龛和自己的丈夫，然后让二人吃被称为"千年饭"的白饭，表示从此她便成为这家的媳妇，要好好跟男人过日子。

赫章和威宁一带的彝族人民在接亲的过程中，女方会请姑娘们先以酒礼歌盘问男方家接亲的队伍，接亲的小伙也要以酒歌回应。一些地方的彝族女子嫁到男方家的第二天被称为"谷阁",这天要举行敬酒和赠鞋仪式。到了午后,主人家会拿出酒坛,大家依据长幼和亲疏顺序依次咂酒,边饮酒边唱歌。

在瑶族,"当接亲的队伍到新娘家时,新娘家的亲属立即设宴盛情款待,双方互相举杯祝福,互相谦让。并各选一名歌手,在酒席上互相盘歌,女方歌手要唱送别歌,歌中充分叙述了父母养育之恩,嘱咐姑娘出嫁之后,要尽心尽力地赡养老人,孝敬公婆,善待兄弟姐妹,夫妻互相敬重,和睦相处,白头偕老。到了新郎家,开席后,男方歌手开始唱歌,赞扬父母养育之恩……女方送亲的歌手也亦应答歌唱,应酬助兴。……唱一首歌,喝一口酒,宾主们在歌声笑声中尽情发挥,开怀畅饮,彻夜不息"①。

仡佬族有哭嫁的习俗,姑娘出嫁前三五天便要"哭嫁"。"若悲若喜,悲喜交融,把迎娶嫁送的喜悦与哀怨通过哭唱结合在一起,用哭声来庆贺欢乐的出嫁,看似不可思议,却充分反映了仡佬族独特的禀性及区域文化意蕴。"② 娶亲时,新郎不亲迎,由轿夫提前一日到女方家。花轿进门,女方有"栏门礼",主要包括敬酒、铺毡、恭候等,每道程序都有传统的对答礼词。出嫁当日,轿夫先将花轿抬进堂屋,新娘由其兄长或叔叔从里屋"拉出",给祖宗磕头,随后被抱入轿内。轿子由女方人抬出村外,交给男方轿夫。贵州西北部的仡佬族,新郎骑马迎亲,有四个伴郎陪同,其中两人扛扫帚,另外两人抬着酒肉等礼物。途中有女方派出的几个壮汉拦路"抢劫",并将抢来的酒肉在山坡上吃掉,表示女家富有,不稀罕这点礼物。当新郎来到门前时,一群人手持木片围"打"新郎,手拿竹扫帚的伴郎要全力保护新郎。当新郎跑进女方家门时,马上就有"敬亲酒"招待,新郎与新娘也要互相敬酒。敬酒完毕后,新郎将新娘抱上马背,持缰引路而归。

新人到了新郎家后,开始酒宴,酒宴分为二台或三台,就是要连续吃二、三道不同的席。第一台是茶席,只吃清茶、油炸食品或是干鲜果品。

---

① 黄海著:《瑶山研究》,贵州人民出版社1998年版。

② 严汝娴、刘宇著:《中国少数民族婚丧风俗》增订版,商务印书馆1996年版。

第二台是酒席，就是喝白酒，吃各种凉拌拼盘。第三台是正席，除必要的两碗扣肉外，还要烹饪各种民族风味食品。在婚宴中，仡佬族人还要用咂酒待客，就是将酒酿好后密封在外抹柴灰拌黄泥的坛中，密封时就插有两根竹竿，一根是弯的，一根是直的，竹节没有完全被打通。到了饮用时，竹节将被打通，直管进气，弯管咂吸而饮，饮酒时歌手要唱"打闹歌"助兴。

在开阳县，布依族青年在婚礼当晚有"坐夜言"的习俗。所谓"坐夜言"就是婚礼当晚，女方家的送亲客和男方家的接亲客对唱喝酒。年轻人聚集在一起，有的唱四季的生产劳动歌，有的唱上学的读书歌，大家边唱歌边喝酒，直到深夜两三点才离开。

贵阳花溪地区的布依族在送亲时，送亲客走到男方家的大朝门下，第一道仪式是"接风酒"，等在门前的妇女和未婚姑娘手托酒盘、怀抱酒壶，为客人斟满糯米酒，然后唱起布依族特有的敬酒歌，给客人敬酒。客人听到敬酒歌时也要答歌，如果答不上来，就必须把盘中的十二杯酒全部喝掉。不愿意喝酒、受罚又要强行入门的人，会被亲友看不起。大家在喝了"接风酒"之后，客人才可以进入大院。

福泉、龙里、惠水县一带的布依族在婚礼喜酒过后，还会有拦离别客人的习俗。当宴席结束后，送亲客一一道别男方家人准备回家，但当他们走到寨中间时就会被拦住。男方的女性亲友们站在路中间，手拿一种叫"猫抓刺"的荆棘条，轻轻地往送亲客的衣服上抓。一旦被抓住，送亲客则不易逃脱。这时，旁边的人会送上一大碗米酒，即使送亲客吃得再饱也要喝上一大口，再唱一曲告别歌。

毛南族在娶媳酒的第二天有个特殊的习俗，当地人称之为"接老外婆"，即新郎派人去接岳母。当这支队伍带着老外婆回来时，早有一群妇女在村口处相迎。她们手持棕扇拍打老外婆的上身，表示为她洗尘；将竹竿当成马匹让老外婆骑，扎假轿子抬老外婆以示盛情迎接。当一行人走到大门口时，只见一张大桌子放在门前，上面摆着米花、花生、糖果之类的食品。一位歌手在门前相迎，见老人来后便上前敬酒唱歌。

第三节　酒文化与丧葬习俗

　　丧葬，很多地方又称之为"白事"，与"红事"相对，"红事"代表着喜庆的婚嫁仪礼。在举办"红事"与"白事"时，酒都发挥着重要作用。

　　生命结束时会有葬礼，仪式中也往往有丧酒。丧酒首先是用在对死者的奠酹仪礼上。丧酒的来源，始于上古祖宗祭祀。所谓奠，就是把酒放在地上祭祀死者；酹是指把酒灌入土中祭祀死者。丧酒还用于丧宴上，出殡前鼓乐宴客，祭奠完毕后再置酒宴客。

　　酒在丧葬习俗中发挥着与婚嫁习俗不同的功能。首先，酒有解忧消愁的功能。"何以解忧？唯有杜康"，自古以来，当内心积郁、满心伤感之时，人们总是通过酒来消解心中的苦闷，酒成为调节心理、抚慰精神创伤和释怀郁闷心情的良药。当亲人离世时，人们举起酒杯，既有对逝者的哀思，更有生者对痛苦的释怀。其次，酒成为连接阴阳之间的纽带。中国文化中有阴阳之间互补的说法，即阴间是阳世的延续，阴间的"人"过着与阳世人一样的生活，他们也要吃喝住行，人们相信死者在阴间会像生者一样花钱喝酒，所以要为逝者烧纸奠酒。

　　贵州少数民族众多，丧葬习俗也多不相同。例如平坝一带人们的丧葬就有一些禁忌。在丧葬期间，丧家"衣服不用丝织品、红紫色，大门贴素对联。女子禁胭粉首饰，成服后百日内不扯脸。男子成服后百日内不剃发"，也"不坐上席，不饮酒划拳，成服百日内男女绝对不与庆吊等类"。这时酒便成了一种禁忌，在整个丧葬仪礼中孝子不能饮酒。但禁忌只是针对某些特殊群体而言的，在丧葬仪礼中，很多祭祀过程都离不开酒。以下选用苗族丧葬风俗为例，从中或多或少能看到酒在丧葬习俗中的身影。

　　不同地区的苗族在具体丧葬仪礼上各有不同，但总的过程大体相似。酒作为苗族风尚的产物，在丧葬仪礼中虽不是主角，但却处处能看到它的影子，在不同的环节或仪式中，都会有它的存在。

按照死者的死亡原因及时间，苗族将丧葬分为正常死亡和非正常死亡，二者的仪礼不同。这里说的苗族丧葬仪礼主要针对正常死亡而言。所谓正常死亡就是苗族人说的"好死"或是"老死"，也就是说按照自然规律在一定的时间生命终止便是正常死亡。在贵州雷山县，除了要看死亡原因外，还要看具体死亡时间，除了几个固定时辰外，其余时间的死亡都属于正常死亡。

苗族对正常死亡者通常采用土棺葬，其丧葬活动有以下环节：

第一个环节是停尸。人死后的第一件事便是将尸体安置在规定的位置。在苗族老人弥留之际，老人的儿女们通常聚集在其身边。等到老人咽气后，儿女们便要烧纸，即所谓的"落气钱"，让死者在阴间有钱花，然后要到河中或井中挑水，用菖蒲、包泡叶、桃树叶等在瓦罐中煮水供死者沐浴。男性死者要剃除头发，女性死者要梳头，最后再给死者换上新衣服，把尸体放在堂屋的灵床上。黔东南地区的灵床是将三块木板架在两条长凳上做成的。在榕江两汪乡，停尸床下方要铺垫白布，尸体上要盖青布，青布上再盖用白布镶边的红绫子，称为"露水裙"。另外用红黄蓝白黑五色线织一根一米长的腰带搭在死者腰上，但不束紧，称为"拦腰带"。

安顺地区则要设供桌灵牌，早中晚都要举行敬酒仪式。敬酒饭时，祭司手持酒杯和饭碗，口中念诵祝词：

> 敬你一杯酒，一马匙肉，一马匙饭。做人吃不惯鬼饭，在阴间，人家吃人家的饭，你吃你的饭，请某公某太（历数三代祖先的名讳，从本支到外支），请大家一齐同他喝酒，吃肉吃饭，吃完饭请你们带他走……

此外，要祷告祖先，回去以后还要保佑后辈子孙百事如意。

第二个环节是吊丧。丧礼的公开在于死者家属所进行的报丧。黔东南苗族在人死之后要在屋前放铁炮，这既是对死者到阴间所表示的欢送，又是向邻居所发的讣告。同寨的亲朋好友听到铁炮声，就知道有人去世，便会前来帮忙。

吊唁是治丧活动的主要内容。在过去，苗族人去世后，要请道士来绕棺。当天接到讣讯的亲戚朋友要随同报讯人来吊丧。在开吊的当天晚上，主家要将女婿带来的猪、羊开膛破肚，取出五花肉切成许多块放在碗里，摆在灵前祭奠。若由巫师来祭奠，则要在仪式结束后请丧家的族长一起喝酒，即所谓的"下坛肉"。若由礼生来祭奠，则由礼生与主祭宾一起来吃这些五花肉，并饮酒。女婿祭奠后，死者舅舅的后辈也要用带来的猪头、鸡、鱼等祭奠，俗称"三牲祭"。

在贵州台江等地，苗族人去世后，亲朋要前来吊唁。死者的女婿要送一头刮白未取五脏的猪、一只活公鸡、一桶放有礼钱的糯米25斤、一坛酒、一床五尺五长的红缎面被套、一对大蜡烛和一定数量的香纸鞭炮，并邀请房族兄弟和寨友前来祭奠。在吊丧的人群中，走在最前面的是死者出嫁的姑娘，陪祭的跟在姑娘之后，再后面是抬祭猪、酒、米、鸡的人群。接待吊唁的妇女会把死者的姑娘带到灵堂的遗体前致哀，并唱丧歌，歌曲的主要内容是追念死者辛勤持家、子孙蒙受抚育却未见报答等等。

到了晚上，人们集中起来守灵，并唱哭丧歌，边唱边哭，一直唱到天亮。在一个寨子中，如果一家的至亲死了，那么这家人要邀约本寨男人和女人前往丧家凭吊，无论这些人与死者有无关系。吊唁时，女主人带着本寨的妇女走在前面，男主人带着男人跟在其后，中间要隔一段距离。女主人拿一个鸡蛋、一尺青布，男的挑着米和酒。米和酒要足够男女客人吃一顿。大家吃一顿即回，除了舅爷和姑妈外，其他人均不住宿。被邀请的女子来到丧家后都要围着棺材绕几圈，无论与死者是否认识。

在办理丧事期间，丧家要每天三次向死者供献酒饭，表示对死者的怀念。每次还要在停放尸体的房子周围"巡逻"，白天三次，夜晚三次，都要吹芦笙，走到大门口时还要向屋里点头，表示无事。参加巡逻的人数不定，由在场的人临时组合而成。巡逻时还要带上弓弩、长矛、火枪等，并吹牛角号，发出吆喝声表示搜查。

第三个环节是入殓。入殓代表着向死者告别。黔东南的一部分苗族人在入殓死者前要打牙、含金。在榕江县，凡死者的年龄在50岁以上牙齿又齐全的，都要凿坏一颗门牙，并在其口中放一粒银粒或银牙。当地人称如果不这样做可能会给儿孙带来危害。剑河小高丘一带的苗族人在入殓时都要先用从井里打来的新水将死者的口洗净，然后将朱砂、银屑放入死者口中，意味着死者是金口玉牙。此外，死者家属还要将一个筛子摆在堂屋中央，筛子上用死者生前的睡席剪下一小块席片卷成一个斗，并在其中盛置谷糠和瓦碴子，上面插九炷香，筛中间放半熟的猪头，鸡、鸭各一只，鸡蛋一个，旁边放置九片蚌片。然后向杯中斟酒，再将炒好的菜籽、稻谷、棉花籽放在插香的谷糠上。之后由一位德高望重者用犁从火炕犁到堂屋，并对死者说："菜、谷、棉、银你都有了，你在生前有吃有用，死去阴间也是如此。"说完，就由事先安排好的另一个人将生玉米籽撒出堂屋，其他人随即将死者抬出堂屋，放到屋檐滴水外的棺材内。那个扶犁的人仍像耕田一样犁出门去。

第四个环节是开路。苗族人认为自己是从外地来的，死后同老祖宗在一起才能够返本归元。因此，在苗族人的丧葬仪礼中，开路便成了极其重要的一项活动，整个开路过程都由鬼师主持。因鬼师要唱出接老祖宗来和回的路，所以称为开路。鬼师必须对本族的历史有很清晰的了解，因此充当鬼师的人必须是本家人。而且只有七岁以上的男子和九岁以上的女子死了之后才能进行开路。

隆重的开路活动需要十一名鬼师，其中主鬼师一人，打鼓鬼师三人，其余都是随从鬼师。鬼师要身着黄色长衫，无扣襟，用小绳相系，并用白绸帕包头。鬼师在去死者家之前，要在自己院中放置一扇磨、一根刺条、一棵芭茅草、一对牛角用以辟邪。开路时，鬼师站在堂屋左边，尸体停放在右侧。鬼师左手抱一只鸡，右手握一根竹管。首先，打鼓鬼师要击打气鼓。待鼓停后，主鬼师要用竹管将鸡打晕，并扔出大门外，宰杀后煮熟用作祭奠，另外取一只鸡用淘米水洗净面部及两脚后，拿在手中用于开路。

之后，鬼师开始念祝词："初从哪里来，现回哪里去，祖宗的立家家地在江西，死者回江西去，会见老祖宗。到老祖宗的天地中去吧。那里因为××（死者名）年迈力衰，病故归天。"鬼师在读这些的时候要念出老祖宗的名字，一般在五六百人以上，名字多的甚至需要念上几个小时。同时，鬼师还要念《开路经》，唱出去老祖宗那里的路线和沿途的地名等等。

开路过程也不仅是本家和老祖宗的事，按照苗族人的习俗，鬼师在念唱完毕后，要用刀剖开左手的竹竿用以打卦，然后请祖宗、灶神、山神、树神吃酒，请死者吃酒。苗族人将抽象的感情寄托在酒中，希望路上的神仙能够保护逝去的亲人，希望逝者能够安息。这里的酒是对死者能够顺利到达彼岸的寄托，也是对死者思念的象征。

第五个环节是送葬。送葬是丧葬仪礼中的最后一道程序。首先要选好墓地。出殡时，亲生儿子要手持火把走在最前面照路。到了墓地之后，亲生儿子会再次打开棺材为死者整容，然后鬼师会将棺材盖好。而后，鬼师右手持砍牛刀，左手持一束芭茅草，顺着棺材从头到脚连扫三次，并大声念词，内容主要是为死者指明方向。念词后，亲生儿女每人都要向墓坑内丢一把土，其他人用工具刨土盖棺材，直到堆成墓堆。这时，亲生儿子要和鬼师提前撑伞回家，并把伞和砍牛刀放在神龛下烧香的谷斗旁，直到满月后取出。

死者入土三夜后要举行祭山神仪式。亲属要再次请鬼师来，并带着一只白公鸡、一只公鸭、猪头到墓地祭山。首先要在坟的尾部用木棒架起一张四方的桌子，上面铺上树叶，桌边插上三条鱼，桌下放置装白公鸡的笼子。随后，鬼师撑开布伞，手拿卦，开始念祝词，念词结束后，要把鸡杀掉。接着一个人拿着公鸭，一个人拿着纸做的土地神和小旗跟随鬼师朝墓地的后山走去。拿纸扎的人要边走边插旗，约 20 米后掉头回来。这时鬼师要将鸭杀掉，并将鸭血绕着坟墓滴一圈。在煮鸡鸭的时候，鬼师会让死者的灵魂附着在其儿子身上。这个儿子不等别人用完餐，就要点上一把香，撑着伞带着死者的灵魂往家里走，到家后把香插在香炉中。此后的 30 天内，这个儿子要不洗脸，不梳头，不外出赶集，不过河过桥。

待亡者满 27 天的时候，附魂的儿子带着灵魂走最后一次客。走客时，他要带上一只鸡和糯米等礼品，还要沿途撑布伞，点一把香；到了客人家里，要将香插在客人家的外面，进屋后还要专门为死者摆放一个座位，入席后也会给亡者留一副碗筷。走客的第一天，客寨的亲属都要来作陪，第二天，寨人则逐户"宴请"，第三天寨人又要集中在正客家中。宴席结束后，附魂的儿子点香，撑开布伞带着死者的灵魂回家，到家后亦把香插在香炉里。至此丧葬仪礼基本结束。

　　总之，酒在很多少数民族中已经被赋予了一种象征意义，标志着人生每个阶段的递进。在人生历程的各个阶段仪式上出现的酒，也伴随着人们走过了出生、婚嫁和死亡等不同的阶段和过程。此时的酒已经不是一种简单的物质了，更成为一种精神层面的需求和传递精神的媒介，是人类社会不同文明所表现出的典型文化现象。中华民族不仅是一个饮酒的民族，而且是一个创造酒文化的民族。在各自的民族节日、人生仪礼、社交往来、生产活动等日常生活中，都离不开酒。如今，在贵州的诸多少数民族中，酒俗和酒歌等文化被传承了下来。伴随着人生仪礼，酒文化已经自然地渗透在了生活的方方面面。人生仪礼因酒而丰富，酒因人生仪礼而鲜活，人生仪礼与酒文化相互交融又密不可分，多种多样又精彩纷呈。

第八章
贵州少数民族酒歌研究

根据第六次全国人口普查数据，贵州有 54 个民族，是一个多民族聚集的地区；少数民族人口为 1255 万人，占贵州人口总数的 36.11%。绝大多数少数民族人民都喜爱酒，也都有自己的酒歌，正所谓"酒不离歌""有酒必有歌"，如侗族、苗族、布依族、仫佬族、水族、彝族、壮族等民族，都是人人能歌、个个会唱的民族。侗族谚语云"歌在肚中，酒赶出来"；苗族有"酒是被子歌是床"之说；彝族古歌也唱道"迎新客！朋友四面至，八方来。端起酒杯敬客人，请喝酒！彝家礼节要喝酒，要唱歌"，由此可见酒与歌关系密切。歌往往是靠酒唱出来的，要唱歌就须先喝酒。目前对酒歌的理解有狭义与广义之分，狭义的酒歌指内容须与酒有关，主要为劝酒而吟唱，称为"酒礼歌"。广义的酒歌是指在喝酒时唱的歌，其内容十分广泛，涉及社会、生活的方方面面；特别是在表达喜庆的酒俗中，很多少数民族都有唱歌敬（劝）酒的习俗，并将其视为待客的最高礼仪。可见，酒与歌谣相依相长，形成了独特的酒歌文化。

第一节 贵州少数民族酒歌的形式

贵州少数民族酒歌朴实大方，生动形象地反映了各族人民的社会生活，展演场合通常为婚娶丧葬、祭祀祖先、传统节庆等民俗礼仪活动，故又称"酒礼歌"。由于所表达的内容、流行的地区、民族、形式结构的不同，酒歌类别很多，名称也不尽一致。根据已有材料，按照酒歌结构形式、演唱形式的共同点，我们对贵州少数民族酒歌进行了综合分析，对其中具有典型特征的酒歌形式进行介绍。

一、酒歌的结构形式

酒歌主要包括音乐曲调和歌词部分，是少数民族民众在劳动生活中表现生活、抒发感情、表达愿望而创作的，虽然其中一些少数民族没有自己的文字，但他们用口耳相传的方式传唱着自己民族之歌，具有简明朴实、平易近人、生动灵活的特点。

1. 曲调形式

音乐曲调是酒歌的主体部分，形式多样。不仅不同地区酒歌曲调不一样，即使是同一地区也有不同的酒歌调。不仅不同民族有不同的曲调，就是同一个民族也有不同的曲调。每个有酒歌的民族都不会只有几种曲调。如酒歌中的猜拳歌、酒令歌、苗族的飞歌等，多将当地传唱的小调以酒曲形式来演唱，多在迎送客人时用，其曲调在黔东南地区约有 20 种，调式不一。又如布依族酒歌仅贵阳及其所属的区就有 29 种调式。因此这里对一些富有特色的酒歌曲调做一下简单介绍。

贵州各少数民族酒歌以乐段为基本结构单位，形式短小精悍，用音不多，多为 3～5 个，单乐段反复而构成分节歌结构形式的占有很大的比例。如贵阳乌当区新添寨苗族《祝酒歌》，仅用到"3、5、6"三个音。再如花溪区布依族酒歌《难为亲哪难为戚》，用"5、6、1、2、3"五个音。音调与方言语音结合紧密，音乐表现十分生活化，具有浓郁的地方色彩，形式灵活生动，善于变化，适用于各种不同的内容、唱词和演唱场合。

总体来看，用于各种场合的酒歌曲调主要有：

叙事性酒歌。此类酒歌的曲体多由一个单句或上下句反复叙唱构成，音域狭窄，节奏、节拍自由，音调较为口语化。

山歌性酒歌。此类酒歌多为上下句结构或四句结构的山歌体，音域较宽，音调悠扬开朗，如彝族的酒礼歌、苗族的恰酒等。

小调性或舞曲性酒歌。此类酒歌的曲体多为四句方正型结构，节奏、节拍比较规整，曲调优美、雅致，不少是典型的分节歌，汉族酒歌中的大部分曲目属于此类。舞曲型酒歌，多伴随简单舞蹈动作歌唱，如四川甘孜藏族的献礼酒歌。

贵州各少数民族酒歌曲调又有各自的特点，主要介绍以下几种：

布依族酒歌曲调有大调和小调、大歌和小歌之分。大调内容较为广泛，包括叙事、祝酒、迎宾送客、诉情说理等，有时也用于情歌。大调音域一般只有五度，因而稳重沉静。小调主要用于唱情歌，音调开阔，音域达到八度，能表现出开朗热情的风格，歌手演唱时在高音和结尾处多用假声。大歌有向亲友致意的歌头和歌尾，四句或六句为一首；小歌只有歌尾而没有歌头，一般只有四句。大歌主要在公共场合演唱，内容比较严肃，多用于酒歌、叙事歌或迎送宾客、祝福喜庆等，歌曲结构较大较长。小歌则较多用于男女青年之间的情歌对唱，歌曲结构较小。酒歌的唱调也表现出丰富的调子，与礼仪中酒席的不同场合、时间相吻合。以罗甸、望谟、册亨为中心的布依族地区把在公众聚会、节日酒宴以及叙事摆古时所唱的酒歌、古歌统称为大调。大调的演唱一般趋于柔和、平稳，速度和缓，较少作四度以上的大跳，五声商调（望谟、册亨）、五声宫调（罗甸）的应用是其调式的主要特征。演唱中滑音、波音与颤音的运用也是大调的一大特色。如布依族的夜宴酒歌一般采用大调，可以说是一种"酒歌调"，这种曲调音域一般只有五度，适合在公众场合演唱，且显得稳重沉静，因此多用在叙事、祝酒、迎宾送客、诉情说理等场合。在歌唱过程中，既可用汉语，也可用布依语，因此唱腔上又形成了用汉语演唱的明歌和用布依语演唱的土歌两种，进一步丰富了其表现形式。夜宴酒歌还有宾白科的雏形表现形式，有的还配以戏曲动作等因素，体现出布依族民间艺术深厚的文化内涵。

三都水族自治县水族酒歌主要为一曲多用的形式，主要有两种曲调类型（见谱例一、谱例二）。

谱例一

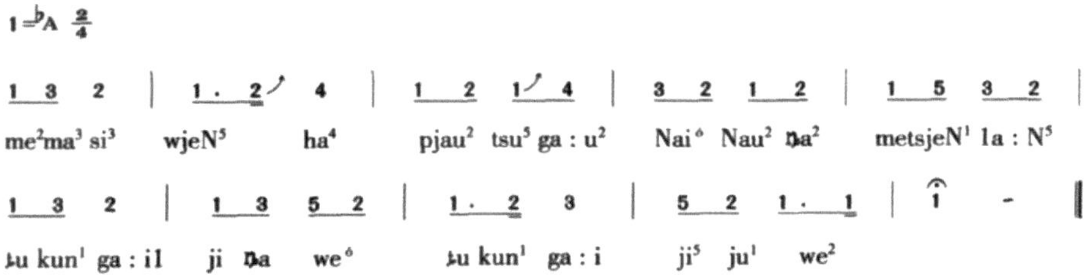

1=♭A 2/4

1 3 2 | 1 . 2♪ 4 | 1 2♪ 4 | 3 2 1 2 | 1 5 3 2 |
me²ma³ si³　wjeN⁵　ha⁴　pjau² tsu⁵ ga：u²　Nai⁶ Nau³ ɖa²　metsjeN¹ la：N⁵

1 3 2 | 1 3 5 2 | 1 . 2 3 | 5 2 1 . 1 | 1 - ‖
ʎu kun¹ ga：il　ji ɖa we⁶　ʎu kun¹ ga：i　ji⁵ ju¹ we²

歌词大意：客从远路来，快快伸手接碗酒喝，远路的朋友喂。（演唱：潘花、石奶，采录：赵凌，记谱：张刚应）

谱例二

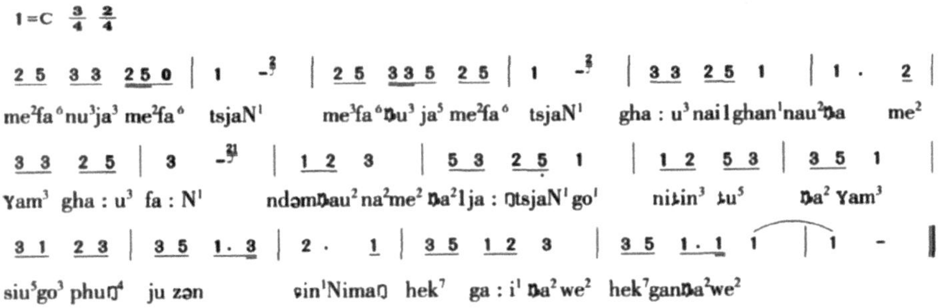

1=C 3/4 2/4

2 5 3 3 2 5 0 | 1 . ³͡ | 2 5 3 3 5 2 5 | 1 . ³͡ | 3 3 2 5 1 | 1 . 2 |
me²fa⁶nu³ja⁶ me²fa⁶　tsjaN¹　me³fa⁶ɖu³ ja⁵ me²fa⁶　tsjaN¹　gha：u³ nai1ghan¹nau³ɖa　me²

3 3 2 5 | 3 . ³͡ | 1 2 3 | 5 3 5 1 | 1 2 3 3 | 3 5 1 |
ɣam³ gha：u³ fa：N¹　ndəm³ɖau²na²me² ɖa²lja：ɳtsjaN¹go¹　niʎin³ ʎu⁵　ɖa² ɣam³

3 1 2 3 | 3 5 1 . 3 | 2 . 1 | 3 5 1 2 3 | 3 5 1 1 . 1 | 1 - ‖
siu⁵go³ phuɳ⁴　ju zən　ɕin¹Nimaɳ hek¹　ga：i¹ ɖa²we²　hek⁷ganɖa²we²

歌词大意：朋友们啊，酒味正浓，放大胆，酒香甜你别放碗，快快干杯好朋友，我远方的好朋友啊。（演唱：韦尚、吴裁，采录：赵凌，记谱：赵凌）

以上列举的曲调是一次具体演唱，通常演唱者根据情绪、气氛、身体条件、演唱内容、互动等因素会改变曲调的调高，但旋律框架和节奏形态基本保持不变。①

侗族大歌是侗族民歌中最著名的一种歌调，主要流传在贵州黎平、从江、榕江和广西三江等地，常在村寨的一些集体、庄重场合中演唱。侗族大歌是一种"众低独高"的音乐，是一种多声部合唱，其主要旋律在低声部，高声部都是派生而出的。大歌演唱者分为男女歌队，最少三人，多则

———————————

① 赵凌：《拉旦水族村酒歌的音乐人类学考察》，《民族民间音乐研究》，2012 年第一期。

十几人。歌师是歌队中最重要的人员，是歌队的组织者和领导者。歌队的领唱者担负着演唱主要旋律的任务，只能由被公认为有较好歌喉、素养和应变能力的歌师来承担。侗歌歌词多采用比兴手法，意蕴深刻，讲究押韵，曲调优美。一般由若干句构成一段，若干段组成一首，每首歌开始时有一个独立性段落，称为序歌。中间部分由若干句组成，然后有一个尾声部分，形成首尾呼应的结构。侗族大歌节奏缓慢、声调悠扬，具有很高的艺术价值。

2. 词韵结构

酒歌是口头文学，具有好听易记的特点，因此要求押韵，这样既使酒歌上口好唱，又突出其音乐性，增强其表现力和感染力。酒歌歌词多以七字四句或五字四句为一段，也有八句为一段的长篇韵文体，还有即兴创作、现编现唱的自由体歌词。在这里介绍三种常见的用韵形式：

首句次句连用韵，隔第三句而于第四句用韵，这一类酒歌占有较大比例。如侗族《镶火炉》酒歌："贵家紫气由东来，紫气东来心花开。火炉新安家吉庆，后代儿孙栋梁才。"苗族酒歌："好个火炉放豪光，亲朋聚会在一堂。众亲六戚同恭贺，恭贺主东万年长。"又如布依族酒歌："路边茅草尖又尖，客你不唱我唱先。先唱几首来相会，后唱一首喊开言。"①

隔句用韵，首句歌词可押韵也可不押韵，超过四行的酒歌多为此结构，并且一韵到底。如侗族《姊妹歌》："当年朋友交情好，我吹笛子你吹箫。箫笛一曲唱知己，声音不低也不高。人同心同曲同调，凉伞同开扇同摇。久不闻听玉箫响，让我想得好心焦。邀友席前重叙旧，再吹玉箫唱英豪。朋友结交要长久，要像古代赵州桥。经得风雨来吹打，经得三江浪来淘。朋友交情如手足，切莫半途来分抛。"②这首酒歌为七字句，共十六行，首句押韵，第五句也入韵且属变韵，其他均隔句押韵。又如苗族的一首四行酒歌："天地君亲坐中堂，鸾凤和鸣在中央。六亲百客恭贺主，鸳鸯成对

① 杨应海：《贵州各族酒歌选》，贵州民族出版社1993年版，第209页。
② 同上书，第212页。

地天长。"①

句句押韵，这种形式在酒歌中所占比例不大。如侗族酒歌《桃园结义》中的一段："屯土山前遇张辽，先说投汉不降曹。昔日桃园结义好，永远同走路一条。""天文地理不知道，安邦定国更不消。将军空来把我找，三番五次受苦劳。""刘备真心来投拜，先生指教记心怀。隆中决策我喜爱，事事望你来安排。"② 再如布依族酒歌："友谊莫随饭桌走，友谊莫随宴席收。筷子难交真朋友，只要情合意相投。"③ 此外，一些四五十行的酒歌，通常每四行一韵。

以上是各族用汉语演唱酒歌的词韵情况，如以本民族语言演唱的民歌，用韵情况则要复杂一些。各族的酒歌除了用汉语演唱的押韵外，苗语酒歌押调，这主要与苗语是多声调语言有密切联系。苗语共有八个声调，其酒歌充分运用声调丰富的特点，在民歌的每一行末尾使用声调相同的字，同样给人以美的感受。

不同民族酒歌的词韵形式都有各自的一些特色，因酒歌一般与民俗礼仪共同出现。如三穗、镇远、天柱、锦屏、玉屏等地侗族的婚嫁《好事酒歌》共有六十四题，分为婚嫁前《好事酒歌》（一至六题）、出嫁《好事酒歌》（七至十题）和结婚《好事酒歌》（十一至六十四题），伴随仪式活动依次演唱各类酒歌，如酒会开始前唱"盘客歌"，进入宴席时唱"摆菜歌"，酒会进行到高潮时唱"敬酒歌""抢鸡歌"，酒会结束时则唱"致谢歌"。这些酒歌内容连贯，自成系统，具有鲜明的套歌结构特点。侗族酒歌的内容讲究对称、和谐，其形式也莫不如此。所有酒歌基本上是七言四句，也有不少为"七、九、七、九"或"七、十一、七、十一"等句型，这就是形式上的对称、和谐。如《主东送行与皇客对唱》一组，主东从"堂中"一步、二步……十步一直送皇客"到了江"。主东唱一段，宾客唱一段，主客所唱内容相互呼应、形式一致，有的连押韵也相同，真可谓情意绵绵，和

---

① 杨应海：《贵州各族酒歌选》，贵州民族出版社 1993 年版，第 48 页。

② 同上书，第 262—264 页。

③ 游来林：《有酒且长歌——贵州民族酒与酒歌论略》，贵州人民出版社 2004 年版，第 280 页。

谐得无以复加。最后主唱:"送客不能送到头,客转回府主回屋。拜上贵客你慢走,这回莫怪我不留。"客答:"桃园结义刘关张,一旦分别好心伤。挚意浓情真难舍,主东恩情永不忘。"主客这才依依惜别。任何人读到或吟到此,都莫不动情。布依族酒歌歌词以即兴创编为主,通常用布依语演唱,也有用汉语演唱的。用汉语演唱的一般以五字或者七字为一句,有一定的固定体例,其韵均是尾韵,每首的第一、二、四句最后一字押韵;根据内容的需要,也有三句或者五、六句一首的。用布依语演唱的,句数不限,每句的字数也不等,多的每首可达数十句,有时为了加重语意,常常开头两句相同,句句押韵。黄平苗族酒歌的演唱形式通常以两个人即主客对唱为主,对唱双方可以是一名男性和一名女性,也可以是音色和谐的同性。对唱过程中即使其中一人不怎么会唱,但只要记住十二路歌的顺序,就可以配合上会唱的,一个问题后,客先重复问题再作答。这种口头传承是酒歌演唱形式的重要特征。

二、酒歌的演唱形式

酒歌是音乐活动中非常活跃的一种歌唱体裁,在婚姻、贺新房等以歌贺喜祝福的活动中必不可少。这类祝贺活动通常是不同地区、不同村寨、不同辈分的大聚会,也是不同风格、不同流派歌手之间的技艺大比拼。在酒宴中,歌手们以歌相识、问候、责难。有时歌手为了一较高下而通宵达旦地唱歌,于是各种名目的酒歌如迎客歌、劝酒歌、盘歌、筷子歌等应运而生。酒歌表演主要是在客主之间的互致问候或互问发难中展开,既有个人独唱,又有集体合唱、帮腔、对唱等形式。其中盘歌形式是最能表现歌手演唱水平的,通常由主人先唱敬酒歌,客人再以歌回敬。主客一唱一和,由道安、问好、祝贺、恭喜、称赞、谦让等逐步切入酒宴的主题,且随着酒宴的进行而发展,不时即兴发挥,一方提出难题,另一方以歌对答,热闹非凡。

以下介绍各民族几种较有特色的演唱形式。

1. 坐夜宴

坐夜宴是布依族婚礼中男方家于新婚之夜举办的盛大酒会和歌会,其情味热烈、深沉、隆重、典雅，因在夜间举行而得名。在布依族最受尊重之人和歌手的陪同下，四方宾客依次入席，边唱边抬桌合拢，此举被称为"合席"，寓意团圆合好，随后便开始了十余种生动有趣的祝贺新婚、劝客饮酒的夜宴活动。行酒对歌在夜宴上自然必不可少。坐夜宴的双方是主家一方以及送亲来的女方家亲友，在族中德高望重的长者和歌手的陪同下，以男北女南，按尊卑老幼的次序入座，其他宾客依次入席。客人就座前以酒歌或吟诵的方式向主人致贺，主人也执礼应答，然后合桌发烛，祝愿新人团圆好合、幸福美满。席间先喝三巡酒：第一巡酒中，主持人边唱边饮四杯后，方请大家共饮"落台酒"。第二巡酒中，自原执壶人起用两把酒壶分左右同时传壶斟酒，上一位给下一位依序而斟，这一放壶走路之举被称为"牛撵牛"。接着主客双方各推举一人为"把瓶官"，使其拿着酒向相反方向走。在进行的过程中，壶嘴朝前，在谁面前相碰，"把瓶官"就给谁斟"双杯酒"，又称"二龙抢宝"酒。之后进行行酒令等活动，按歌调一问一答现编现唱。夜宴酒歌是整个礼仪过程的高潮，其规模大、时间长、内容多，有安登、合桌、燃香、发烛，也有花歌、读书词、酒令词等。酒宴中还常常有对三皇五帝、古代礼仪等传统文化的巧妙运用。说唱者大多博闻强记，随机应变，酒歌措辞或对偶，或顶真，回环往复，朗朗上口，不时又夹以白话，化唱为说，节奏变化多样，表演活泼生动，气氛热烈。[①]

2. 拦路歌

拦路歌亦称拦门歌，在侗族、布依族、苗族等均有流传。在侗族，拦路歌是一种很特别的迎宾仪式，又名拦路礼。当客人来到时，好客的侗寨乡亲会在寨门口设置一道道板凳、竹竿、树枝、绳索等障碍物，拦路的东道主唱拦路歌，内容五花八门，如《毛笔拦门》《碗拦门》《活鱼拦门》《糖果拦门》《香烟拦门》《算盘拦门》《细茶拦门》《酒拦门》《板凳拦门》等等，诙谐逗人。有经验的客人很快就能找到合适的歌词对答，双方可以在一唱一

---

① 王星虎：《布依族夜宴酒歌礼仪解析》，《贵州文史丛刊》2013 年第 4 期。

答的逗戏中对唱下去。迎宾的侗家姑娘在一片拦路歌的欢乐声中，手举酒杯劝客人喝酒，这被称为"敬喝拦路酒"。宾客若亲手接过了酒杯，按当地习俗，就得把酒全部喝尽，因此他们往往还未进村寨就醉倒在了路口。若宾客不用手接酒杯而让敬酒的侗家姑娘喂酒喝，敬酒人便会手下留情，按客人酒量敬酒而不会令客人醉倒。贵州从江龙图的拦路歌不在寨门大路上唱，而是在鼓楼坪由主客两寨的歌队对唱，这是由于在路口、寨门前会显得非常拥挤，不便于安置歌队。首先演唱的被称为"噢嗨顶"，"噢"就是歌的意思，"嗨"是语气词，没有实际意义，"顶"是友好之意。这部分主要是打招呼的歌。第二部分称为"八错"，主要是用汉语和苗语来朗诵的诗句，能用来演唱的只有一首汉语歌，其他的用少数民族语言来演唱，且都要押韵。接下来就是第三部分"嘎必又"，开始是成套地唱，之后就是对唱。这部分虽然还有比歌，但更多的是体现拦路歌的主要意义，即表示友好，双方相互逗趣，语气也缓和许多。第四部分叫"嘎务"，不分主客，完全自由挑着唱，你唱一首我唱一曲。这部分是龙图拦路歌的特色，既没有比歌的紧张，又没有长篇抒情，融洽和谐。最后一部分是"嘎奈"，通常由客唱，表示认输不比了，以此来结束拦路歌的演唱。

3. 水族酒歌

水族酒歌按形式可分为单歌、双歌、苑歌、调歌、诘歌等。双歌是水族酒歌中最富有特色的一种说唱形式。双歌水语称为"旭早"，"旭"就是"歌"的意思，"早"就是"双、对"的意思。双歌以说、唱结合为主，一首完整的双歌通常可分为说和唱两部分，而一套完整的双歌对唱至少应当包含一次出歌和一次答歌。水族双歌主要包括两类：一是敬酒、祝贺、叙事类双歌，二是寓言性双歌。第一类双歌在演唱时往往是一唱一和，歌首的两句有固定的起歌和声调，歌尾也有基本固定的两句颂扬性衬和；寓言性双歌包括说白和吟唱两部分，说白部分主要是对吟唱部分的介绍，幽默风趣，寓意则要根据当时的演唱气氛和歌的内容去揣摩。双歌所表达的内容广泛，除了民间传说外，还可反映水族地区的自然风物和历史故事等。婚嫁、丧葬、立房、孩子满月、老人寿诞等民俗活动都是双歌演唱的重要场合。如在婚嫁的酒席上，必须通过演唱双歌来礼赞双方缔结婚姻，唱述水族婚姻的古理等。双歌由主宾在热烈庄重的酒席间演唱，参与的宾客既是双歌的听众也是附和者，附和者没有主人与客人之分，演唱时必有水族米酒助兴。

4. 耍歌堂

耍歌堂是瑶族最隆重的喜庆丰收的传统节日，在农历十月十六日举行。耍歌堂分大歌堂和小歌堂，大歌堂历时三至九天，每十年举行一次；小歌堂历时一天，三年五载举行一次。是举行大歌堂还是小歌堂，由各排民众商议决定，但时间都定在农历十月十六。这一天是瑶族人民共同的传统节日盘王节，而连南八排则称之为耍歌堂。耍歌堂主要包括游神大典、讴歌跳舞、过州过府、追打三怪、枪杀法真、酬神还愿等，斗歌是活动的主要内容。当主办的村寨唱完迎客歌后，主客双方摆开阵势，以村寨或姓氏为单位开始斗歌。在三至九天的活动中，每天都要斗歌，日出后开始，黄昏时结束。壮族的歌堂夜与瑶族的耍歌堂相似，一般在村头寨尾的檐阶下或山坡、池塘或屋厅内进行。男女双方分开，相距数十步或百余步，先点起篝火，摆上水酒、糖茶，然后开始对歌。

5. 盘歌

盘歌又叫猜谜歌、问答歌、试探歌等，是一种相互盘问、逗趣和斗智的歌，具有竞赛性质，要求演唱者即兴而歌，能反映出歌手的功底及应变能力，在土家族、苗族中广泛流传。盘歌歌词粗犷豪放，情调朴实大方，寓意优美含蓄。人们所唱出的每一首山歌、情歌、盘歌，都是内心情感的表达，充分展示了土家族、苗族人民以歌会友、以歌生情、以歌为媒的情感世界，他们把自己的喜怒哀乐都融入到歌词中大声唱出来。盘歌是以盘问对方的形式表达感情的歌，场合不同，演唱风格也不同，且内容相当广泛，天文地理、历史典故、宇宙万物、社会生活等无所不有。盘歌常用设问、比喻、拟人、夸张等手法，形象生动、幽默诙谐、情趣优美。盘歌根据内容不同，可以分为青年男女相恋时的盘歌、结婚时的盘歌、集体劳动时的盘歌、喜庆节日时的盘歌，甚至在办丧事唱孝歌时也唱盘歌。居住在武陵山地区的土家族、苗族民众酷爱唱盘歌，不管男女老少都能演唱几首。盘者处于主动，被盘问者如答出即可变为盘问者，双方不停问答，直到一方认输喝酒为止。^①

6. 刻道

流传于施秉地区的苗族刻道是中国境内苗族一种古老的刻木记事方式。苗族是一个能歌善舞的民族，以前结亲嫁女时都要对唱开亲歌。开亲歌长达万行，如果谁答不上来，就会被罚酒。苗族祖先们以目录的形式将开亲歌刻在一根笛子大小的歌棒上，歌棒上横七竖八的线条包含了上万行内容。在唱歌过程中歌者把歌棒插在衣襟里，忘词的时候摸一下就会记起。刻道所用的小木棍长短粗细方圆无严格限定，以能刻录和方便携带为准，长得像竹笛，短的可以放进衣袋，多采用枫木、梨木或竹条制作，随身携带方便，故也叫"歌棒"。"歌棒"成为苗家历代传唱这段故事和苗族婚俗由来的"书籍"和"歌本"。刻道由五言体组诗构成，叙述了苗族古老的婚姻婚俗。刻木符号不复杂，共有 27 个，符号的笔画以横、竖、叉为主。那些横七竖八的线条，记载了一万多行的歌词。歌师可以按图形符号从上往下唱，也可以从下往上唱，而外人却难明其详，所以施秉民间有"官家识字九千九，没有哪个能把刻道认得透"一说。刻道是苗族先民们在长期的生产、生活实践中创造的，吸收了其他民族优秀的民歌精华，形成了苗族诗歌独有的特色和风格。刻道对环境的描写，对人物语言、行动、心理和性格的刻画十分生动，其对苗族的起源和迁徙、图腾崇拜、数学知识、语言学等方面的研究也具有重要的价值。

从曲调形式以及词韵结构可以看出，酒歌是在民俗文化生态中将"歌谣""曲谱"整合于演唱"歌调"的艺术样式，而歌调的音乐形式，从歌词开始，构造了一个简洁而独立的旋律，这种旋律有的甚至没有歌词，却仍可以和着韵律相同的诗句演唱。酒歌曲调能根据歌词所体现的情绪来决定自己的特殊情调。相同的曲调也可以应用于不同的场合，即使词可以自由

---

① 游来林：《有酒歌且长——贵州民族酒与酒歌论略》，贵州人民出版社 2004 年版。

贵州少数民族酒文化研究

改变，却仍被曲调影响着。这为我们认识贵州少数民族酒歌的民俗音乐文化属性，开启了一个符合民歌文化生态规律和富有创新活力的理论视界。从贵州各少数民族的酒歌内容和音乐形式上看，酒歌创作与传承呈现出以下特点：

一是个体创作与区域群体共同创作。酒歌既是个人的创作，又集合了大众的智慧。酒歌既有约定俗成的曲调和歌词，也有个人因时因地的即兴创作，但即使是个人的即兴创作也能受到在场人员的认可，因此无论是个人创作还是全体创作，酒歌的精神和其中所表达的内涵体验却是群体的，它不仅能让许多人共同歌唱，还能通过口耳相传的方式世代流传。

二是民歌内容具有显著的生活化特征。各少数民族酒歌作为一种民俗艺术，在形式方面的差别较少。酒歌艺术形式上的细微差别常常是与地域民俗生活紧密结合在一起的。一般情况下，仅仅在一个个小的范围内，它们才可能受其他较高艺术形式的影响，因此发展得相当缓慢。与我们通常所关注的艺术相比，酒歌在这种缓慢变化中展现出鲜活的生活特征和人性价值，对于大众艺术的欣赏者和创造者来说，这种形式的变化是难能可贵的。

三是酒歌依附地域文化传统而处于流动状态。酒歌作为一种民俗艺术样式广泛地渗透到少数民族生活的各个角落，并且一直处于流动状态，如同在乡村中流行的其他艺术所具有的突出的适应性一样。因为要始终面对具有多元审美的大众，所以酒歌也须长期依附特定地域中相对稳定的民俗文化传统。

第二节　贵州少数民族敬酒歌的内容

酒歌的内容包罗万象，几乎包括了社会、历史、文化的方方面面，算得上是各民族的口承百科全书，既有讲述日常生活的生产歌、生活歌、节日歌，也有谈情说爱的情歌。正如一首苗族酒歌所唱："歌是苗家的理，酒是苗家的心。歌从酒出，酒随歌生。没有歌苗家生活将像黑夜一样，没有酒苗家生活又淡又清。歌和酒在生活中必不可少，酒和歌本是处世的亲邻。"① 从酒歌的展演场合及功能等角度来看，其反映的内容主要有以下三种。

一、仪式酒歌

少数民族酒歌与民众日常生活联系紧密，用于各类仪式场合，或说或唱，有较为固定的内容。主要有婚礼酒歌、节日酒歌、满月酒歌、贺新房酒歌、祝寿酒歌、丧礼酒歌等等，还有各民族在不同节日、婚丧场合中演唱的祭词等，较有代表性的有彝族的《跳脚唱词》、苗族的《打嘎唱词》、布依族的《送伞丧歌》等。

1. 婚礼酒歌

婚礼是人生礼仪中的大礼，历来受到人们的重视，而且逐渐形成了一整套复杂的程序和严格的礼制规范。少数民族传统婚礼大都包括提亲、订亲、迎亲、完婚几个过程。婚礼酒歌就是在提亲、订亲、迎亲、完婚的整个婚礼过程中所唱的歌。婚礼酒歌大都包含男女双方互相赞颂、祝贺、对唱、盘问的内容，由浅入深，内容逐渐扩展，始终充满喜庆欢乐的气氛。孩子长大成人，交友求偶成亲，更离不开唱酒歌。不会唱酒歌或酒歌唱不好的男青年将娶不到称心的媳妇，而姑娘若不会唱歌、不会敬酒，也将找不到如意郎君。《求亲歌》《伴嫁歌》《婚礼歌》《敬媒人歌》《夸新娘歌》等是在侗寨的婚俗里轻快、优美、吉祥的酒歌。

在侗乡，建立了感情的青年男女，虽愿意结为夫妻，但要征得双方父母的同意，以求得双方家庭乃至双方家族的皆大欢喜。于是男方家会请三四个能说会道，并善于唱歌的年长妇女，作为本家求亲代理人，前去姑娘家向女方父母求婚。她们带上几斤肉到了女方家后，会当着女方的父母以及伯父、叔母等唱求亲歌。歌词诙谐有趣，如"抬脚出门，我们快步走，知道你家有银花，闪闪发光，我们特地来相求，你家喂有一只好鹩子，看上一眼，我们就想谋，两家的牛要共圈关，两家的田要合做一丘，你家教

① 游来林：《有酒且长歌——贵州民族酒与酒歌论略》，贵州人民出版社 2004 年版，第 80 页。

养的好姑娘，我们来求，莫嫌我们脸皮厚"。当然，女方的父母知道男方家托人来求亲，也会事先邀约几个能说会道又能唱歌的妇女来陪伴应酬。这些相陪的人大都是女方母亲的妯娌，当求婚一方的歌声落下时，另一方的歌声就会唱起："抬脚出门，你们忙不停，翻山越岭来到我家门，贵人来到，喜气盈门，我们真欢心，我家生养的姑娘丑，也没有首饰和金银，虽然关着一只鹞子，恐怕你家的天鹅他要找森林。"亲事就在这一唱一和中谈妥促成了。如水族人订亲时，男方家要携带彩礼前往女方家，女方家的叔伯姑舅也要带礼物祝贺。在酒席上，双方均会选出精通古礼古规、能说善辩的代表对歌，"远古时代，我们同公，老祖宗，我们同姓。同了姓，怎么开亲？"男方唱答："远古时代，我们同苑，到贵州，我们破例，破了例，弟娶姐女，破了例，我们开亲。"[1] 在一问一答后，双方饮酒，祝愿新人生活幸福美满。

天柱县侗族还有伴嫁歌。出嫁的姑娘要在家中摆宴席，请平时感情极好又不能与之结婚的男性朋友来家里唱开堂歌，若没有人来唱则会被认为不光彩。开堂歌一般在叔伯家唱，男方有男伴陪同，女方也有女伴陪同，坐在席上对歌："今日姊妹同凳坐，明日姊妹隔山坡；隔了山坡又隔岭，隔了大江又隔河。尊古礼，周公制礼莫心多""栀子花开八瓣青，姊妹同坐十八春；十八年中不分散，今日分散可怜人。尊古礼，耐烦他乡去为人"。[2]这些歌多为送祝愿、诉别离之意，内容为叙述历史、姻缘、生产、生活以及抒情等。

婚礼上唱的酒歌，一般是婚礼最后一个环节，自然更为隆重，也更为热烈。天柱县侗族，男方接亲队伍来到女方家时，女方家会将大门关上，男方代表要在门外唱开门歌，唱十二对，女方才开门。开门后要唱堂屋歌，进堂屋坐定后要唱讨烟歌，女方取烟招待后要唱谢烟歌，事事都要以歌来引，以歌来答。黔北苗族的嫁女酒，一入席喝酒就要唱酒歌："天上神仙来

---

① 游来林：《有酒且长歌——贵州民族酒与酒歌略论》，贵州人民出版社 2004 年版，第 114 页。

② 杨应海：《贵州各族酒歌选》，贵州民族出版社 1993 年版，第 38 页。

保佑，地上神仙来保佑，神仙做成两家亲，我们才来喝喜酒。"[①]黔南地区的布依族，在结婚当晚，男女双方请来做客的男女青年以及参加婚宴的客人，自由组合对唱宵夜歌，这类酒歌的对唱歌曲占了很大比重，大多要唱一天一晚。第二天双方又会唱起赞婚歌、盘歌、叙事歌等，以表达新娘亲友对婆家的感谢和对新娘未来生活的祝福。婚宴上唱的酒歌具有一定的仪式性，如拦门酒歌、朝门酒歌，又如布依族婚礼在开席前唱的席中所用的碗、筷、桌子、酒壶等酒歌，成为贵州少数民族举行婚礼时的重要活动。

2. 诞生酒歌

诞生酒歌是在庆贺新生婴儿满月、百天和周岁时唱的酒歌。生儿育女是一家的重大事情，所以当婴儿满月、百天或周岁时都要庆贺一番。届时孩子的外婆及其他亲友要携礼物祝贺，主人则要摆酒设宴款待亲朋。席间，主人要唱歌感谢客人，赞美他们所带来的礼物，客人则要对主人表示祝贺，说一些祝福孩子的吉祥话。在侗乡，诞生礼被称为"三朝礼"，又叫"三朝酒"。举行"三朝礼"时，孩子的姑、姨等亲属要为新生儿制作衣物。男方则以唱歌的形式请孩子的姨妈给婴儿取名，姨妈同样以歌代答，最后通常由外祖母确定并宣布婴儿的名字。如黎平县铜关、述洞一带的侗族仍有为新生婴儿"打三朝"之礼，小孩子生下来三天后，外公、房族及亲戚们要提着礼物祝贺，主家要办酒席款待，并要唱讨礼歌："我们唱歌向外公讨粮钱，请外公外婆不要把我嫌；今天是新人三朝的好日子，我们讨钱讨粮为他添寿缘。"客人唱："没有禾谷也没有金银，只怪我们懒才这么穷；人家走亲总是抬缸酒，踩堂唱歌也要芦笙引，我们进屋人人打空手，挑的糯米只有半把斤，嘴说挑来看新人，其实不够我们自己当点心。"[②]就这样一对一答，双方相持许久，主家才把礼物接下。然后宾主唱酒歌劝酒，热闹非常。

婴儿满月或满周岁之日是非常隆重的日子，亲朋好友、邻里乡亲会前来祝贺，主人也会办一两天满月酒、周岁酒表示感谢，客人更少不了唱祝福赞美的酒歌。如侗族贺满月时唱：

① 杨应海：《贵州各族酒歌选》，贵州民族出版社 1993 年版，第 125 页。
② 同上书，第 212 页。

屋顶白鹤叫不停，一连高叫几十声。原来你家添喜事，你家添个读书人（贺男孩时唱）。门前喜鹊叫喳喳，你家请个小梨花。等到他日年长大，女才不次男才华（贺女孩时唱）。

水族也有类似的酒歌：

长字写来久久长，难为外婆贺儿郎。主人无言来感谢，谢你金银装满仓。命字写来命注定，感谢外婆贺外孙。外孙得你八颗字，万载没忘外婆恩。富字一口又一田，外孙富贵两双全。若是外孙有那命，轿抬外婆坐上边。

苗族的满月酒歌更多，其中一首，主人先唱：

我昏昏沉沉过日子，我糊糊涂涂度光阴。天旱只知上山砍柴，天雨只晓下地播种。像清水静淌在潭里，像晨雾铺盖在野箐。哪知道外家挂肠肚，殊晓得婆婆费肝心。送来龙鳞般的背带，挑来凤羽般的衣裙。又有鸭梨大的鸡蛋，更喜蜂蜜般的酒醇。我家没得好菜招待，多喝杯酒略表寸心。

唱毕，向客人逐一敬酒，客人饮后对唱道：

我谢主人的宽大心怀，我的树苗移到你山栽。你山栽种的树苗呵，果实累累传宗接代。没好东西枉为外佬，两个肩扛着一张嘴，外搭一双眼我们就来。唯愿甥崽快长快大，以让你老人家宽心慰怀。①

唱完，捧酒回敬主人。之后人们便即兴唱起《背带歌》《鞋帽歌》《养儿育女苦心歌》等歌。每歌必饮，每饮必干，由夜幕直唱到鸡叫黎明。

孩子周岁时，则要喝周岁酒，唱《周岁歌》。苗族《周岁歌》：

外孙周岁日光明，读书写字样样能，走到北京去赶考，金榜高上第一名。外孙周岁菊花黄，人又乖巧多在行。文武双全样样会，将来是个状元郎。②

① 杨应海：《贵州各族酒歌选》，贵州民族出版社1993年版，第154—166页。

② 同上书，第168页。

3. 祝寿酒歌

祝寿酒歌就是指在寿筵之上所唱的歌，内容多为儿孙或亲友们向老人贺喜、祝老人健康长寿等。主人家不仅要唱祝贺老人寿诞的酒歌，还要唱感谢客人到来的酒歌。

如布依族的《祝寿歌》《生日酒歌》等，主人自唱，表达对寿星的祝愿。《祝寿歌》："今日堂中喜盈盈，三亲六戚和寿星。正位坐着寿星主，两旁一众作陪人。一祝财源茂盛，二祝福寿双辉，三祝福如东海，四祝寿比南山，五祝岁月增添，六祝人寿年丰，七祝繁荣昌盛，八祝花甲初周，九祝久远久长，十祝家道兴隆。"《生日酒歌》："家有老人千般好，千斤担子我妈挑。人客来往妈陪坐，吃茶吃水妈去烧。四行八样妈去做，妹我淘气妈操劳。肚子饿了吃妈奶，瞌睡睡在妈怀抱。走路又怕儿跌倒，跌倒又怕儿嚎啕。家有老人来照料，妹走哪里不心焦。唯愿我妈寿延好，唯愿我妈寿延高。妈您请吃这杯酒，多福多寿步步高。"①

苗族人民虽然一般没有一年一度为老人做寿的习俗，但当自己的父母到 60 岁时，儿孙们便会请巫师为其择日添寿——栽花树，并通知亲朋好友前来祝贺。一首《祝寿歌》唱道："大河涨水小溪满，先敬老人心才暖。同桌要讲辈顺序，少的敬老最心宽。先有老的后有少，忘弃老人天不饶。众位老人给面子，添寿延年更心欢。"水族的祝寿酒歌唱道："玉壶斟酒酒杯青，这杯米酒敬老人。人登百岁世间少，你是凡间老寿星。六十甲子坐两个，出门进屋有人迎。朝日有人来服侍，饭菜烟茶和点心。身体强壮真健美，好比南海观世音。"②

上述一些民族酒歌反映了尊老敬老的优秀传统，它们已不是简单的祝寿礼仪，而是成为一种承载民族伦理观念的重要形式。

4. 丧礼酒歌

少数民族有丧礼饮酒的习俗，有的甚至还要守酒孝，酒孝期间要餐餐

---

① 游来林：《有酒且长歌——贵州民族酒与酒歌略论》，贵州人民出版社 2004 年版，第 216 页。

② 杨应海：《贵州各族酒歌选》，贵州民族出版社 1993 年版，第 176 页。

饮酒唱歌。丧礼酒歌就是指在丧礼奠酒、饮酒时所唱的歌，内容多为主人感谢客人前来奔丧、帮助料理老人的后事，客人夸主人懂礼知孝、劝主人节哀，以及追忆逝者的功德、愿他安息并保佑子孙等等。布依族丧葬礼仪和习俗，也多以歌唱的形式展开。布依族的丧葬歌谣有比较完备的记述，还有非常严格的程序和仪式，要遵循特定的风俗习惯。老人故去后，主人家（含本家）须忌荤三至五日，忌荤期满，请摩公唱过《开荤调》后，方能吃荤。入棺唱《入棺调》，立幡唱《立幡调》，女婿献羊唱《献羊调》，后辈敬献斋饭要唱《献斋饭》，致哀要唱《哭诉调》《追叙调》，发丧前要唱《开路歌》，下葬要唱《下葬调》。葬后第一个清明节要祭坟地，唱《祭坟调》。布依族丧葬的每一过程，都要举行相应的仪式，都要遵循一定的习俗。畲族的丧礼盛行以唱代哭，母死，娘家人要来奔丧吊唁，丧家孝子孝孙们要按长幼次序跪在门外，一手持明香，一手敬酒，跪迎吊唁者，并对歌一首："子孙跪落娘家门，无限悲痛泪涟涟；双手把定娘家盏，行位报我要超荐。"娘家吊唁者对唱："今日娘家是我来，接过儿孙酒一杯：你母行次第某位，你今礼教做得对。"[1] 此后，在进餐时还要多次向娘舅及其他帮忙的人敬酒、哭歌劝酒。如《把盏谢情》唱道："我母百岁眠在床，拣好日期做风光。没人思量难主事，便以大郎来相帮。便以叔伯入寮来，大郎叔伯吩咐我。母做风光我把盏，感谢六亲来相帮。"[2]

5. 贺新居酒歌

建房搭屋是少数民族人民生活中的大事之一。在建房习俗中，许多民族至今还保留着原始互助的遗风。一家建房，全村及附近的亲朋都要无偿甚至携带原材料、酒食等前来相帮。贺新房酒歌就是指新居落成后在主人宴请宾朋的酒宴上所唱的歌，主要有《上梁歌》《踩大门》《镶火炉》等酒歌。主人借此感谢亲朋们的鼎力相助。客人们则对歌当话，以示庆贺，并夸赞主人府第生辉、家道兴旺。如侗家起新屋、上宝梁时要选好时辰。未上梁前，木匠师傅要请梁，把梁木放到中堂摆好，提酒唱《请梁歌》："一

---

① 黄珍宇：《布依族酒歌音乐特点之探究——以罗甸县为例》，凯里学院本科毕业论文。

② 刘军：《少数民族酒歌的类别、特点及社会文化功能》，《湖北民族学院学报》2005 年第 2 期。

杯酒，敬梁头，儿孙代代出公侯。二杯酒，敬梁腰，儿孙代代穿龙袍。三杯酒，敬梁尾，儿孙代代中科举……宝梁中间一尺布，儿孙代代家豪富。宝梁中间一本书，老的添寿少添福。宝梁中间一支笔，父中状元子占魁……"[①]起新屋要踩大门，踩门时找两个人，一个手拿雨伞走前面，一个身背包袱随后，包袱内装有布、禾穗、大洋等物，主人先把门关上，对来踩门的人进行盘问后才开门，踩门人边走边唱边进屋："日出东方一点星，神仙打马下凡尘。吾今打马街前过，请君早早开大门。"主人唱："吉日吉时大门开，奉请仙客进屋来。且问仙客名和姓，从头一二说起来。"[②]主客对答后完成踩大门仪式。

6. 节日酒歌

节日是具有群体性、周期性和基本稳定活动内容的日子，各少数民族除了有二十四个自然节气外，还有大量具有民族性、地域性的节日，他们的大多数节日都离不开歌与酒。如水族的端节是辞旧迎新、庆贺丰收、祭祀祖先的传统节日。每年中秋首戌日赶场，亥日过端节，这一天的晴雨状况预示着当年粮食的丰歉情况。端节期间家族团聚，祭祀祖先。席间宾主喝团团转的交杯酒，并有唱酒歌、赛马等活动。卯节是水族仅次于端节的重要节日，节日之夜，人们聚集于歌堂中，摆上水酒，男女对歌，俗称"姨妈歌"。布依族普遍要过嫩信节，即春节。对歌是节日主要内容之一，晚上要摆上丰盛酒菜招待来家里的歌手。听众围坐成一个圆圈，主人端碗敬酒唱《邀请歌》："堂屋中间摆歌台，神仙听了下凡来。粗茶淡饭三杯酒，邀请歌师起歌排。"接着歌手们唱几首答谢歌，赞美主人家的热情好客。对歌先唱《开天辟地》《兄妹成亲》《万物起源》等，其次唱《酒礼歌》《婚姻歌》以及情歌等。侗族的月也也是一个重要节日，一般在秋收后或春节期间举行，通常一个村寨的人们会到另一村寨中做客，期间唱《拦路歌》《开路歌》。三都苗族每年都要过吃新节。当地谚语云："苗吃新，水吃端，客家过大年。"节日期间唱的酒歌很多，有古歌、生产歌、酒礼歌、吃新歌

① 杨应海：《贵州各族酒歌选》，贵州民族出版社 1993 年版，第 194 页。
② 同上书，第 200 页。

等。此外，还有布依族的三月三、六月六歌节和香花节，苗族的跳月、坐花场、吃鼓藏节、杀鱼节、吃鸭节等，每一个节日都离不开酒，更离不开歌，唱酒歌也成为贵州少数民族节日习俗中不可或缺的内容。

二、待客酒歌

根据在酒宴中的作用，酒歌可分为迎客酒歌、敬酒歌、劝酒歌、谢酒歌、拒酒歌、留客歌等等。

1. 迎客酒歌

贵州有些少数民族地区地广人稀、偏远闭塞，很少与外界接触，犹如世外桃源。因此，在很多少数民族群众的观念中，有客来访是一件非常喜庆的事，往往举家甚至整个村寨的人都要热情相迎，把酒问盏，纵情欢歌。日常待客酒歌就是平常有客光临时所唱的歌。这类酒歌大都采用主客对唱的形式，先由主人唱歌敬酒，以表达对客人的欢迎之情。然后客人以歌回敬主人，夸赞酒肴的丰盛，感谢主人的盛情款待。由此逐渐发展，随着酒酣意浓，歌唱的内容越来越广泛，从历史到未来，从生产到生活，从友谊到亲情，往往一发而不可收。如苗族有一首日常待客酒歌，主人先唱："天天杀牛等，贵客没光临。今天客错路，来到我家门。坛中没好酒，盘里无鱼荤，吃口酸汤菜，略表我情意。"客人对唱道："久想来走亲，家事难脱身。今天冒昧到，待客真热情。盘中菜已满，好酒坛中盛。心中很快乐，感谢好主人。"[1] 主客一唱和，气氛便十分热烈、融洽。如布依族嫁娶或逢年过节客人来到时，主人要在门口摆上桌子，桌上放着酒壶和碗，客人一到，主人便急忙往碗里斟满酒，双手端着唱起一首迎客歌："凤凰习落刺笆林，鲤鱼游到浅水滩。今天贵客到我家，不成招待太简慢。献上一碗淡水酒，只望客人多包涵。"客人若能歌，则以歌答谢："画眉习上梧桐树，小虾游到大海里。今天来到富贵府，主人殷勤真好客。只因我的口福薄，这碗仙酒不敢喝。"[2]

---

① 杨应海：《贵州各族酒歌选》，贵州民族出版社1993年版，第105页。

② 游来林：《有酒且长歌——贵州民族酒与酒歌论略》，贵州人民出版社2004年版，第175页。

2. 敬酒歌

各少数民族人民热情好客，客人到来时必备办酒席尽情招待，不断向客人敬酒并唱酒歌。敬酒歌是指在迎客、待客、送客的整个过程中向客人敬酒时所唱的歌，是所有酒歌中使用最广的一种。敬酒歌所表达的内容也比较广泛，多为主人对客人的欢迎、谦虚、客套等等。这类酒歌一般都比较热情、客气，情真意浓，令人不得不接酒而饮。如在布依族的酒席间，主人要请善歌的妇女向客人敬酒，她们有的拎着酒壶，有的端着盘子，来到客人身旁，先斟上一碗酒，再唱起敬酒歌："客人远道来，实在是辛苦，没有鸡鸭鱼招待，喝碗淡水当鱼肉。"客人若能唱，就以歌作答；若不会唱敬酒歌，主人每唱一首，客人就要罚喝一口酒。水族敬酒歌颇有特色，常一人领唱，众人和之，如"（和声）朋友们喂，亲友们勒。（独）酒虽不好别见怪，（欧呵）客从远路远寨来，快快伸手接酒杯，多喝几杯（哩）饥渴解（欧），多喝几杯饥渴解。失敬得很，远路的（和声）朋友喂，远路的朋友喂"。[①] 此情形恰与《百夷传》中记载明代傣族待客宴饮时"酒或以杯，或以筒——酒初行，一人大噪，众皆和之，如是者三，乃举乐"的情形非常相似。

3. 劝酒歌

劝酒歌多为客人表示不会喝酒或已经喝好并拒绝再喝的时候主人所唱的劝饮之歌。以歌送酒是许多少数民族迎宾待客最主要的劝酒方式。少数民族歌舞劝酒的记载最早见于唐代徐去虔的《南诏录》："吹瓢笙，笙四管，酒至客前，以笙推盏劝酒。"这种歌常采用自谦、夸赞或激将等方法，有的言辞柔美、情感真切，有的言辞锐利尖刻、情绪激昂。有的善用夸张的手法，有的喜欢采用比喻的手段，以达到使客人无法推脱、不得不喝的目的。如侗族有一首酒歌《相劝》唱道："这杯酒来喜盈盈，席上饮酒才数巡。看你喝得太谨慎，一不醉来二不晕。相逢不饮空归去，洞口桃花也笑人。"[②] 布

---

① 游来林：《有酒且长歌——贵州民族酒与酒歌论略》，贵州人民出版社 2004 年版，第 181 页。
② 同上书，第 248 页。

依族有一首劝酒歌《席上吃酒莫推杯》唱道："敬了一杯又一杯，席上吃酒莫要推。姐是月中桂花树，又是岭上一枝梅。春夏秋冬色不褪，百花园中姐是魁。妹我是棵路边草，命不如人把胸捶。毛脚毛手来敬酒，还望贵人莫推杯。"① 彝族用歌劝酒则更加热情："地上没有走不通的路，河里没有流不走的水，彝家没有错喝了的酒，喝吧！"②

4. 谢酒歌

贵州各少数民族在迎宾待客中，主客双方通过唱酒歌相互劝酒，表现出主人对客人的热情款待和客人对主人的衷心感谢，内容以表达对主人盛情款待的谢意和对主人的夸赞、祝福为主。如侗族的道谢歌："多谢主人多谢意，好酒好菜摆满席。梭子来线空来往，惊动你家不安逸。"客人也会对主人好酒好菜的热情款待表示感谢："这杯酒来亮沙沙，仁义周全是你家。进屋有人来接伞，坐下有人送烟茶。这桌酒席办得好，十盘八碗人人夸。又是热来又是冷，又是蒸来又是炸。这桌酒席真难找，剑河算得第一家。"③还有的谢酒歌，是在婚礼上表达对媒人谢意的歌。如侗族的谢酒歌："这杯酒来清又清，感谢媒人操了心。天寒地冻你要走，日晒雨淋你要行。袜子穿烂无数对，鞋子烂到脚后跟。没得哪样酬谢你，敬杯淡酒表心情。"苗族也有歌唱道："月老牵线本辛苦，亲朋六眷庆花烛。今日得吃花烛酒，月老恩情记心头。"还有感谢厨师的酒歌，如布依族的："多谢厨师真本领，几多麻烦又操心。七手办出多样菜，烧手烫脚费精神。红炖烧成鲤鱼背，萝卜切成细花针。精肉炒的味道美，扣肉如同菊花心。蛋皮包肉伴汤煮，海带排骨配山珍……"④

5. 拒酒歌

拒酒歌是客人用来表示不会喝酒、因故不能喝酒或已喝好不能再继续喝酒的歌。这类酒歌多采用自谦的方法，以达到逃避喝酒的目的。如布依

---

① 游来林：《有酒且长歌——贵州民族酒与酒歌论略》，贵州人民出版社2004年版，第177页。

② 同上。

③ 杨应海：《贵州各族酒歌选》，贵州民族出版社1993年版，第20页。

④ 同上书，第118页。

族的《唱歌容易吃酒难》："横也难来顺也难，唱歌容易吃酒难。唱歌不行有姐带，吃酒好比下龙潭。横也愁来顺也愁，唱歌容易吃酒忧。唱歌不行有姐带，吃酒更比吃药愁。"侗族姑娘向小伙子敬酒时，小伙子常常拒酒不喝，双方对唱不止，中间会运用大量的比喻，更加有趣。如女唱："蜻蜓落在哪里，哪里亮，水獭钻进哪里，哪里水声响。哥的酒量本来大，我们早听旁人讲。别人敬你三碗五碗可不喝，我敬这碗水酒定要你喝光。"男唱："酒已喝够，饭也吃饱，莫再用那水沟里的水，尽往这丘田里倒。这丘田的田埂矮，埂脚捶的又不牢，若再朝里把水放，只怕鱼儿漫出田埂了。"女唱："酸苞藤子长又长，如今牵到水沟边。沟中本是长流水，春冬四季流不断。舀去一瓢沟水不见少，加进一瓢沟水不会漫。哥你原本会喝酒，这酒一定要喝完。"男唱："酒杯怎能比酒坛，小河怎能比大江。沟埂最怕洪水打，来势汹涌难抵挡。本来我不会喝酒，现在身子已摇晃，若再要我喝这杯，一定醉得倒地上。"①

6. 留客歌

主人通过唱酒歌表达对客人的挽留与不舍，并对自己招待不周表示歉意，充满真挚情谊，其中既有不舍又有祝福。如侗族酒歌唱道："你到我家来做客，没有长亭来迎接。一心留你多歇夜，莫嫌家下寒门窄。""难得贵客寒门走，路上辛苦多劳碌。黄金难买龙步到，真心诚意把客留。"苗族也有酒歌唱道："这杯酒来绿又绿，客要走来我要留。要留天边太阳转，要留长江水回头。东海留得龙停步，细水留在洞庭湖。天边留得明月亮，多坐几天慢回屋。"②

三、"知识"酒歌

贵州少数民族的酒歌内容十分丰富，既有与民俗生活、人生仪礼结合紧密的仪式性酒歌，也有不同场合中的敬酒、劝酒、谢酒、拒酒等歌曲，

① 刘军：《少数民族酒歌的类别、特点及社会文化功能》，《湖北民族学院学报》2005年第2期。
② 杨应海：《贵州各族酒歌选》，贵州民族出版社1993年版，第136页。

还有反映民族历史、生活、习俗的酒歌，主要包括猜拳行令、见物唱物（对象以酒具、酒菜为主），歌颂祖先功德、民族历史，介绍习俗族规、生产知识等内容。大致有以下几种。

1. 咏物歌

少数民族的酒歌植根于生活，由广大民众集体创作、传承。由于熟悉自然生活中的许多事物，他们在创作酒歌时也离不开生活中的所见所闻。这些见闻既有久远传承下来的，也有触景生情即兴创编的，"见物唱物"成为酒歌的鲜明特点，几乎所有事物皆可入歌，日月星辰、山水河流、飞鸟走兽以及生活器具等在各民族酒歌中都有体现。如傈僳族的《习鸟调》，通过描写各种鸟的形状、羽毛的颜色、鸣叫的声音以及它们在森林中的栖息情况，来表现青年男女对婚姻自由的追求。如女方唱的一段："高高的杉树插入云间，矮矮的锥栗蹲在水边，杉树上的雄杜鹃高声啼叫，锥栗枝的雌杜鹃涕泪涟涟。"再如侗族的一首酒歌："竹鸡难比金鸡花，嫩姜难比老姜辣。小船难比大船稳，茅草搓线难比麻。"[①] 歌中通篇用比，谦贬自己不是客人的对手。水族双歌中也常常通过一组动物或植物的小故事传递感情，或批评规劝或赞美称颂，如酒席上一位姑娘夸赞另一位女子长得漂亮的《枇杷和李子》："水果类，你比我好。出得早，三月结果。结得多，四黄熟，晶晶亮，甜赛蜜糖。我枇杷，骨多肉少，酸又涩，有谁肯要。李子熟，人人喜尝，家族大，有百廿样……"[②] 通过她们的歌唱夸赞对方长得美丽，以此来回敬对方对自己的称颂。而许多在仪式场合中演唱的酒歌，也常常有固定的咏物对象，如在婚礼仪式中就有《拆筷》《揭花》《铺床》《夸嫁妆》《饮茶歌》等酒歌。入席时客人常常要对主人精美的酒具、餐具以歌赞美，如"一张桌子四角尖，红漆板凳摆四边。筷子摆成格子眼，调羹摆成半月边。酒杯摆成明月亮，满盘盛席摆中间。又有金壶酌美酒，玉盘装菜美味鲜"。在开席时唱的《揭花》更是赞美酒具的种类繁多、美不胜收，有《调

---

① 游来林：《有酒且长歌——贵州民族酒与酒歌论略》，贵州人民出版社2004年版，第250—251页。

② 同上书，第254页。

羹盖花》《酒杯盖花》《酒壶盖花》《花盖小碗》《花盖盘子》《花盖大碗》等。如《花盖盘子》："盘子开花在席前，只等观音来坐莲。将花供在神龛位，佑启后人中状元。"《花盖调羹》唱得更美："金银调羹亮晶晶，好花开在月中心，弯弯月亮桌上摆，借花献佛谢主人。"[①] 此外，在建新房时还有《镶火炉》酒歌，贺新居时对主人的神龛、水缸、碗柜等都可用歌赞美。

2. 叙事歌

许多少数民族没有自己的文字，关于民族历史的传说故事、历史人物、乡规风俗等都是以歌的形式记录下来，代代传唱。如苗族的《开亲歌》有一万多行，形象地揭示了人类婚姻发展的历程，唱述了古代苗族人婚姻的起源。苗族的《根基歌》详细记录了苗族在部落战争中战败被迫迁徙的历史，对一系列的姓氏和地名来历也有详尽解释；《结亲路歌》则追溯了苗族结亲的来源和范围。侗族的《起源之歌》主要由"开天辟地""侗族祖公""款"三部分组成，人称"古代侗族三部书"。《起源之歌》主要流传在侗族南部方言地区，长期以来民间以吟诵或琵琶歌的形式演唱流传。《祖公上河落寨歌》则展示了一幅民族迁徙、寻找幸福家园的艰难历程图。各族还有许多唱述历史人物的酒歌，如关公、刘备、张飞、杨宗保、薛丁山、穆桂英等；许多唱述传说人物的酒歌，如孟姜女、祝英台等。有的一首酒歌中提到十数个古人，也有的专门讲述一位历史人物。如侗族酒歌《阴若花》，讲述了牡丹仙子阴若花遇唐敖老人帮助而赴岭南求学的经历，仅在《贵州各民族酒歌选》中就收录了四种不同版本的演唱形式，有独唱和对唱两种形式。还有讲述三国人物的酒歌，如《桃园结义》《重逢》《刘备访贤》等。

3. 生产劳动歌

各族歌者都是劳动者，他们具有丰富的生活知识和生产经验，酒歌的产生和传承与生产生活密不可分，既唱生产知识，也伴着劳动生产唱和。除了在盖新屋上梁、踩大门时唱的酒歌外，还有关于农业生产的酒歌，如

---

① 杨应海：《贵州各族酒歌选》，贵州民族出版社 1993 年版，第 59—60 页。

赫章、威宁一带彝族人在接亲时，要对唱酒礼歌中的《劝饭歌》，唱出整地、撒种、追肥、管理、收割、脱粒、晒干、磨面、做饭等过程。此外，还有大量描述各行业的酒歌，如有赞美老师的酒歌："一杯酒来红彤彤，老师辛苦在园中。为育栋梁成大用，满门桃李笑春风。"有夸赞木匠手艺好的酒歌："雕龙画凤随手来，万丈高楼巧安排。巧弹墨线手脚快，弯木上马会量裁。工多艺熟人敬爱，木匠是个翰林才。"有表扬补锅匠的酒歌："补锅师傅艺本精，补旧翻新样样能。节约主家钱和米，补的补巴一致平。旧的当成新的用，走乡翻补为人民。"[1] 还有大量表现油漆匠、银匠、石匠、剃头匠等技艺的酒歌。此外，值得我们关注的还有讲述酒文化的歌，如布依族长达 600 行的《酿酒歌》，主要追溯了酒文化的渊源，如种子来源、粮食耕种以及酿酒过程和酒药制作等，其中一段唱道："窖糟甜酒叶垫，面上又盖甜酒叶。酿酒用青杠柴火，烧漆树柴火焰猛，泡木柴火它肯燃，酒越酿越清香。酿酒时间越更长，酒色如似老窖酒，味醇清香久不衰……"[2] 歌中还唱述了与喝酒有关的桌凳的由来，讲到酿酒用的锅、灶、碗筷等内容，告诉人们不能"坐凳不知制凳人，坐席忘了制桌人，忘记问候摆桌人"，反映了布依族人民之间友好相处的和谐关系。

第三节　贵州少数民族酒歌的文化内涵

同其他社会文化现象一样，少数民族酒歌的产生、发展、传承有其特殊的环境与背景；与其他形式的民歌相比，少数民族酒歌既有共同性又有特殊性。共同性主要表现在它的娱乐功能——劝酒助兴上，这是所有酒令的基本功能，在这方面，少数民族的酒歌毫不逊色，甚至远远超过酒令。少数民族酒歌的特殊性，则表现在它直接反映了一个民族的历史、社会、劳动、生活、思想等，具有极高的人文价值和艺术价值。

一、诗乐合一

酒歌是民族音乐的重要体裁之一，从诗与乐结合的角度来看，酒歌具有贴近民众、主题明确、形象鲜明、感情真挚等特点，其歌词篇幅短小、通俗易懂，比喻、比兴、对比、夸张等手法的运用使主题思想鲜明突出，而凝练的音乐语言、音乐素材则表达了深刻的思想感情。酒歌作为一种集体智慧的结晶，在世代相传中，不同时期、不同地区的歌唱者，按个人需要，常常即兴编词，哪里有生活，哪里就有酒歌，他们创造了极富民族个性的多种艺术表现手法，如酒歌的句式、韵律及修辞特点等。酒歌又反映着各民族典型的音乐特色，如布依族酒歌的对唱、复沓对仗手法及衬词运用等，都具有独特的审美价值。布依族青年男女"浪哨"时，以歌相识，借歌传情，歌曲旋律自由、含蓄柔美，在布依族酒歌中占有极其重要的地位。酒歌生长于少数民族地区，并深深扎根于民间，是富有地方特色和民族特色的文学作品，如在南北盘江流域的布依族聚居区内流传的《孤儿苦》《育儿情》《姑娘怎样把家当》《王玉联的遭遇》，苗族的《古歌》等叙事长诗均与酒歌一脉相承，足见酒歌对少数民族叙事诗的形成有着深远影响。同时，酒歌在叙事上多采用顺叙、倒叙、插叙、叠叙等，在描写手法上使用肖像描写、语言描写、行为描写、心理描写等，在构思技巧上使用伏笔、夸张、讽刺等，在修辞艺术上使用谐音、顶针、拈连、比喻等。在遥远的古代，各族先民就能综合运用多种艺术手法创作古老的文学作品，这在世界上是罕见的。此外，酒歌也能配以多种曲调，用多种乐器伴奏演唱，比一般的叙事诗包含了更多的文化内涵。

二、以歌代言

恩格斯曾对民间文学的教育功能做过十分精辟的论述："民间故事书还有一个使命，这就是同圣经一样使他们有明确的道德感，使他们意识到自己的力量、自己的权利和自己的自由，激发他们的勇气并唤起他们对祖国的热爱。"① 中国少数民族的酒歌既是酒令，又是民间文学的组成部分，具有特殊的地位和作用；同其他民间文学形式一样，酒歌是各民族人民生活直接而生动的反映，具有深厚的生活基础，大都集娱乐性、知识性于一身。因此，它也具有鲜明的教育功能，使人们在酒席宴间和饮酒娱乐中学到各种知识，受到多方面的教育和熏陶，特别是家中的长者，常常利用饮酒聚会的机会，把酒歌这种喜闻乐见、生动活泼的艺术形式当作对年轻人进行教育的口头教科书，通过酒歌向他们传授民族的传统文化和各方面的知识，如历史知识、生产生活知识、为人处世知识等等。敬老爱幼、勤劳节俭、扶贫互助、热情好客、宽容和谐等传统美德始终根植并贯穿于各族人民的生产生活之中，人们往往把这些传统美德观念融入叙事歌、大歌、劝世歌、礼俗歌等酒歌之中以教育后代，使他们从小树立正确的人生观、道德观、价值观、劳动观等，希望以此来规范他们的行为，使他们成为对社会有用的人。

三、以歌传情

同其他歌谣一样，酒歌源于人们的生活，同时是人们思想情感的一种流露和反映，在以酒助兴的同时传递情感信息，人们常常通过酒歌来表达自己的喜怒哀乐。首先，贵州少数民族酒歌传递的是主人对客人的诚挚欢迎之情和客人对主人热情款待的由衷谢意，通过主客双方的对唱，彼此间感情更加融洽，友谊和亲情更加浓厚。其次，酒歌还是男女青年传递爱情的媒介，他们常常通过对歌的形式传达相互间的爱慕，酒歌也因此具有了情歌的属性，婚礼酒席就是男女对歌的重要场所。歌手们通过对唱酒歌，既帮助完成了婚礼，也为男女青年相互认识了解创造了条件，因此敬酒喝酒只是一种形式，最终的目的是传达相互间的倾心、爱慕之情。

四、以歌记史

贵州少数民族大多没有自己的文字，他们多以口耳相传的方式来保存

---

① 《马克思恩格斯全集》第二卷，人民出版社 2005 年版，第 84 页。

和传播本民族的历史和文化，而酒歌是一种重要的记录形式。贵州许多少数民族的历史、社会知识、生产斗争、男女交往、伦理道德、风土人情等主要是靠歌来记录传承的。瑶族、水族、羌族等民族的酒歌中就叙述了人类起源的传说、祖先的来历、民族的迁徙历程等。哈尼族的《十二月酒歌》《祭祀酒歌》形象地描绘了古代哈尼族人民的劳动情景及对原始多神崇拜的祭祀活动。彝族、藏族、傈僳族、独龙族、怒族等民族的酒歌中，也不同程度地映现了古代各族人民集体围猎或耕作、平均分配以及集体欢庆丰收的生活情景和心理状态。反映侗族社会历史的大歌，最著名的有《起源之歌》《开天辟地洪水滔天》《祖公上河落寨歌》《萨岁之歌》《吴勉之歌》等。过去在侗族传统社会中，《起源之歌》是进行传统文化教育的主要材料，对弘扬民族文化、增强民族信念曾起到过很大的作用，时至今日，《起源之歌》在侗族人民群众中仍然有很大的影响。

五、以歌述理

各民族除了在各种仪式场合中演唱的酒歌外，还有大量反映排难解纷的古理歌。传唱酒歌的歌师不仅出现在各民族祭祀、年节、嫁娶、建房等场合，还常常充当纠纷调解人、族规讲解人。如侗族歌师常常也是款首（寨老），有的甚至还是巫师，他们多由各寨老推选，主要职责就是调解纠纷、执行款约。如瑶族酒歌中有办事调，主要是瑶长、瑶练等德高望重的老人商讨问题乃至派出代表谈判、处理公务、调解纠纷之用，通过演讲、析事因委、阐明道理后作出决定。有调解兄弟两户因责任田纠纷的歌词："今日大伙来齐，只为争田纠纷之事，男性均是兄弟叔侄，女性亦为姐妹妯娌；古有言：'金钱不均用秤分，人间是非按理办，手掌手背皆为肉，何必争吵又动棍'。"[①] 贵州南部侗族每年农历十二月和正月在村寨之间举行的"月也"活动中，就有一项是由款师或歌师讲解款规款条。各民族酒歌除了记事、抒情、循礼之外，还有大量劝人为善或和睦的古理歌，各族均有流

---

① 参见中国民歌网之"少数民族民歌"。

传的《劝世歌》。如有一首唱道："一劝少年敬父母，难报父母养育恩。十月怀胎辛苦，三岁四岁没离身。五岁六岁娘养大，长大成人莫忘恩。"[①] 由此可见，酒歌及其重要传承者是维系少数民族社会有序运行的重要因素之一，村寨村民之间的每一次酒歌活动都是群体关系的进一步确认，更是社会统合的一种维系。

总之，贵州少数民族的酒歌数量浩如烟海、种类繁多，作为酒文化的重要组成部分，它不仅具有劝酒助兴的生活实用功能，还承载和发挥着维系、传承社会文化的功能；贵州少数民族的酒歌不仅是中国少数民族人民能歌善舞、洒脱奔放民族性格的生动投射，而且体现了广大少数民族人民崇礼重义的传统美德，反映了他们对生活的热爱，对人生真谛的深刻理解与感悟，颇值得深入调查与研究。

---

① 杨应海:《贵州各族酒歌选》，贵州民族出版社 1993 年版，第 282 页。

第九章
贵州少数民族酒文化的功能

英国著名人类学家马林诺夫斯基曾指出：任何一种文化现象，不管是抽象的社会现象，还是具体的物质现象，它们存在的主要原因在于它们能够满足人类的某些需求——无论是精神的抑或是物质层面的。即它们具有某种实在的功能。《文化论》中讲道："一个物品之成为文化的一部分，只是在人类活动中用得着它的地方，只是在它能满足人类需要的地方。……所有的意义都是依它在人类活动的体系中所处的地位，它所关联的思想，及所有的价值而定。"①

"酒文化"一词自 1985 年经于光远提出以来，不仅得到社会各界人士的广泛认可，而且使酒文化的研究愈来愈兴盛。由此不难看出酒的功能之强大。贵州是我国少数民族的重要聚集地，也是我国重要的酿酒基地，与其相伴而生的酒文化可谓源远流长、丰富多彩。从官方到民间，从文化精英到普通民众，他们皆与酒有着千丝万缕的联系。从酒令、酒政、民间酒俗到酒歌等各种形式的酒文化已渗透到贵州人民生活的方方面面。我们从酒的文化功能、社会功能、经济功能三个方面进行研究，分析论述贵州少数民族酒文化的功能。

---

① [英]马林诺夫斯基：《文化论》，费孝通译，华夏出版社 2002 年版，第 17 页。

第一节　文化功能

酒是贵州少数民族民众生活的重要组成部分，它存在于民众生活的各个角落。酒文化不仅对贵州少数民族民众生活产生了深刻影响，而且与他们的文艺、风俗习惯、知识传承、民族品格养成等有着深厚的渊源。酒不是单纯的饮品，而是民众文化生活的反映与见证。贵州的民族文化与酒关联紧密，处处透露着酒的气息，以酒为媒，形成了独特的地域文化特征。

一、酒与酒歌

酒文化与文艺的关系可谓相互影响、相互推动。几千年来，文艺与酒结下了不解之缘。关于酒与诗歌、酒与绘画、酒与影视等方面的研究成果已经十分丰硕。李白、杜甫、陶渊明与酒；王羲之、张旭与酒；《三国演义》《红楼梦》《水浒传》与酒……从现有的研究成果来看，酒文化与文艺的关系研究已经比较成熟，然而专门进行贵州少数民族酒文化与文艺关系研究的却几乎是空白。

贵州少数民族勤劳质朴，却不失浪漫，酒与歌是其生活中不可或缺的组成部分。在长期的社会发展中，酒与歌已达到了水乳交融的境界，酒中有歌，歌中有酒，这即是贵州人民浪漫而富有诗意的"歌酒"生活。在这里，我们着重以酒歌为例来阐述酒与文艺的关系。酒歌有广义与狭义之分。狭义的酒歌指"内容须与酒有关，主要为饮酒而饮唱，称为'酒礼歌'"[1]；广义的酒歌指"在喝酒时唱的歌"。广义酒歌涉及民众社会生活的各个方面，是民众生活的重要组成部分。[2] 我们主要以广义酒歌作为研究对象，来探讨酒与文艺的关系。

---

① 游来林：《婚姻中的贵州民族酒歌》，《贵州民族学院学报》2005 年第 4 期。

② 同上。

1. 酒是酒歌的生成前提

《诗经》云："我有旨酒，以燕乐嘉宾之心。"[1]"朋酒斯飨，曰杀羔羊。"[2]
贵州少数民族充分继承了这一酒、歌传统，有酒必有歌，歌必与酒相伴。
至今，在贵州的苗族人中还流传着这样的歌谣："歌是苗家的理，酒是苗家
的心。歌从酒出，酒随歌声。没有歌苗家生活将像黑夜一样，没有酒的苗
家生活又淡又清。歌和酒在生活中必不可少。酒和歌本是处世的亲邻。"所
唱的正是整个贵州少数民族酒与歌关系的写照。

据统计，在贵州广袤的土地上，除了不饮酒的民族外，贵州少数民族
人民载歌载舞，生活在酒与歌的海洋中。酒与歌成为他们生活的重要组成
部分，酒的存在促成了歌的诞生与繁衍。

据相关学者统计，贵州省的布依族几乎占了全国布依族人口的 97% 以
上，这里是我国布依族最主要的聚集地。布依族不仅是一个善酿、善饮的民
族，也是一个善歌善舞的民族。在布依族人家中，婚礼酒歌、迎宾酒歌、节
日酒歌、丧葬酒歌等贯穿了他们生活的每个阶段，有酒必有歌，有歌必有
酒。比如，布依族的结婚过程提亲、吃改口饭、讨八字、订亲中都有与之相
对应的酒歌，如开朝天门歌、安桌歌、板凳歌、筷子歌、解壶歌、斟酒歌、
敬酒歌、赞美歌、答谢歌、留新媳妇歌等。[3]贵州省三都水族自治县是贵州
水族的主要聚集地，居住在这里的水族人和布依族人一样善酿善饮、善歌善
舞。单就结婚来说，婚姻过程的各个环节几乎都有酒和歌的存在。婚礼过程
中的放口风、提亲、开亲、订亲和结婚等环节也都有与之相对应的酒歌。[4]

贵州人民的热情好客众所皆知。《平越直隶志》卷五《地理风俗》记：
"飨宾以大牛之角为尊，献酬剧饮。"《安顺府志》卷十五《风俗》载："牛
角盛酒敬客忙。"贵州各族人民充分继承了这一优良传统，在我们的民族大
家庭里，贵州人民的热情好客、豪爽开朗举世公认。他们对于客人的迎来

---

① 《诗经·小雅·鹿鸣》。
② 《诗经·豳风·七月》。
③ 张永吉：《布依族酒歌》，《酿酒科技》1999 年第 3 期。
④ 沈茜：《婚姻中的贵州民族酒歌》，《贵州民族学院学报》2003 年第 4 期。

送往，不单有美酒的款待，与之相伴的酒歌也是数不胜数。在贵州地区少数民族间流传着大量以迎宾为主题的酒歌，即我们所说的"迎宾酒"。黔东南地区苗族有"拦路酒"，黔西南地区布依族有"进门酒""交杯酒""格当酒""干杯酒""送客酒"，水族有"交杯酒"，壮族有兴歌敬酒，侗族有敬酒礼等，与这些迎宾酒相伴的是各种类型的酒歌。这些酒歌有的有固定套路，有的是即兴创作，但它们有一个共同特点，即都表现了主人家对客人到来的热烈欢迎。如客人一进贵州苗族人家的门，主人家便唱："客人到家啦，我们真愉快呃。客从千里来，没有好菜待，只有杯淡酒。怠慢了贵客，请你心莫怪。"布依族敬酒歌唱道："贵客走到贫乡来，来到贫乡少招待；好朋友你方走，好亲好友你方来。我家贫穷无好酒，端杯淡酒把客待。"此外，在拦路酒歌、劝酒歌、敬酒歌等酒歌中，通常还有主客对唱，对不上来的则要罚酒，在整个过程中，酒歌互动，以酒促歌，以歌促酒。

在贵州少数民族当中，酒不仅是招待客人的佳酿，而且是酒歌得以产生和传播的前提。一方面，酒作为一种兴奋剂，调动了人们的文艺细胞，使饮酒者处于兴奋的状态，进而载歌载舞；另一方面，人们对于饮酒乐趣的追求成就了大量酒歌的创作，酒的饮用与传承也促成了酒歌的传播与传承。从这个意义上来看，正是酒的存在激发了人们歌唱的欲望。

2. 酒歌是饮酒的助兴手段

酒推动着酒歌的产生与发展，酒歌的演唱则能活跃饮酒的气氛，使整个场面更为欢悦，引起人们更多的冲动与兴奋，不知不觉中促使人们去饮用更多的酒。以歌劝酒、助酒兴，以酒兴歌、唱酒歌，进而酒、歌互融，不可分割。

在贵州少数民族中有以酒对歌的习俗。在侗族、苗族、布依族等民族当中，以酒对歌的活动十分盛行。如苗族、侗族、布依族、水族等民族向客人表示敬意的"拦路酒"，即是其中代表。拦路酒，即主家将客人拦于村寨口或大门外，备酒等候。待客人到来，主人家便会邀请客人先饮一碗酒，然后对歌，客人若能对唱，便可顺利通关；若不能对唱，便要自罚饮酒。这时对歌的目的主要是为饮酒助兴，活跃主客相见的气氛。同时，对歌又调动了双方饮酒的兴致，且歌且舞，氛围欢愉。

　　贵州少数民族的婚俗与汉族人民往往有很大的区别，他们流行"拦截"接亲、送亲队伍的习俗。所谓的"拦截"，即将接亲、送亲的队伍拦于门外对歌饮酒。双方通过互设难关、相互对歌的形式来盘问对方，若能流利对唱便可顺利进入对方家门；若不能流利对唱，则要被罚饮酒，然后等待下一轮的对歌。因此在接亲队伍和送亲队伍当中，多是能说会道、能歌能唱的"能人"，他们分别代表男女双方斗酒斗歌，充分活跃了婚庆的喜庆场面。如黔南和黔西南地区布依族的婚礼从始至终都离不开酒和酒歌。青年男女相遇相知后，婚礼需经过提亲、拿糖、行走、彩礼、下期报日、开红办酒、坐家等诸多程序，这些程序中的每一个环节都需要酒与歌的共同参与来完成。通常有筷子歌、桌子歌、认亲歌、进门歌、哭嫁歌、盘歌、亲家歌、厨房歌等多种酒歌类型。当接亲队伍到达女方家时，男方则被拦在大门外，此时女方通常会唱："树上喜鹊叫喳喳，远方客人到我家。我们手长衣袖短，不咸套路别笑话。"如果男方家听到后不能对歌，则要罚酒三杯，而当男方正摸不着头脑时，女方家又唱："山顶有花山脚香，桥下有水桥上凉。客人从来不错路，咋个错路到我乡？"几经思考，男方家对唱道："小小弯刀砍大柴，那山砍了这山来。一来是为开财门，二是为了接亲来。"经过几番对唱后，拦路大桌才被移开，男方刚要进门时，女方又将大门关闭了，男方家只能再唱"开门歌"："一走走进主家门，主家大门八字分。上面红灯高高挂，下面狮子守大门。主家让我进门去，财源滚滚淌进门。"此时，女方开门迎接男方，男方进门后，首先要唱"答谢歌"："今日来到富贵门，主家喜气闹盈盈。门前栽棵摇钱树，早落金子晚进银。"酒席结束后，青年人唱"盘歌"，中年人唱"亲家歌"，唱到半夜，主人家还要煮夜宵来给大家吃，此时大家则要唱"夜宵歌"："慢慢吃来慢慢聊，大家一齐到花园。一来感谢主人家，二来感谢帮忙客。自从吃了夜宵后，主家发财万万年。三来感谢众乡亲，带回情谊我乡传。"①

　　① 沈茜：《布依族酒歌与礼仪交融形态》，《贵州大学学报》2007 年第 6 期。

贵州布依族婚礼酒席散场时还有唱"拦门酒"的习俗。"拦门酒"即用桌子堵住大门，桌上摆满酒菜，由男女双方各选派一对能言善歌的人把送亲的人拦在门内，对歌敬酒。对歌通常有三个以上来回，顺利对唱方能出门，否则只能自罚饮酒，继续对歌。"拦门酒"一方面显示了主人家对客人的挽留与不舍；另一方面显示了客人对主人盛情招待的感谢。

大量的敬酒歌、劝酒歌等活跃了饮酒的气氛。在整个活动过程中，人们因为欢快的酒歌而兴致更高，对歌氛围也更为浓烈。在热烈的对歌氛围和酒的双重作用下，即兴创作的酒歌不断涌现，饮酒的兴致也随之高涨。

二、酒与文化交流

贵州位于我国西南部高原，境内地势西高东低，平均海拔 1100 米左右，交通相对欠发达。贵州曾长期处于封闭状态，与外界交流甚少，外界对于贵州知之不多，贵州对于外界也了解甚少。然而贵州酒却打开了贵州对外交流的门户，外界通过酒逐渐了解贵州和贵州的少数民族；少数民族人民也逐渐通过酒了解外界。在某种程度上，我们甚至可以将酒看作是贵州对外交往的纽带。酒也是贵州各个民族之间进行文化交流的重要媒介。他们以酒待客、以酒传情。所以，在谈到贵州时，人们都会说贵州人民"豪爽好客，善酿善饮"。在省内、国内，人们通过贵州酒来认识贵州人和贵州文化；在国际交往的舞台上，酒更是外界认识贵州的桥梁和纽带，是贵州人民的形象代言，对于贵州知名度的提升、贵州文化的推广具有举足轻重的作用。

1915 年，美国政府为庆祝巴拿马运河开凿通航举办了"巴拿马万国博览会"（The 1915 Panama Pacific International Exposition）。作为初次参展者，我国的贵州公署酒第一次在国际舞台上亮相，并取得了令世人瞩目的成绩。贵州公署酒即今天的贵州茅台酒。会场中飘荡的茅台酒香，让外界见识到了贵州美酒的魅力。通过贵州茅台酒，外界开始认识贵州。

1972 年，美国总统尼克松访华，《中美上海联合公报》发表。为了庆祝这一伟大时刻，我国政府选用了茅台酒款待尼克松和基辛格，二人对茅台酒赞不绝口,茅台酒也因此被誉为中美关系正常化的"和平祝酒"。同年,日本首相田中角荣访华,双方签订中日建交协议。为庆祝这一重大事件,我国政府同样选用了茅台酒招待田中角荣,茅台酒再次获得了高度赞誉。

1985年,巴黎国家及旅游委员会授予茅台酒"金桂叶奖"的殊荣。次年,茅台酒又获荣获巴黎第十二届国际食品博览会金奖。这两个奖项提升了贵州酒在法国巴黎,乃至整个欧洲的知名度,也使得贵州为更多的欧洲人所了解。1987年,茅台酒因其精良的广告制作获得了第三届广告大会出口广告一等奖。1989年,在北京举办的首届国际博览会上,茅台酒再次获得最高奖项——金奖。在两年后的第二届国际博览会上,茅台酒再次夺得头筹。

这些奖项不仅是对茅台酒的肯定,更是对贵州"好山好水出好酒"这一事实的肯定。1992年,茅台酒更为声名远播,先后获得了日本国际食品博览会金奖、美国国家名酒博览会金奖以及香港食品博览会金奖。同一年,茅台酒还赢得了日本东京第四届国际博览会的金奖及法国巴黎"世界之星包装"的奖项。① 这些奖项进一步提升了贵州酒的知名度。

经国务院批准,在商务部、贵州省政府以及相关部门和贵州广大人民的共同努力下,2011—2014年的四届中国(贵州)国际酒类博览会在贵州省会贵阳市成功召开。博览会不仅提升了贵州白酒的知名度,为贵州众多酿酒企业的发展带来了机会,贵州、贵州人民、贵州文化也被外界更进一步地认识了。

2012年3月,贵州商务厅副厅长陈泽明带领茅台、国台、珍酒等酿酒企业参加了德国杜塞尔多夫的酒展。通过酒展,更多的外国友人认识到了中国美酒,了解到"好酒出贵州"的规律,继而了解到贵州乃是"好山好水产好酒"之福地。通过对外参展,贵州大幅提升了自己的知名度。诚如陈泽明所言:"外国人品了我们的酒,会感受到我国酒文化的刚烈与缠绵。

① 李文:《弘扬国酒文化,展现茅台风采》,《经济世界》1998年第7期。

他们纷纷表示，从来不知道中国有如此好的酒，更想不到这么好的酒产自中国的贵州。"①

通过不懈努力，贵州酒、贵州人民、贵州这块神奇的土地正引起中外各民族人民的广泛关注，他们将贵州视为生态旅游目的地。近些年，贵州已发展成为我国乃至整个亚太地区生态旅游的首选地之一。来贵州黔东南地区旅游的外国游客以每年35%的速度在增长。从这些外国游客的构成看，日本人占多数，他们对我国西南地区的风土人情、饮食、民居、服装、语言、艺术、文化（尤其是酒文化）等十分感兴趣，与此同时，他们还对中日两国人民在生活习惯和习俗上的相似表示不解。② 这或许正是贵州吸引日本游客的一个最大原因，也是值得学术界关注、研究的现象。当下贵州旅游业的发展、酒文化旅游的活跃也证实了贵州酒之于贵州的重要意义。我们相信，浓郁飘香的贵州酒，一定能带动古朴悠久的贵州文化，尤其是别具少数民族风情的地区文化走出中国、走向世界。

三、酒与文化传承

不仅酒歌、酒舞、礼仪、酒品等随着酒在日常生活中的饮用而历代传承，贵州人民的精神品格也于无形间因之而传承不息。尤其是在文字尚未普及或者在那些没有文字的少数民族中，多数关乎民族起源发展、生产生活、社会经验、人生哲理、为人处世的知识，常常是通过酒歌口耳相承而传承至今的，在此过程中酒歌起着重要的认知和教育作用。在酒与酒歌中，年轻一代潜移默化地了解到了本民族的历史，学习到了各种知识和技能，懂得了为人处世的道理。诚如游来林在《有酒且长歌——贵州民族酒歌论略》中所言："我省的不少少数民族没有自己的文字，许多关于民族历史渊源的传说故事、生产经验、人生哲理等往往通过酒歌口头传承和反映出来，起着教育的作用。"③

---

① 蒋叶俊：《贵州酒产业发展的动力源》，《当代贵州》2013 年第 1 期。
② 王仕佐、邓咏梅、黄平：《略论贵州酒文化及旅游功能》，《酿酒科技》2003 年第 5 期。
③ 游来林：《有酒且长歌——贵州民族酒歌论略》，贵州人民出版社 2004 年版，第 142 页。

1. 节日传承

酒在我们中华民族的节日中意义非凡，不同的节日往往选用不同种类的酒，象征不同的寓意。如除夕的屠苏酒、端午的雄黄酒、中秋的团圆酒、重阳的菊花酒等。贵州是诸多善酿好饮的少数民族聚居地，酒是这些兄弟民族日常生活的必要组成部分，更是他们节日当中不可或缺的重要饮品。可以说，在贵州不单是"无酒不成席"，也是"无酒不成节"。酒对贵州地区各少数民族节日的传承有着深远的意义和影响。

贵州地区的少数民族节日众多，且不论何种类型的节日大都要有酒在场。贵州苗族的传统节日有苗年、四月八、端午节、龙舟节、吃新节、中秋节、赶秋节等，在这些节日中几乎都有酒参与其中。如在苗族较为隆重的节日——苗年期间，苗族人民不仅要载歌载舞、用酒祭祀祖先，还要把酒抹在牛的鼻子上，以表示对牛辛苦劳作的酬谢。生活在贵阳、黄平、松桃地区的苗族人，在四月八期间要蒸制花糯米饭，然后聚集到一起吹笙、跳舞、对唱、饮酒。

侗族的传统节日主要有侗族春节、侗年、大雾梁歌节、花炮节、赶社、斗牛节、八月十五、播种节、姑娘节、尝新节等，这些节日同样与酒关系紧密。如，在每年农历二月和八月的斗牛节上，各村寨不仅要安排专职人员割草、备水、备料伺候"牛王"，还要准备猪油、蜂蜜、米酒等物品供"牛王"食用。其中米酒是必备品，必须充分满足"牛王"对酒的需求。在贵州布依族的除夕期间，人们要用丰盛的酒席祭拜祖先，以示对其感谢与怀念之情。贵阳市乌当地区的布依族有过地蚕会的习俗。据《南笼府志》记载，"其俗每岁三月初三宰牛祭山，各聚分肉，男妇筛酒、食花糯米饭"。酒在这一节日期间也是必备之品。

水族有过端节、额节、怀雨节、卯节、敬霞节的习俗。在这些节日里，水族人民皆用酒来表示庆祝。贵州省三都水族自治县、都匀、独山、荔波等地的水族都有过端节的习俗。端节，水族人又称"借端"（"借"，水语即"吃"的意思），相当于汉族的春节。这一节日通常在农历岁首（农历九月），是为辞旧迎新、庆丰收而举行的节日。过节期间，各家各户均要准备鸡肉、鱼肉等物品，迎接来自周边地区的亲友，甚至一些素不相识的客人一起吃新米饭、饮美酒，共同庆祝、分享节日的欢乐。额节是荔波县德门、田早、太吉、尧古、拉交、水庆等地水族人民的年节，时间为水历的正月。节日期间，人们以鱼为上供珍品，另外除供糯米饭外，甜酒也是必备的供品。

通过上面的叙述可知，酒在贵州少数民族的传统节日中扮演着重要的角色，它不单作为饮品出现，还是民众表达各种情感的媒介，比如通过酒表达对大自然恩赐的感激、对祖先的怀念、对未来的美好期望等等。因此，可以说酒不仅是贵州少数民族节日的重要组成要素，也是节日得以顺利传承的重要动因之一。

2. 知识礼仪传承

对于贵州少数民族来说，酒不仅是他们日常生活的重要组成部分，也是他们借以传承知识礼仪的载体，知识礼仪的传承鲜明地体现在民众日常吟唱中。如流传于黔东南黄平、施秉、凯里等县（市）以及镇远、福泉、瓮安、兴仁、贞丰、安龙、镇宁等地苗族村寨的《开亲歌》便是如此。据《中国苗族诗学》[①]一书记载，《开亲歌》有一万多行，是苗族十二路酒歌中历史最长、规模最大且流传范围最广的一路。在上述苗族村寨中，《开亲歌》几乎家喻户晓，人人都能哼能唱。《开亲歌》主要是在嫁女娶媳的场合下演唱。通常情况下，男女双方各选派两名歌手代表宾主双方，用盘歌的形式，一问一答互相对唱，往往能唱几天几夜。唱时围观群众听得入迷，听到高兴时，他们会发出阵阵欢笑；听到悲凉处，则潸然泪下，一片叹息。每一章节结束时，众人"嗬……嗬"齐声相和，然后稍事休息，宾主双方频频劝酒，共同举杯。《开亲歌》形象地展现了人类婚姻发展的艰难历程，较为系统地讲述了苗族婚姻的起源。从这首歌中，我们可以清楚地了解婚姻中的舅权制、封建买卖婚姻以及苗族人民与反舅权制（即姑表亲与反姑表亲）的斗争过程。由此可知，苗族人民深知自由婚姻的来之不易，从而更加珍惜现在的自由婚姻。

---

① 罗义群编著：《中国苗族诗学》，贵州人民出版社1997年版。

贵州地区的少数民族几乎都有属于自己的酿酒歌。这些酿酒歌是各个少数民族酿酒方法和经验的总结。各族人民通过对酿酒歌的吟唱，传承着酿酒的技术与经验。如布依族的《酿酒歌》，长约600行，是婚嫁过程中男女歌手对唱的歌。该歌主要追述了布依族酒文化的渊源，如种子的来源、粮食耕种、酒药、酿酒工具的制作等等，不仅使人们了解到酒文化的相关知识，也教育布依族人民友好、和睦地与人相处，建立和谐美好的人际关系。贵州三都水族广泛流传着《迎客酒》《敬酒歌》等酒歌，这些酒歌以生动形象的比喻和实在的生活实践教育人们与人为善、讲究礼仪。

此外，流传于贵州少数民族的婚礼歌、迎宾酒歌、节日歌、丧葬酒歌等，对少数民族知识文化的传承作用也不容小觑。这些酒歌不仅传承着各种仪式的过程，而且传承着仪式、节日中所寄托的知识与文化。

3. 民众文化品格传承

酒是贵州少数民族生活的重要组成部分，在知识文化传承中发挥着重要的作用。除此之外，酒在各民族的人民品格养成中也发挥着重要功用。

热情好客。《礼记·乡饮酒义》载："乡饮酒之义。助人拜迎，宾于庠门之外人，三揖而后至阶，三让而后升，所以至尊让也。"贵州人民之热情好客由此可见一斑。以贵州地区的布依族为例，他们对客人表示敬意的酒就有五种，即进门酒、格当酒、转转酒、干杯酒、送客酒。另外，若有客人到来，贵州的少数民族如苗族、侗族、水族等人民，总会将之当作喜事来操办，在村头便会唱酒歌敬客人，客人进寨后，全寨人都要送来自家最好的酒菜，以示欢迎。

谦和仁善。贵州少数民族的热情好客世人皆知，但我们还可以从中发现他们的谦和仁善。如贵州布依族人民在款待客人时，总会拿出最好的酒菜来招待。而当客人赞美道："我看桌上菜肴多，肥肉没有萝卜搭；席上尽是腊肉片，没有黄瓜来掺杂。枉自我长这么大，没有哪席这样香。"主人家通常会应答道："说桌面，只有黄瓜摆上桌，没有牛肉来相伴，没有一点腊肉香。回去请你多包涵，别把穷人名声扬。请为我们多遮盖，别把我们笑话讲。"贵州人民的谦和仁善由此可见一斑。此外，黔南都匀地区流传的酒歌："山上有花山脚香，桥下有水桥上凉。客人好歌客会喝，相互谦让莫逞强。窄路相逢客会让，行船走水各过江。"亦可见贵州少数民族人民的谦和之心、仁善之义。

孝敬父母，善待公婆。在贵州的布依族、水族、苗族、侗族等少数民族中，无论是日常饮酒还是其他特殊场合的饮酒都有以长者为尊的习俗，这在婚嫁过程中表现得尤为明显。如在贵州苗族嫁女的酒席上，母亲及亲属要为女儿唱送亲歌，而送亲歌的主要内容是教导新娘到婆家后要尊老爱幼，孝敬、尊重自己的公婆，生活勤勉节俭，不忘自己父母的养育与教导。再如贵州瑶族在嫁女的过程中，男女双方会各选一名歌者，互相盘歌、对唱。女方歌者唱的送别歌，讲述父母养育女儿的艰辛不易，嘱咐女儿要铭记父母养育之恩，出嫁后，要尽心对待老人，孝顺公婆，善待兄弟姐妹，夫妻间要相互敬重、和睦相处，白头到老。在新郎家的婆媳酒宴上，男方歌者会赞美新娘貌美贤惠，歌颂父母养育之恩，感谢男女双方父老乡亲和兄弟姐妹的不懈支持，祝福新人未来幸福快乐，生活红火，白头偕老。

互帮互助。在贵州的少数民族地区，人们互帮互助的品格体现得尤为充分。例如，在婚姻缔结过程中，各村寨间民众内部的和谐互助、一家有事百家来帮的优良传统就体现得非常明显，充分展现了各民族所具有的向心力和内聚力。在婚姻缔结过程中，替男女双方接亲或者送亲、担任歌手是一项劳力费时的工作。在此过程中，歌手不仅要牺牲自己的宝贵时间，甚至还要遭遇酒歌盘考、罚酒、戏谑等。例如，布依族接亲客通常会被女方亲友用锅烟灰糊脸，即俗称的"打花猫"。仡佬族娶亲当天，男方接亲队伍到女家前，女方的青年男女会提前准备好细竹、草麻等物件，当接亲者到来时，他们就立即猛打，同时会把锅底灰抹在接亲者脸上，当地谓之"打亲"；同样，当新娘跨入男方家门时，男方的年轻妇女会用水泼湿送亲的人。土家族婚礼中则有嘲笑甚至骂亲的仪式，被骂的多是媒人和娶亲者，他们认为不骂不亲热，不骂不热闹。尽管如此，歌手们仍然十分乐意，他们还会认真搜集酒歌，主动学习相关知识，以备对歌时用。这无疑是源自他们内心深处乐于助人的品格，用贵州人民的话说，就是"自家姐妹（兄弟）的事，肯定帮忙。"

综上所述，在贵州地区的少数民族中，酒不仅是他们日常生活中的必备饮品，也是他们文艺的渊薮。文艺以酒为基础，在此根基上发芽成长，形成了独特的文艺形式——酒歌。酒还是贵州各少数民族人民对外交流、被外界了解和沟通外界的重要媒介。通过酒，贵州的众多少数民族被外界所了解、认识和喜爱；通过酒，贵州人民也开始了解、认识外面的世界。另外，对于善酿好饮的民族群体，酒还是贵州少数民族人民传承知识、礼仪以及文化品格的重要载体。

第二节　社会功能

随着社会生产力水平的提升，酒在社会生活方面发挥着极为重要的功用。从个人生活到人与人之间的交往，甚至国与国之间的交往，酒都是不可或缺的重要因素。在贵州地区，酒的社会功用可谓无所不包，几乎渗透到了民众生活的每个细节中。生活中的酒无处不在，如拦路酒、进门酒、肝胆酒、交杯酒、姊妹酒、取名酒、认亲酒、建房酒、栽花竹酒、踩铜鼓酒、敬耕牛酒、砍板凳酒等等。在贵州地区，人们时时处处离不开酒，甚至可以说，这里的人一经出世，甚至在出生之前便与酒结下了不解之缘：婚姻嫁娶求子要用酒；孩子出生，要喝新娃酒；老人辞世，要喝"断气酒"……不一而足。总之，酒贯穿了贵州地区少数民族民众社会生活的方方面面。

一、酒与祭祀

在人类社会初级阶段，万物有灵观念已在原始社会中逐步形成；进入文明社会后，这种观念仍然留存在人们的心里，而这正是人们祭天、祭地、祭山的原因所在。《尚书大传》记载："祭之为言察也。察者，至也。言人事至于神也。"祭祀的目的在于沟通人神关系。对于沟通所采用的媒介，《诗·小雅·信南山》中言："祭以清酒。"《毛诗正义》亦言："祭神以清与酒。"《周礼》记载，在祭祀时，需用"五齐""三酒"共八种酒来献祭。可见，酒自古以来便是人与神、与先祖沟通的重要媒介。

以酒祭祀的传统，在我国广袤的民族区域内得到了较好的承继。虽然各民族的祭祀方式各有不同，但酒一直是祭祀仪式中不可或缺的重要物品。贵州是土家族、苗族、水族、布依族、侗族、仡佬族等诸多少数民族的聚居地区，在这些善酿好饮的民族中，以酒为祭的传统更为鲜明。

祭天地。远古时代，祭祀活动中便开始有酒的参与。原始宗教大多起源于巫术，在巫师们看来，酒是人神沟通的重要媒介，是达成超自然能力的手段。从目前出土的商代青铜器和陶器可见，酒器在祭祀活动中占有较大比重。根据《礼记·礼器》的记载，在宗庙祭祀活动中，往往是地位较高的人举杯，地位较低的人举角，这说明在宗庙祭祀活动过程中已经有了明确的礼仪规范。在祭祀活动中，酒要先献祭给上天、神明、祖先。因为在先人们看来酒是上天的恩赐，十分珍贵。贵州少数民族中普遍存在着用酒祭祀天地的传统，直到今天依然如此。在贵州布依族中，六月六又称过小年，是布依族人民较为重视的节日。这一节日主要是祭田神、社神、山神等，即主要是对天地的祭祀，以表示对其赐予丰收的感谢和对来年丰收的祈祷。贵州水族的敬霞节以及仡佬族的春节、祭山节等节日期间也都包含有祭祀天地的活动，并且祭祀的物品中必须包括酒。

祭祖先。祭祖先又称家祭，即"一般老百姓在家庙里祭祀祖先或家族守护神"。[①] 早在商周时期，人们就开始重视逝去的祖先了；周代已对祭祖做了严格规定；汉代时，墓祭之风日渐流行。这在大量的文献、典籍，甚至文学作品中都有充分展现，如陆游《示儿》中写道"王师北定中原日，家祭无忘告乃翁"，正是这一习俗的反映。牯藏节也称吃牯藏、吃牯脏、刺牛，是苗族、侗族最为隆重的祭祖仪式，主要用酒和糯米粑粑祭祀祖先。此外，贵州地区布依族、仡佬族的春节、清明节等有用三角粽粑和酒祭祀祖先的习俗。

---

① 侯红萍主编：《酒文化学》，中国农业大学出版社 2012 年版，第 150 页。

仡佬族人民很崇敬自己的先祖，他们非常重视祭祖，祭祖必有酒，仡佬族将之称为告奠酒。在每个重大的节日及人生的重要节点——生、老、病、死，甚至包括日常的待客饮酒中，仡佬族人民往往也会以告奠酒祭祀祖先。每年的农历三月三、五月五、八月十五，仡佬族都要杀鸡煮酒祭祖，其中三月三的祭祖活动，全寨家家户户、男男女女、老老少少都会参加，最为隆重。祭品中有牛角杯酒，祭祀完毕后，还要共饮鸡血酒。此外，仡佬族婚礼中也讲究举行告奠酒，并且十分隆重，要举行三次。第一次是订亲时，在女家举行，用酒祭献祖先，告知祖先这桩婚事。第二次是接亲时，男方接亲的人在女方家向女方家祖先敬酒，以示对女方祖先的尊重。第三次是接回新娘时，在男方家举行，女方向男方的祖先敬酒，以示对男方祖先的尊重。

贵州侗族人民认为自己最早的祖先是女性，因此对女祖先的崇敬十分虔诚。他们敬祖的主要内容便是以酒祭祀。侗族有在秋收时大举祭祖的习俗，并称之为吃新节。但吃新节的时间并不固定，大致是在农历六月至八月之间。吃新节的主要祭拜对象为圣母，每年要祭七八次之多。祭祀圣母时，全村妇女都要带上甜酒到神坛祭献。贵州水族祭祖时必须有酒，在水族人看来，无酒不成祭。每年端节（农历八九月间）期间的第一和第二顿饭，首先要祭祖，祭祖时必备米酒、薅仙酒。水族人还有过霞节的习俗，即往霞神身上洒酒，他们认为把霞神醉倒就可以使风调雨顺、人寿年丰了。

二、酒与节点转换

在《孟姜女故事的稳定性与自由度》[①]一文中，施爱东提出了"节点"这一概念，认为那些"在同题故事中高频出现的、在故事逻辑上必不可少的母题，成为同题故事的'节点'"。在此意义上，节点是同一主题故事中最为稳定的因素，保持着故事的主题。节点的变化会引起故事逻辑结构及其主题的关联变化。这里我们借鉴施爱东的"节点说"，认为社会生活中的

---

① 施爱东：《孟姜女故事的稳定性与自由度》，《民俗研究》2009 年第 4 期。

贵州少数民族酒文化研究

节点即是指日常生活中的节日，人生中的种种转折点包含婚丧嫁娶等。

节日。节日是民众生活的重要组成部分，往往与酒有着重要的关系，如节日当中的宴饮、祭祀等。在盛产美酒的贵州节日更为繁多，与酒关联密切的节日更是不胜枚举。黔东南一带的苗族在正月十六到二十之间有过芦笙节的传统。节日开始时，人们要在葫芦里装上米酒，并喷酒在石碑和芦笙上，然后每人饮一口，再吹响第一首芦笙曲。农历二月十五至三月十五之间，苗族有过姊妹节的传统，姑娘们在夜幕降临时，要带上米酒，招待各村寨的男女青年。土家族在赶年时必痛饮一番。布依族农历四月初八的"牛王节"主要是庆祝"牛王"的生日，家家户户都要畅饮美酒，并用米酒祭祀牛菩萨。贵州土家族有过端午节的习俗，主要活动内容是将出嫁的女儿和女婿接回家，请他们一起喝团圆酒。除了节日外，建新房、上梁等活动也必须有酒。

酒与人生礼仪。在贵州的少数民族地区随处可见人们对生命的尊重与热爱，这主要体现在贵州人民对每个人生节点的重视，而这种重视多与酒紧密相连。贵州侗族的姑娘酒与江南地区的女儿红有异曲同工之妙，两者都是在诞下女儿时将自家酿造的甜米酒过滤之后，密封在大腹小口的罐子当中，等到冬季腊月池塘水干的时候，再将它们埋于池塘底部。待到姑娘长大成人，婚嫁之时再取出来饮用。黔西南地区布依族的婚俗可谓时时不离酒。男女双方的婚约便是从"讨八字酒"开始的。所谓"讨八字酒"是指经过恋爱的男女双方，在感情稳定后，托付媒人与双方父母商谈，在无异议的情况下，便要选定婚期。在订婚之前，媒人代表男方到女方家中来讨要女方的生辰八字。女方家便会在堂屋的神案前摆放八碗自家酿的米酒，并将姑娘的八字写在纸上，压于其中一个酒碗下。主持人便会邀媒人掀碗找女孩的八字，这时媒人只能凭直觉去找，如若端起的酒碗下面没有女孩的八字，媒人便要把碗里的酒一饮而尽，然后继续去掀酒碗，直到找到女孩的八字为止。随后才能将女方八字带回，与男方的八字相合，再请人推算大吉之日。贵州苗家有"栽花竹酒"的习俗。所谓"栽花竹酒"是指那些婚后无子或者小孩体弱多病且久治不愈者的家庭，为求子或为祛病消灾而采取的一种办法。"栽花竹酒"须由巫师来主持，在巫师指导下，家人从山上竹林里挖出两棵连根的竹子，栽在自家房屋中柱的旁边，同时还要邀请 12 位上有父母、下有儿女的"有福之人"参与其中。主人家要用上等酒肉盛情招待这些"有福之人"，即"喝栽花酒"。在贵州苗族中，当青年男女恋爱后，即需男方派人带酒前往女方家里进行通报，这一活动又称"认亲酒"。如果女方父母应允这桩亲事，便会接受男方的酒礼，并用酒热情地款待使者；如果女方父母不认可这门亲事，便会将使者拒之门外。因此，使者回到村寨时要回答的第一个问题往往是"喝到酒没有"——能否喝到酒被视作亲事成败的象征。

在贵州，人们不但要用酒来表示对生的庆祝、对婚姻的祝福、对未来的美好期望，还用酒表达对死者的悼念和对死亡的豁达认知。在贵州地区的苗族，在人临终之时，有喂其喝"断气酒"的习俗，意为送其上路。如若逝者是高寿的老人，还要为其杀牛。在宰杀之前，要先将牛灌醉，宰杀后将牛角置于堂屋案几上，视之为祖先灵位，常年以酒祭之。当人们听到丧信后，同寨的人通常都要赠送丧家几斤酒和大米以及香烛等物，亲戚送的酒物则更多些，如女婿要送二十多斤白酒和一头猪。丧家则要设酒宴招待前来追悼者。①

酒在贵州各少数民族民众的日常生活、祭祀、节日以及人生"节点"转折中，都发挥着重要功用。酒不仅是各少数民族民众喜爱的饮品，也是人与神、与先祖沟通的媒介，还是渲染节日气氛、纪念各个人生"节点"的见证物。

三、酒的交际功用

自古以来，酒与社交就有着紧密联系，尤其在朋友结交中更是发挥着重要的功用。如义结金兰酒、歃血定盟酒、建屋上梁酒、调解纠纷酒、辞送雇员酒、打拼伙儿酒、踏青祀柏酒等。酒与友情如形与影，"一杯浊酒喜

---

① 侯红萍主编：《酒文化学》，中国农业大学出版社 2012 年版。

相逢"，贵州各少数民族人民基本上都是爱酒好客的，在日常生活中，他们常用酒来表达自己的好客、热情、豪爽。

1. 待客与访亲拜友

对于贵州少数民族来说，酒是他们招待客人的必备之物，主人家往往借酒来表达对来客的热情欢迎。如贵州水族讲究"客来酒水礼，客到酒为贵"，认为酒是表达情感的最佳手段。所以在水族中盛行喝肝胆酒和交杯酒的习俗。肝胆酒，即在宰杀猪后，把苦胆连同一片肝叶切下来，将苦胆口烧结后煮熟，首先用其和猪肉、内脏来祭祀祖先、神灵，然后用它来待客。酒过三巡时，主人家取出煮过的肝胆，在席上当众晃一晃说："尊贵的各人，请喝肝胆酒吧。"喝肝胆酒意为主客间肝胆相照、苦乐与共。交杯酒意为心心相印、荣辱与共。在贵州少数民族、不同场合喝交杯酒的方式也不尽相同，但都是对友谊的肯定与期盼。

对于布依族人民来说，酒不但是招待客人的必备饮品，而且他们十分讲究敬酒的礼节。迎接、款待、送行三个步骤设置有进门酒、交杯酒、格当酒、干杯酒、送客酒五种。这五种酒充分体现了布依族待客之隆重，也体现了酒在待客中的重要性。客人进寨，黔东南地区苗族会设置拦路酒，也就是说在客人尚未进家门时，主人家已在路上备酒等候了。待客人进家后再以酒席招待，中间有主妇、姑娘、媳妇劝酒、敬酒等，待到客人返家时，还要以酒相送。贵州壮族若一家来客，要好的邻居都要带美酒来作陪；羌族过节，人们喜欢邀请外村外族或好友来家中共同欢度，席间必须相互敬酒劝酒。

在贵州少数民族中，酒是人们用来款待客人的重要饮品，也是访亲拜友时常带的礼物。黔东南地区的苗族、侗族在节日期间，老年男女喜欢挑着酒、肉、糯米粑等走亲访友，酒是走亲访友时经常互赠的礼品。此外，在侗族、水族等少数民族中，无论丧事还是喜事，参加的人通常也会自己带酒。

2. 传情达意

对贵州少数民族的人们来说，酒贯穿于他们生命的始终，是每个人生"节点"上不可或缺的重要组成部分。此外，酒在传情达意，尤其是在青年男女的婚恋关系上也发挥着重大功用。在善歌、善酿、好饮的贵州少数民族地区，酒是青年男女借以相互了解的重要媒介。如苗村侗寨极为盛行的拦路酒，一则通过饮酒，男女青年可以窥见彼此的性情；二则通过对歌的相互盘问，可以了解彼此的情况与才智。在此意义上，我们甚至可以说拦路酒的意义并不仅仅在于喝酒，而在于乘机觅求心仪的对象。布依族的查白歌节期间，人们用酒菜招待来客，男女青年相互对歌，以寻求意中人。因此，查白歌节不仅是纪念性节日，更是布依族青年男女谈情说爱和求婚择偶的独特时机。在侗族芦笙节期间，侗家姑娘结队给可以开亲的芦笙手送甜酒，酒后对唱侗歌，并且对歌时间远比芦笙比赛长。此时，酒在男女青年的相互了解与恋爱关系确立上发挥了极其微妙的作用。

在贵州的少数民族中，酒还可以起到调解纠纷的作用。比如在苗族，如果两个人产生了矛盾，随后一人意识到自己的错误，并愿意向对方致歉的话，便会带上一些酒，送到对方的家里。如果对方接受了他的酒，则表示愿意接受他的道歉，从此双方重归于好；如果拒绝了他的酒，则表示对方仍不能释怀，不能原谅他。另外，在苗族、侗族中，"头人"也常常用酒来调解各种纠纷，借酒来消除隔阂。此外，酒还是庆祝、饯行、散伙等场合必不可少的饮品，在这些场合下，酒所蕴含的意义更为深远。

第三节　经济功能

酒作为民众生活的重要组成部分，在实践其文化功能和社会功能的同时，其经济功能也是不容忽视的。善酿善饮的贵州少数民族群众不仅创造了丰富多彩的酒风、酒俗，在市场经济的社会环境下，也使酒的经济功能得到了更充分的展现。酒的经济功能的实现不仅改善、提升了当地民众的生活水平，而且促进了当地经济、文化等各方面的发展。在实现经济功能的同时，酒也对少数民族地区文化、社会等的发展产生了重要影响。

一、酒的经济功能

贵州省位于我国西南部的云贵高原，雨量适中，气候湿润，益于各种粮食作物、众多甜美水果、诸种名贵药材的生长。这为贵州酿酒业的发展提供了得天独厚的自然条件，配合贵州诸多少数民族千百年积累而来的优秀酿酒技艺和独具民族风情的酒文化传统，日积月累，使贵州发展成了我国的名酒之乡和重要的酿酒企业聚集地。常见的茅台酒、董酒、习酒、青酒、鸭溪窖酒、贵州醇、九阡酒等都是贵州名酒的代表，而知名酿酒企业在支撑、引领当地经济发展的同时，也改善了当地民生。

1.创收功能

从贵州现有的企业构成来看，酿酒企业在其中占了相当大的比重。与之相应的是，贵州酒业对于贵州省的巨大财政贡献。目前，贵州的白酒业呈现出良好的发展态势，对贵州财政的贡献日渐增大，成为推动贵州经济发展的重要动力。

据《贵州省 2008 年统计年鉴》《贵州省 2009 年统计年鉴》以及《贵州省 2011 年统计年鉴》的统计数据，2008 年贵州的酿酒企业数已达 92 家之多，工业产值约为 150.79 亿元，主营业务收入达到 121.92 亿元，利税总额达到 91.59 亿元；2009 年的酿酒企业数目为 101 家，工业产值达 179.04 亿元，主营业务收入约为 143.03 亿元，利税总额达 95.88 亿元；2011 年，贵州的酿酒企业攀升至 527 家，白酒产量为 24.66 万千升，实现工业增加值 231.78 亿元。[①] 从材料中可知，2011 年贵州省白酒规模企业实现了产量 24.66 万千升的成绩，同比增长了 47.7%，在全国居第 11 位。工业增加值达到了 231.78 亿元，同比增加了 27.9%，约占贵州省生产总值的比重达 4.1%，占全部工业增加值的比重达 13.4%，实现利税总额 184.5 亿元，居全国第二位。[②] 2011—2014 年贵州国际酒类博览会连续成功举办，更是促进了当地

---

① 赵佳、薛飞：《基于 SCP 范式的贵州酒业产业组织实证分析》，《商业文化》2012 年第 8 期。

② 龙超亚：《回顾过去、展望未来、锐意进取、共同奋斗——贵州省酿酒工业协会 10 周年工作报告》，《酿酒科技》2012 年第 5 期。

经济的发展。据统计，在 2012 年的酒博会上，共签订酒类贸易合同 2128 个，合同总额达 553.6 亿元，其中，境内酒类贸易合同达 2065 个，贸易总额达 512.9 亿元；达成进出口酒类贸易合同 63 个，贸易总额约为 6.4 亿美元。① 2014 年，第四届贵州国际酒类博览会参与人数达到 218540 人，现场贸易总额达 29.9 亿元。据贵阳市商务局贸促会的调查，依托本届酒博览会平台，贵阳市完成 161.82 亿元的境内酒类贸易签约额，2.52 亿美元的酒类进出口贸易合同额，203.37 亿元的境内非酒类贸易合同额。② 这些数据充分说明了酿酒企业在贵州总体经济发展中的重要地位及其对整个贵州地区所产生的重要影响。

下面我们再以茅台酒为例来具体说明。自改革开放以来，随着市场经济的飞速发展，茅台镇白酒市场逐渐开放，前景大好，产能不断扩大。在茅台酒厂的引领、影响下，茅台镇的其他中小型酒厂也得以迅速发展。根据相关部门统计，2007 年茅台镇的酿酒企业已达 250 多家，其中较为知名的有百余家，有 20 余家年销售额超过 1000 万元，还有 5 家资产过亿。在这些企业中，大多数企业通过了 ISO9001 质量体系认证，注册商标千余个，其中拥有贵州知名商标 23 个，白酒备案品牌达 1930 个，名牌产品包括茅台、小糊涂仙、糊涂酒等。2012 年，地方工商局的调查数据显示，茅台镇已有注册酒厂 400 余家，酒利税占贵州省酒利税的 90% 左右，白酒年产量达 8 万余吨，约占仁怀地区白酒生产量的 70% 左右，占贵州白酒生产量的 50% 左右。③

随着改革开放和市场经济的发展，贵州的酿酒企业发展迅速。从上面的数据分析可见，酿酒企业不仅是贵州企业的重要组成部分，而且是贵州经济的支撑力量。在此意义上，我们可以说酒不仅构建了贵州民众的日常生活，也构建了贵州人民的经济生活。

---

① 小雨：《贵州酒博览会签约额比上年增加 56.2 亿元》，《酿酒科技》2012 年第 5 期。

② 黄筱鹏：《2014 贵州酒博览会圆满落幕 近 22 万市民观展 现场贸易额近 30 亿》，《酿酒科技》2014 年第 10 期。

③ 张丽美、罗玉达：《贵州茅台集团酒文化功能研究》，《科教文汇》(中旬刊) 2010 年第 9 期。

2. 民生功能

民生有广义和狭义之分。广义的民生包括人们生产生活的各个方面，是个较为宽泛的概念。狭义的民生则从社会生活角度切入，含义比广义民生小得多。从这个意义上讲，我们这里所谈的民生，主要是指人们的日常社会活动及其相关生活利益的有效实现，即狭义的民生。[①] 酿酒企业是劳动密集型产业，通常情况下，其顺利运营需要大批劳动力。因此，酿酒企业的顺利发展能够解决剩余劳动力问题。在城镇化加速推进的社会环境下，大批的农村剩余劳动力被解放出来，就业问题显得尤为突出。就业关系到广大民众的生活态度、生活质量和生活水准，是民生的首要问题。酿酒企业对大批劳动力的吸纳，实际上解决了这一重大民生问题。《贵州省2008年统计年鉴》和《贵州省2009年统计年鉴》的调研数据显示，2008年、2009年，贵州地区从事酿酒行业的人员年平均数为2.54万人和2.72万人。[②] 这无疑为广大少数民族民众提供了数目可观的就业机会，并且少数民族民众本身就是酿酒技艺的能手，从事与酒相关的工作，正好可使他们的才能得到充分发挥，是技能、爱好和职业的三重叠合。

除了正式员工外，酿酒企业还为大批打零工的剩余劳动力提供了就业机会。如2009年冬，茅台集团为进一步扩大规模，大兴土木，扩建厂区，吸纳了不少周边的求职民工。在当时全球经济不景气、就业困难的情况下，茅台集团着实为周边城镇民工解决了就业难题。据估算，在茅台镇从事酒业工作的至少有9600人，也就是说当地酒业解决了本镇将近18%人口的就业问题，这对于一个山区小镇来说，确实难得。[③]

此外，酿酒企业还带动了企业所在地的运输业、建筑业、旅游业等相关产业的发展。这些行业的兴起，无疑需要更多的劳动力，进一步解决了当地和周边剩余劳动力的就业问题。甚至有些居民以酒文化旅游为契机，开设旅馆、餐馆，从事民族文化产品制作、销售等，他们忙在其中、乐在

第九章 贵州少数民族酒文化的功能

---

① 王道鸿：《茅台镇白酒文化与旅游开发研究》，华中师范大学出版社2014年版，第24页。
② 赵佳、薛飞：《基于SCP范式的贵州酒业产业组织实证分析》，《商业文化》2012年第8期。
③ 张丽美、罗玉达：《贵州茅台集团酒文化功能研究》，《科教文汇》(中旬刊) 2010年第9期。

其中，既增加了自己的经济收入，也服务了当地的酒业发展，形成了良性循环。

就业机会的增加意味着经济收入的增加，经济收入的增加意味着民众会将更多的资本投入到自我生活水平的提升上。在酿酒企业的带动下，当地和周边的民众获得了更多的就业机会，这也就意味着当地民众有了提升自己生活水平的资本，在提升自我生活水平的同时，当地的教育和社会文化投入也会随之增加，而这些都是关系少数民族未来的长远大计。

二、酒与文化旅游

酒在贵州少数民族生活中占据重要地位，酒文化是贵州少数民族文化的重要组成部分。贵州以酒闻名，像茅台、董酒、习酒、青酒、贵州醇等名酒都产自贵州。酒文化旅游是当今世界旅游的一个新潮流，相较于国外的葡萄酒旅游，我国的酒文化旅游尚处于起步阶段。贵州作为我国重要的酿酒基地，再加上独特的少数民族风情和喀斯特地貌，以此为基础开展酒文化旅游，拉动地方经济发展，可谓得天独厚，占尽先机。

1. 酒文化与旅游关系分析

文化旅游，即旅游与文化的结合，就是将文化因子巧妙地融入到休闲娱乐的旅游当中。酒文化旅游是文化与产业的联姻，不仅能为传统文化在现代社会中找到焕发生机的机会，还能促进贵州当地非物质文化遗产保护工作的进行与开展。《印象·刘三姐》《云南映象》等都是民族民间文化走向现代文化的成功之作，在产业化过程中实现了民歌、民间故事、民间传说、民族风情与自然风光的相互融合与交相辉映。贵州作为我国少数民族的聚居地，拥有丰富多彩的民族文化，完全可以以之为鉴，合理、充分地利用当地的民族文化资源，有效地将资源转化成资本。

酒文化与旅游产业关联度极高，具有互融性。欧阳修在《醉翁亭记》中曾写道："醉翁之意不在酒，在乎山水之间也。山水之乐，得之心而寓之酒也。"这说明酒文化与山水旅游之间存在着紧密的关联。因此，将酒文化与旅游结合起来能够提升旅游的文化意义和个性特征，可以实现酒文化与旅游的双赢。贵州浓厚的酒文化底蕴可以吸引众多酒文化爱好者的到来，贵州的秀美山水和少数民族风情也能够吸引诸多旅游爱好者的到来。酒文化可以促进旅游业的发展，旅游业也可以推动酒产品的销售。

具体来说，酒文化与旅游业的互动主要体现在三个方面：一是酒文化与贵州当地少数民族风情密切相关，有利于民俗风情旅游的开展。贵州苗族、侗族、布依族、水族、土家族等民族各有独特的酒俗，如拦路酒、牛角酒、打印酒、鸡头酒、咂酒、交杯酒、肝胆酒、转转酒等，可谓数不胜数。这些酒俗能够满足广大游客了解各民族文化的内心需求，吸引他们前来游览。二是贵州乃知名的名酒之乡，且名酒厂地多依山傍水，好山好水酿美酒，这能够满足游客品美酒和赏美景的双重享受。三是酿酒工艺、酿酒器具的展览能够满足游客的求知心和好奇心，使游客能够在轻松愉悦的氛围中了解酒的历史文化及其酿制技艺等[1]，满足游客休闲娱乐与知识学习相结合的心理需求。

2. 酒文化与旅游优势分析

贵州因酒而蜚声中外，贵州的发展也离不开酒。酒产业带动了地方经济的发展，酒文化与旅游业的结合有利于更好地发掘酒文化的附加值，酒文化与旅游业结合的设想便由此而生。在贵州，两者的结合具有天然的优势，主要表现在以下几个方面：

第一，贵州酒文化历史悠久，名品众多，可谓酒行业之典范。茅台镇酒业的产生可追溯至汉武帝时期，经唐宋元明清时期的发展，逐步成熟并成为贵州酒业的中心。改革开放以来，贵州酿酒业得到了进一步发展，且相继出现了董酒、习酒、贵州醇等知名品牌。至于名酒，贵州可谓是各地都有好酒。黔北地区有茅台、习酒、董酒、鸭溪窖酒等知名度较高的品牌；贵阳地区有贵阳大曲、朱昌窖、筑春酒、黔春酒、阳关大曲等较为知名的品牌；黔南地区有泉酒、匀酒、惠水大曲等知名品牌；黔东南地区有从江大曲、青酒等知名品牌；黔西南地区有南盘江窖酒、贵州醇等知名品牌；

① 王道鸿：《茅台镇白酒文化与旅游开发研究》，华中师范大学出版社 2014 年版，第 20 页。

安顺地区有平坝窖酒、贵府酒、黄果树窖酒、安酒等知名品牌；六枝地区有九龙液等名品。此外，采用贵州当地珍贵中药材天麻、杜仲等泡制的天麻酒、杜仲酒，还有惠水、花溪地区苗族酿制的刺梨糯米酒、黑糯米酒等也是酒中的佼佼者。

第二，贵州酒背后包含着韵味无穷的故事、传说，充满了人文色彩。这些故事、传说以生动活泼的形式演绎着酒的历史或者趣事，吸引着游客前来。如项羽鸿门宴的传说、关羽单刀会的传说，还有周恩来等革命前辈与贵州酒的传说等等，这些极具历史传奇色彩的故事、传说能够较好地服务于旅游开发，增强旅游的趣味性。

第三，贵州拥有绚丽多彩的喀斯特景观，旅游资源丰富，地形地貌复杂多样，山川起伏，形态万千。很多景点享誉中外，如黄果树瀑布、梵净山等。赤水市是贵州旅游特色景区之一，是自然与人文相结合的产物，原始古朴，有着浓郁的乡土气息；万峰林景区内众峰云集，造型完美独特，被誉为天下奇观。红枫湖被誉为贵州旅游景点中的一颗明珠，特殊的岩溶地貌与水光山色凝为一体，令游客流连忘返。此外，黎平县高屯天生桥以及肇兴鼓楼群等皆为贵州旅游添色不少。

第四，酒在贵州少数民族地区仍然发挥着祭神娱人的功能。贵州少数民族节日众多，游客可以在不同的日子参与到不同的祭祀活动中，如三月三、牛王节、霞节、端节等等。通过这些活动，游客可以体悟、了解农耕时代人们的虔诚信仰和庄严仪式。在娱人方面更是无须多言，贵阳市的红枫湖民族村，黔东南苗族侗族自治州的雷山县西江千户苗寨，黔南布依族苗族自治州都匀市的布依族、苗族，三都水族自治县和荔波县的水族、瑶族等，都拥有丰富多彩的酒俗、酒令、酒歌，而且这些酒俗、酒令、酒歌等已被用于对广大游客的接待上。这些充分融于生活的酒文化，让游客体验到了不同的感受，使其倍感新奇、舒畅。

贵州酒文化与旅游相结合的独特优势还在于，贵州打造的酒文化博物馆、国酒文化城等项目。这些项目以生动的语言、实在的器具、相关的逸闻趣事等具象地展现了贵州的酒史、酒器、酒俗等，是对酒文化的集中展

贵州少数民族酒文化研究

览。目前，贵州酒文化博物馆、国酒文化城等已经向广大游客开放，并且受到了参观者的广泛好评。

贵州酒文化博物馆建在遵义市，博物馆分为贵州酿酒史、贵州酒礼酒俗、贵州名酒三部分。贵州酿酒史系统展示自然酒、人工榨酒、蒸馏酒产生与发展的历史；贵州酒礼酒俗展示贵州汉族、苗族、侗族、水族、布依族、仡佬族等民族的酿酒和饮酒习俗；贵州名酒集贵州名酒50余种、系列产品1000余种，凸显了贵州酒在全国乃至世界酒林的重要地位。国酒文化城位于仁怀市茅台酒厂内，占地面积3000多平方米，分汉、唐、宋、元等不同时代的七个展馆，展出书画、藏匾、文物作品等5000余件，这些展品充分展现了我国历代的酒业发展以及历史上与酒相关的政治、经济、文化、民俗等方面的典故，浓缩了我国上下五千年酒文化的辉煌与精髓，并反映了茅台酒的发展历程。因此，该馆被评为1999年"上海大世界吉尼斯之最"。

3.酒文化与旅游经济效益分析

酒文化推动了旅游业的向前发展，而旅游业的发展又能促进地方经济发展。旅游业作为一种新兴产业，它的主要目的在于通过旅游手段将资源优势转化成经济优势。现在旅游业已成为超过汽车、石油的第一大产业。酒文化和旅游业的有机结合，使得潜在的经济优势日益展现出来。贵州作为民族文化和酒文化大省，酒文化与旅游业的结合势在必行。两者的结合对贵州地区酒文化的发展、民族文化的保护都大有裨益，同时能极大地推动贵州文化资源向文化资产的转化。

贵州酒文化巨大的经济功能已经初步展现，例如茅台系列酒的出现，不单是增加了酒的品类，还能提升就业率，带动地方产业与经济的发展。另外，其无形资产如知名度、品牌效应等都在很大程度上影响着地域产业的发展，也对旅游业产生潜移默化的影响。目前，伴随贵州旅游业的不断发展，酒文化蕴藏的经济价值日益凸显。众所周知，贵州名酒产地和旅游业发达地区存在叠合现象，如黔北遵义、仁怀、赤水等市，黔东南镇远县，黔西南兴义市等，都是经济较为发达的地区，也是旅游业较为发达的区域。

酒文化的功能一方面体现在与它相关的生态文化上。贵州之所以被称为名酒之乡，一则是由于其拥有优质的水质、原料、环境等，在名酒之乡喝出健康已成为现代人共同的认知，据说在茅台产地——仁怀市，因为优质酒的缘故，这里的民众患病率极低；在美酒河畔的赤水市自然生态良好，社区居民患病率也低于贵州全省平均水平。为此，因酒而来的游客人数大幅度增长，这充分证明了贵州酒文化巨大的旅游价值及其经济功能。另一方面，到贵州旅游的国外游人，在一览贵州黄果树瀑布等壮观美景后，再去品饮贵州名酒，定然会对酒文化的参与体验记忆深刻，继而将当地的美酒捎带回去留作纪念。相关学者调查结果显示，在酒文化旅游迅速发展的当下，布依族、苗族、侗族等贵州少数民族民众对酒的质地、包装、年产量等认知都发生了较大的变化。现在他们已认识到酒绝不仅仅是一种饮品，它已成为一种文化的象征性符号。他们既是在生产酒，也是在生产文化、输出文化。游客前来品饮的是酒，也是酒文化。"文化—经济—文化"的转换模式，在当前的社会环境下，无疑将会使贵州酒文化与旅游文化大放光彩。[1]

贵州是名酒之乡，拥有丰厚的酒文化和诸多种类的名酒。伴随着我国经济的高速发展和西部大开发政策的实施，贵州社会经济尤其是旅游业迎来了重大的发展机遇。相关调查显示，近些年来，贵州的旅游业以高于30%的速度在不断增长。[2] 这里的大好山水、绚烂多彩的民族文化正吸引着越来越多的游客前来观光、体验，贵州酒文化也将以它丰厚的文化底蕴佐证——贵州确实是好山好水产美酒之福地。

综上所述，在贵州广大少数民族居住地区，酒不仅带动了当地经济的发展，而且为当地和周边的剩余劳动力提供了就业机会，在很大程度上改善了当地和周边地区的民生。从更深远的意义上讲，它甚至促进了当地及周边地区未来文化事业和公共事业的发展。另外，酒文化与旅游业的结合，不仅能够促进当地旅游业的发展，进一步推动当地的经济发展，而且还可

---

[1] 王仕佐、邓咏梅、黄平：《略论贵州酒文化及旅游功能》，《酿酒科技》2003 年第 5 期。
[2] 同上。

以对少数民族传统文化的保护、传承起到积极的推动作用。

　　费孝通晚年曾说，找回民族文化、重视民族文化、发展民族文化乃是民族工业的根本。黄永林也不止一次地强调："文化产业既是文化的，因为它必须以文化资源为基础和内核；它更是经济的，因为它以将文化资源转化成为经济资本为目的。"① 由此可见，酒文化与旅游文化和当地少数民族传统文化的结合正是酿酒企业向前发展的重要依托。贵州丰厚的酒文化与得天独厚的少数民族文化的结合，定会在不久的将来大放光彩。

---

　　① 黄永林：《文化传承与文化创新探索——黄永林自选集》，华中师范大学出版社 2013 年版，第 5 页。

第十章
贵州少数民族酒文化的传承与发展

自古以来，地处云贵高原的贵州就是各少数民族交流与融合的重要通道与走廊，诸如濮僚、百越、氐羌、苗瑶等族系均在此进行了民族的互动与交融，从而形成了贵州诸民族共生共存的人文生态格局。在悠久的社会进程和生活交往中，各族民众形成了各自和而不同的民族文化，构成了多元文化、多元民族共生交融的多彩贵州文化模式。在贵州少数民族文化之中，酒文化无疑成为贵州独具特色、无可取代的优质文化资源。贵州不仅酒好，其酒文化更是博大深邃。贵州少数民族酒文化的传承与发展，不仅关涉民族传统文化的继承，而且关涉在现代化背景下各少数民族生活的构建，即如何运用优秀的传统文化丰富、完善当下生活。

第一节　贵州少数民族酒文化的现状

贵州民族众多，酒文化丰富而灿烂。除了少数不饮酒的民族外，绝大部分少数民族都有自己的酒文化，他们创造了多种多样的酒，创造了精湛而复杂的酿酒技艺，创造了形式多样的酒器，创造了多姿多彩的酒俗、酒礼。由于种种原因，贵州少数民族酒文化还保留着浓厚的传统特色，但也正在受到现代化和市场化的强烈冲击，因此需要深入研究并加以保护。

一、贵州多元酒文化的形成

贵州是一个多民族聚居的省份，其境内山势起伏，气候多变，自古便有"八山一水一分田""十里不同天"等说法。由于历史原因，贵州民族分布呈现出独有的特征。"高山彝苗水仲家①，仡佬住在石旮旯""苗家住山头，夷家②住水头，客家③住街头"等民间俗语，就是对贵州民族总体分布格局的形象概说。

人文生态格局的多元化决定了贵州民族文化的多元化，民族文化的多元化又决定了民族酒文化的多元化。贵州各族人民长期共生、交融的文化背景和社会历史，形成了贵州各族和睦相处的深邃时空并铸就了其深厚的文化底蕴。贵州少数民族文化既彰显出鲜明的个性，又呈现出普泛的共性。我们可以用"多元一体，和而不同"来概括贵州民族文化的首要特征。在贵州丰富多彩的少数民族民俗文化中，酒文化无疑是功用强大、风情浓郁、特色鲜明、传统积淀与文化底蕴深厚的民俗文化之一。酒文化不仅是展演民族文化的舞台，而且是顺承民族传统的有效载体，更是民族心理认同的标识。由于自然环境、人文生态、社会发展的多种差异，贵州少数民族酒文化因其地域性与民族性，呈现出不同的文化特点，这也是贵州酒文化的突出特征。

酒文化不仅是某一民族传统的民俗文化，更是他们的一种生活方式。对于贵州来说，少数民族酒文化是该地域的一种文化；对于当地酒文化的拥有者和享用者来说，民族传统酒文化更是他们生活的一部分。酒文化作为一种社会行为，较为充分地展示了民族文化的整体面貌，集中展现了该民族的传统文化生活。少数民族酒文化中所呈现出来的饮食、行为、心理文化或者仪式、仪礼等，均表现了该族群世代享用的民俗文化。因此在某种程度上可以说，少数民族酒文化是民族身份认同的文化符号。贵州各地

---

① 水仲家，布依族旧称。

② 夷家，指布依族。

③ 客家，少数民族对汉族的称呼。

均盛产名酒，有着浓厚的地域民族文化特色。

二、贵州少数民族酒文化现状管窥

"非酒无以成礼，非酒无以合欢"已成为众多民族礼俗的显著特征。贵州少数民族同胞豪爽、好客的性格也在酒文化中得到了较为充分的体现。

1. 布依族酒文化现状

贵州少数民族在众多传统民俗文化活动中均会用酒来表情达意。布依族民众不仅善酿酒，而且好饮酒、好待宾客。布依族素有"一家来客全寨亲"之说法，因此转转酒在布依族村寨中盛行，体现了布依族人民热情好客的美德。布依族酿制的酒有糯米酒、刺梨酒、白烧酒等。布依族的酒俗丰富，有拦路酒、鸡头酒、交杯酒、转转酒、讨八字酒等酒俗民风。当然，酒歌也是布依族酒文化的重要表现形式之一。常言道"无酒不成席，无歌不成敬"。布依族酒歌内容丰富，演唱形式多为即兴演唱，如有迎客歌、敬酒歌、婚庆歌、节庆歌等。酒不仅是日常必需品，而且是节日盛宴、款待客人时不可或缺的佳品。布依族的糯米酒是用自产的糯米和自制的酒曲酿制而成的。贵阳花溪布依人家酿制的刺梨酒，布依语称之为"坛而扛"，历史悠久且驰名中外，主要有刺梨米酒和刺梨烧窖酒两种类型。

2. 苗族酒文化现状

苗族酒种类繁多，其酿酒历史源远流长，制曲、发酵、勾兑、窖藏等都有一套独特而完整的工艺。在苗族民众的日常生活中，苞谷烧酒为生活添增了快乐的情趣。"苞谷烧酒桌上摆哟，哥兄父老个个喝得醉醺醺""弯弯的牛角号吹了九十九转哟，苞谷烧酒筛过了九十九巡"等酒歌，足以说明这一点。从一日三餐到办喜事、丧事，到舍翁（苗语，即接龙船）、弄嘎咯 ① 以及造屋起房，甚至大型的民族节庆，喝酒都是头等大事，已经成了一项神圣而不可改变的待客礼节。有人拜访苗寨，主人一定会拿出自家酿制的各种美酒来款待他们。苞谷烧酒独有的清爽、醇香、凝重的口感，是苗

---

① 苗语，即吃牛饭。传说每年四月初八是牛的生日，这一天要让牛休息，蒸一碗三色饭来喂牛，在牛圈门口摆酒菜祭祀牛神。

族人民性格的真实写照。苗族千百年来一直保持着饮酒的习俗，而酒的秉性给了苗族人民酒一样的性格，在这样的性格支配下，苗族人民创造了多姿多彩的酒文化。

在苗族人心目中，无酒不成礼仪，有"酒吃人情肉吃味"之说，重酒不重菜。因此，饮酒已经成为苗族群众日常生活中不可缺少的部分。

3. 彝族酒文化现状

彝族重酒，如彝谚云："汉人贵在茶，彝人贵在酒。"酒是彝族人迎来送往、结交朋友、联络感情的桥梁；酒是彝族礼仪姻亲、谈婚论嫁的黏合剂；酒是彝族人送死吊丧、排愁解闷、化解悲痛、医治心灵创伤的强心剂；酒是彝族人调解社会纠纷、化解矛盾的最佳赔罪物；酒是彝族人解除疲劳、和血行气、壮神御寒、消毒除菌的良药。从酿酒到酒礼，再到喝酒的酒具，彝族酒文化都独具特色。饮酒时，彝族人常常会以瓶装酒，围坐成圈并转转欢饮。转转酒"既是彝家饮酒方式、礼仪之一，又蕴含着彝族社会组织结构的痕迹，即集中本民族（部族）力量，组织生产和团结对外，共同抵御外来敌人的侵略；同时，也调解内部矛盾、纠纷"[1]。从而使彝族长期以来"保持着基本相同的社会制度（奴隶社会），与低下的社会生产力相适应"[2]。

4. 毛南族酒文化现状

毛南族人的一大嗜好便是饮酒。在红白喜事、接人待客、祭拜祖先、走亲访友、节日庆典等场合就餐时都要有酒。平日里劳顿一天，人们就会在晚餐时饮酒，用来解除、舒缓辛劳之苦。宾客到访，倘若无酒招待，便是大失礼节，俗话说"好朋好友，黄豆送酒"。故而毛南族人的家中通常备有一坛好酒用来待客。毛南族人自酿的白酒酒精度数一般不高，酿酒的原料也主要是自家生产的红薯、玉米、糯米、高粱和南瓜等农作物，而且酒名往往以主要原料之名冠之，像糯米酒、红薯酒等。毛南族青年往往会以酒之味来比拟情之意。比如对唱山歌时，女方唱："这糯粘米酒，昨夜刚酿

①　巫瑞书：《少数民族饮酒方式、习俗及其特点》，《学习与实践》2007 年第 5 期。

②　巴莫阿依嫫：《彝族风俗志》，中央民族学院出版社 1983 年版，第 6 页。

成，味淡又不醇，哥懒把手伸。"男方则答唱："这是糯米酒，秧田在门口，酒味烈又香，陶醉哥心头。"可谓情真意切，妙趣横生。

5. 傈僳族酒文化现状

傈僳族民众嗜好水酒。苞谷成熟时节，人们开始酿制水酒，待到苞谷收获完成后，便痛饮一段时日。在收获之季，傈僳族人民通常是边酣饮边歌舞，其乐融融。水酒营养丰富、甘醇可口，有解渴、提神、解乏等功效，还能增进食欲，自然是款待客人不可缺少的物品。傈僳族依然遵循着"无酒不成礼"的文化传统。饮酒时，主人先将酒盛满，然后往地上倒一点，以示感念祖先；接着自己先喝上一口，说明酒是没有问题的；最后才将宾客的酒杯盛满并双手举到客人面前，邀请客人一同畅饮。饮合杯酒最有趣，当地称之为"伴多"，即两人共捧一大碗酒同饮。饮合杯酒通常只在亲朋挚友或恋人之间进行，常用来招待贵宾、签订盟约、结拜兄弟等，往往不分男女，两人共饮。当然也有一些禁忌，比如晚辈不能邀约长辈"伴多"，只能用于长辈对晚辈表示关爱，或者对同辈人表示友好，或者未婚男女相互爱慕之时。

6. 水族酒文化现状

水族人民在长期的生产生活中创造了丰富多彩的酿酒工艺。水族民众不分男女老少都喜好饮酒。酒在水族人民的日常交往中还具有特别的功用，其不仅表明了物质馈赠上的多寡，而且表达了精神需求。俗话说"不喝九阡酒，枉到水乡走。"九阡酒是用当地特产的红糯为原料，以月亮山一百多种野生中草药制成酒曲，配以月亮山中优质矿泉水酿制成的纯糯米窖酒。按照水族民俗，每年端午采药，六月六制曲，九月九烤制。从端午到六月六，村村寨寨的妇女全部出动，由一位懂药的老年妇女带队上月亮山原始森林采集野生草药。[①] 酿酒时间多选在重阳节，民间有"重阳酿酒满坛香"之说。适量饮用此酒具有补中益气、舒筋活血、助兴提神、延年益寿之功效。劳动归来饮上一杯，不但会使疲劳顿消，而且令人心旷神怡。

---

① 杨柳：《中国少数民族酒文化》，《酿酒》2011 年第 6 期。

贵州少数民族酒文化研究

透视水族酒文化，其文化内核象征了水族的生命观。从植物采集到酿造酒水的整个过程，都是由妇女们操作完成的。"植物象征生命的种子，酒曲制作象征两性结合的模拟过程，妇女象征孕育生命的子宫，酒象征新的生命。整个酒曲制作和酿造的过程是模拟人造生命的仪式过程。"①

7. 哈尼族酒文化现状

哈尼族民众擅长用土法自酿白酒，其原料主要有稻谷、玉米、高粱、小麦、荞麦等农作物。哈尼族人自酿自饮的烧酒称作焖锅酒，焖锅酒清澈晶莹、醇厚甘甜，是哈尼山寨节庆必备的饮品。

长街宴，当地人称作长龙宴或街心酒，是哈尼族一种十分古老而且重要的传统习俗。昂玛突节是哈尼族民众祭祀寨神、拜龙祈雨的祭典性节日，是哈尼族民众最为重视的盛大节日。在节日当天，家家户户都要做黄糯米、三色蛋、牛肉干巴、麂子干巴、肉松、花生米、红米饭等近 40 种哈尼族特有的风味菜肴，当然更是少不了节日必备的好酒。美酒佳肴被人们抬到指定的街心摆起来，通常一家摆一至二桌，家家户户桌连桌沿街摆，摆成一条数百米长的街心宴。在这种中国最长的宴席上，酒自然是必不可少的。

哈尼族的"祭鼓酒"，又称"换牛皮鼓酒"，是集饮酒、歌舞、吟诵祭词等为一体的传统祭祀活动。从古至今，哈尼族民众特别敬仰甚至崇拜牛皮鼓，将其响声当作吉祥、胜利的佳音与福音。雄浑而豪壮、粗犷且颇具古朴风味的牛皮大鼓舞代代相传。哈尼族人已将牛皮鼓视作神圣之物。正如一首《祭鼓酒歌》里所唱的那样："喝下吉祥的祭鼓酒，一生百病不会有；喝下神圣的祭鼓酒，驱贫除穷变富有；喝下甘美的祭鼓酒，哈尼山寨格外美。"

8. 土家族酒文化现状

土家族自古便有喜好饮酒的传统，可谓无酒不成席，世代传承着"家家会酿酒，敬老先敬酒，请客必有酒"②的风俗。土家族酒文化显现在源远

---

① 蒙祥忠：《论水族对生命现象的理解与表达——以水族从酒曲植物的认知到酿酒工艺为例》，贵州大学硕士学位论文，2009 年，第 5 页。

② 罗安源等：《土家人和土家语》，民族出版社 2001 年版，第 22 页。

流长的酒史与丰厚浓郁的酒俗两方面。酒文化不仅负载着土家族人豪放不羁的民族性格，更在教育民众、和睦邻里、增进交流等方面发挥着重要的民俗功能。土家族人承继了先民的酿酒工艺，酒的品类很多。其中咂酒是"最具土家族特色、最富民族文化与民族精神的酒，是土家族酒文化的精髓"①。土家人爱咂酒的清冽甘美，享受一边咂酒一边唱歌的乐趣，正如祝酒歌里唱的："土家咂酒美名扬，开坛十里扑鼻香。""咂酒似蜜沁心田。""一碗咂酒一个韵，汗流浃背也快活。"②土家族基本上每个月都有节日，而过节必饮酒，"红事""白事"当然也离不开酒，可谓无酒不成节。

土家族酒文化融于日常生活和民风民俗之中，融知识性和娱乐性于一体，人们在饮酒娱乐的同时还能学知识、受教育。酒及酒文化在土家族民众日常的生产和生活中具有强大的民俗功能，其对民族认同之强化、社会关系之和谐等，均起到了积极作用。特色浓厚的民族酒文化，是土家族生活文化的延展和表征，更是土家族民族气质和民族性格的彰显。

9. 仡佬族酒文化现状

聚居在黔北地区的仡佬族经过长期不断的创造改进，形成了独特的酿造技艺，形成了极富民族特色和地域特色的酒文化。就酿造工艺来说，既有如咂酒、米酒、桃花米酒等酿造酒，也有如白干酒、夹缸酒等蒸馏酒，还有如果糖果酒、杨梅酒等再制酒。就生产原料而言，既有以单一粮食作物为原料的苞谷烧、高粱酒、荞子酒、米酒等，也有咂酒等杂粮酒，还有以水果为生产原料的刺梨酒、拐枣酒等。由于酒类众多、酒精含量又高低不等，因而仡佬族各个年龄段的人们总能找到适宜饮用的酒，甚至有儿童都能饮用的米酒。

仡佬族酒文化是在特殊的生产与生活实践中，为了族群的生息繁衍而逐渐形成的，其旅游开发价值相当突出，为推动当地经济的发展注入了活力。

10. 侗族酒文化现状

酒礼、酒俗、酒歌等酒文化，是侗族民俗文化的重要组成部分。在黔

---

① 彭瑛：《咂酒——土家族酒文化的精髓》，《酿酒科技》2007 年第 8 期。

② 王丹：《酒风人世——析〈土家族祝酒辞〉》，《湖北民族学院学报》2011 年第 2 期。

东南地区的侗寨里，"无酒不成礼，无酒不成席"可以说是侗族人民自古承传沿袭下来的老规矩。几乎家家户户都存放着几坛自己亲手用糯米酿制而成的美味的米酒，其度数不高，一般在二三十度之间。侗族民众饮酒的名目繁多，在节日里，通常有报酒（祝酒）、敬酒、拦寨酒、拦门酒、迎客酒、送客酒等；红喜席上，则有嫁别酒、分家酒、换酒（交杯酒）、酒歌酒、订亲酒等等。侗族酒文化中最具特色的是合拢酒。它是接待宾客的一种最高规格的酒宴，酒席的摆设叫拉长桌，酒宴所用的酒、饭、菜均是寨子里各家各户最好的，凑到一起摆设而成。

合拢酒宴开始前，主人要在寨门外举行迎宾仪式，先是鸣放礼炮和演奏笙歌，接着在寨门或屋门前摆设拦门酒，而后献上一碗必不可少的侗家油茶。等到整套程序进行完之后，客人们正式入席。酒宴伊始，先由村寨的"头人"致祝酒辞，接着主宾共同举杯，一饮而尽。而后，宾主相互敬酒，直至尽兴方休。合拢酒宴结束后，主人在鼓楼门口列队用鞭炮送客，并对客人进行所谓的"过筛"，最后才送宾客离开。

对于贵州少数民族的民众来说，酒是饮品，更是其生活的一部分。用"无酒不成席，无酒没有礼，无酒不成节，无酒没有情"来形容贵州少数民族酒文化，可谓恰如其分。就像苗族酒歌中所唱的：

> 歌是苗家的理，酒是苗家的心。
>
> 歌从酒出，酒随歌生。
>
> 没有歌苗家生活将像黑夜一样，没有酒苗家生活又淡又清。
>
> 歌和酒在生活中必不可少，酒和歌本是处世的亲邻。

三、贵州少数民族酒文化面临的挑战

贵州少数民族酒文化所面临的冲击与挑战，具体表现在以下几个方面：

首先，随着城镇化进程的加快和新农村建设力度的加大，农村人口逐渐向城镇迁移或者就地城镇化，贵州少数民族酒文化的传承环境逐渐消失，传承人已经越来越少，面临着断代、退化甚至消亡的危险。

其次，一些地方政府为了刺激经济的发展、加快 GDP 的增长，商业炒

作现象过重，导致少数民族酒文化遭到过度开发，使之失去了真实性和原生态。

最后，管理部门对少数民族酒文化的重视程度和举措力度还不够，忽略了其所具有的文化传承价值和现实意义。

由此可见，在传承和发展少数民族传统酒文化的过程中，观念与现实中仍然面临着许多严峻的挑战。

第二节　贵州少数民族酒文化内涵的挖掘与宣传

文化通常由表层物的部分、中层心物结合部分和内层心的部分这三部分构成。基于文化结构分层理论，"酒文化物的部分包括液态的——各种酒，固态的——酿酒原料、酿酒器、饮酒器、固态酒、酒令器具、酿酒技术、酿酒历史等。心物结合部分包括酒礼、酒德、酒俗。心的部分包括人们对酒的观念、信仰、神话和传说等"①。

一、中国酒文化的内涵与形态

"酒文化"一词是我国著名经济学家于光远教授提出来的，在此基础上，萧家成提出了酒文化的内涵与外延。② 广义的酒文化体系庞大、蕴含深厚，囊括了数千年以来不断精进和提升的酿制技术、酒俗酒礼、饮用器皿以及文人骚客所创作的跟酒相关的歌赋诗词等等；而狭义的酒文化多指饮酒的礼节、风俗、逸闻、轶事等。因此，所谓酒文化是指以酒为中心所生发并形成的一系列关乎物质、精神、技艺、习俗、心理或者行为的现象总和。"在中国，酒文化是民俗文化的点睛之笔，它点出了婚俗的喜庆之情，点出了礼俗的真挚之情，点出了育俗的后继有人之庆，所以说，'无酒

①　胡展源：《酒文化结构与主流文化——白酒文化与竞争力之三》，《酿酒科技》2003 年第2 期。

②　徐少华、袁仁国：《中国酒文化大典》，国际文化出版公司 2009 年版，第 36 页。

贵州少数民族酒文化研究

不成俗'。"①

酒文化的内容具体又分为酒论、酒史、酿制技艺、酒器具、酒风俗、酒功②、酒艺文、饮酒心理与行为以及酒政诸方面。主要体现为以下四种基本形态：

1. 物质形态酒文化。其主要是指酒文化中有关酿造技术方面的成果及其体系，诸如人工创造的技术、器物等。

2. 精神形态酒文化。酒文化的精神形态主要体现在人们对酒的信仰崇拜、传统的酒伦理酒道德、酒文化对民族性格的影响以及酒文化心理等方面。

3. 行为形态酒文化。人际交往过程中约定俗成的习惯定式所构成的与酒相关的行为，主要表现为礼仪行为、信仰行为、社群行为和娱乐行为。

4. 制度形态酒文化。中国人借助调剂手段来规范人们的酒事行为，调整被酒扰乱的社会关系，从而创造出以酒礼、酒政为代表的制度形态酒文化。

二、贵州少数民族酒文化的特质

贵州少数民族酒文化具有自己的特质，如酒风酒俗浓郁、传说故事精彩纷呈、酒文化丰富多彩、药酒品质优良等等，这些优良的品质是贵州少数民族人民智慧和汗水的结晶。

一是浓郁的酒风酒俗。苗族"节日遇远客，必迎至家中设酒肴，并以客多酒多为荣。一家来客，邻里纷纷送酒菜，视为自家人。待贵宾敬牛角酒。或以咂酒待客，即用芦苇、竹管插入酒坛吸酒"（《汉书》卷六）。宋人陆游对贵州酒俗也曾有过精彩的描述："醉则男女聚而踏歌。农隙时至一二百人为曹，手相握而歌。贮缸酒于树荫，饥不复食，惟就缸取酒恣饮，已而复歌。夜疲则野宿，至二日未厌则五日，或七日方散记。"（《老学庵笔记》卷四）彝族青年男女尤其喜欢将恋爱活动置于痛饮狂歌之中，常常是

---

① 武占坤：《漫话"无酒不成俗"——谈酒文化对中华民族习俗的渗透》，《天中学刊》2001年第 3 期。

② 酒功指酒在社会、政治、经济、文化、生活等各方面的功能与作用。白居易曾作《酒功赞》，颂扬其"孕和产灵"之功效。

"携酒入山，竟月忘返"。苗族人在表演上刀杆时往往以酒助兴，饮三杯入席酒则是土家族人的习俗。此外还有诸如元宵酒、端午酒、交杯酒、婚礼酒、丧葬酒、祭祀酒、插秧酒等酒俗，可谓情趣各具。

二是传说故事精彩纷呈。"酒的故事与其他民间文学作品一样是一面镜子，可以窥见社会生活与文化生活"。[1] 茅台有水缘于蝴蝶引路、制曲缘于仙女托梦的传说；鸭溪窖酒有"酒中美人"的传说；习酒有公主因酒与穷郎哥殉情的传说。美丽而精彩的传说故事是一种宝贵的文化资源。

三是丰富多彩的酒文艺。贵州酒文艺以酒诗、酒歌最为盛美，基本上每一种酒都伴有动人的诗篇。例如，清代诗人郑珍赞茅台酒"酒冠黔人国"；清代诗人陈熙晋赞习酒："尤物移入付酒杯，荔枝滩上瘴烟开。汉代蒟酱知何物，赚得唐蒙习部来。"

四是药酒品质优良。酒与中药相结合为丰富多彩的酒文化增添了科技文化的内容。《汉书·食货志》称酒为"百药之长"。贵阳福（禄）寿酒、德江天麻酒、沿河荞酒等，其强身健体、延年益寿之功效有口皆碑。贵州各少数民族大多有各自独特的民间医药和民族酿酒技艺，他们能够有效利用酒所具有的行药势、驻容颜、缓衰老之性质，进而以药入酒，或者以酒引药，达到治病及益寿延年之功效。

三、贵州少数民族酒文化内涵的挖掘

"酒并不简单地就是酒：一方面，它是一种含酒精的饮料，饮用后，会对人体产生种种化学作用，并影响到人的思想、感情与行为；另一方面，通过这种影响，使酒与人类社会文化、习俗的方方面面，都发生了密切的联系，从而产生了酒文化。"[2]

在少数民族地区，传统的民间酿酒具有深厚的社会根基和浓郁的文化底蕴，这些因素直接关系到酿酒技艺的顺承与发展。在"多元一体"的中华民族传统文化格局之中，酒文化自然是十分重要的组成部分。各民族在

贵州少数民族酒文化研究

---

① 赵海洲：《从酒的故事看民间习俗的嬗变》，《吉首大学学报》（社会科学版）1990年第1期。
② 萧家成：《传统文化与现代化的新视角：酒文化研究》，《云南社会科学》2000年第5期。

酿酒原料、酿酒技艺以及酒的品类方面均独具特色，更有着异彩纷呈的酒风酒俗。伴随着历史的演进和民族民间文化的发展，酒的文化蕴含不断丰富，民族文化特性更加鲜明。

1. 文化审美视域中的贵州少数民族酒文化

在我国的传统文化中，饮食文化是最基本且最具特色的文化之一，而其中的酒文化又占据了重要的地位。"作为一种独特的审美现象的酒文化有其丰富的内容、形式和功能，人与物、人与人之间通过酒作中介构成亲和、中和的酒文化审美场，其本身就是一种最佳的审美现象，其审美价值亦在酒文化审美场中产生并得到进一步的升华。"① 酒文化审美场的基本功能即是"中和"与"调和"。② "酒文化审美场就是通过不断地同化和优化各民族审美个体，来同化和优化整个中华民族群体，进而消除各民族间的隔阂，调和各民族间的矛盾，达到各民族之间和谐统一之目的。"③ 因此，酒文化审美所具有的调节机制与功能，对贵州少数民族的和谐发展具有不可低估的促进作用。

2. 节日庆典仪式中的贵州少数民族酒文化

"中国许多民族的时令性庆典活动的文化内涵不是靠思辨，而是靠体验；也就是说，酒和庆典的关系意义并不是哲学的，而是实践的。那些羼入酒文化的时序性庆典活动的最典型代表要算一些少数民族的庆典习俗了。"④ 以酒作为媒介，人们对丰产和生殖的美好夙愿都寄寓在时序的律动中。

"民族节日中民族酒文化的内容不仅是吸引游客的重要因素，也能给酒业带来特殊商机。民族节日中酒无处不在，而在漫长历史中形成的民族饮酒的风情习俗构成的酒文化，是民族文化、民族节日中的亮点。"⑤ 比如水族

① 王清荣：《酒文化审美谈》，《桂林师范高等专科学校学报》2002 年第 3 期。

② 酒文化审美场是通过对人类个体的审美同化，来实现对人类群体的审美调节，最终实现对人类环境的整体调节。

③ 王清荣：《酒文化审美谈》，《桂林师范高等专科学校学报》2002 年第 3 期。

④ 彭兆荣：《酒之于庆典——酒文化研究题三》，《贵州社会科学》1988 年第 4 期。

⑤ 游来林：《略论贵州民族节日与酒及其商机》，《贵州民族学院学报》(哲学社会科学版) 2008 年第 6 期。

的九阡酒，即可定为端节、卯节的专用酒。又如，惠水布依族的黑糯米酒，曾被评为贵州名酒，有较高的知名度，可将其进一步开发打造为布依族节日以及平时迎宾待客的专用酒。再如，苗族可以恢复并打造历史上记载的贵州名酒——苗酒。

婚礼庆典上并非为酒而酒，更多是为了得到一种喜庆气氛。某种意义上来说，酒俨然成了新人缔结婚姻的见证，它不是点缀，而是一种文化彰显。

3. 物象与意象维度的贵州少数民族酒文化

酒具有意象性的一面，只有从其意象蕴涵中方能窥探出它的文化价值。古籍《博物志》中讲了这样一个故事：在一个起着大雾的早晨，有三人出门同行，其中一人喝过酒，一人饱餐，一人空腹。待到雾中归来之时，空腹者死了，饱食者病了，唯独饮酒之人健康依旧。很显然，故事所关注的乃是酒能够健体强身之药用功效，亦表明了酒的物象意义在不断扩大。

李时珍对酒曾有过这样的描述："酒，天之美禄也，曲之酒，少饮则和血行气，壮神御寒，消愁遣兴，痛饮则伤神耗血，损胃之精，生痰动火。"这里所说的"和血行气，壮神御寒"是酒的物象层面，而"消愁遣兴"则涉及酒的意象层面了。意象往往"以自己特有的形式，散见于民族学、民俗学、美学等精神文化领域。而且随着人类社会精神财富的积累，酒的意象涵意愈来愈大"[1]。

酒的意象化在民族民间文化中所表现出来的另一种形式便是酒游戏和酒娱乐。酒本身的意象化，也影响到了与酒相关联的酒具，并表现出与民俗文化、民族风情融为一体的艺术审美价值。酒以其意象化了的形态，与民族民间文化水乳交融、共同生长。

4. 文化产业发展中的贵州少数民族酒文化

经济发展势必导致人们更加关注文化、精神、心理上的需求，从而引发由"经济文化化"向"文化产业化"的跨越。贵州少数民族酒文化是地域文化的代表，是极具品牌价值和开发潜力的特色优势资源。通过挖掘贵

---

[1] 高志新：《酒的意象性在民族民间文化中的意义》，《六盘水师范高等专科学校学报》1989年第1期。

州少数民族酒文化的内涵，将酒文化与其他文化融合在一起，开发其应用价值，将贵州少数民族酒文化用物质形式表现出来，达到宣传民族特色、展现民族魅力的作用，积极促进贵州少数民族经济与文化的发展，以提高贵州在世界上的知名度和影响力。"文化只有与经济互动起来，将其变成产业后，才能发挥其特有的价值；而经济必须以文化作为依托，在民族特色文化的基础上，创造出独具优势的特色产业后，才能健康有序地、持续地向前发展。"①

贵州少数民族酒文化势必成为旅游开发并促进经济增长的实际内容。不难想象，在贵州少数民族民众的日常生活中，诸如酿酒、饮酒等一些普通而寻常的生活方式，极有可能变为弥足珍贵的可持续开发利用的旅游资源和文化产业。正所谓"越是民族的，就越是世界的"，例如苗族的米酒、水族的九阡酒等。因此，大力发展贵州少数民族酒文化产业是增强贵州文化自觉和文化自信的重要举措。如果将酒文化资源转化为特色性的民俗文化产业，必将有力地促进贵州经济社会的发展，也有利于提升贵州文化产业的软实力与竞争力。

胡展源在《酒文化的发展道路》中指出："如果说作坊酒满足了消费者对酒的欲求，工业酒可以提供给消费者更多的酒，品牌酒可以给消费者提供质量更好的酒，那么文化酒则是在更大的选择余地面前，消费者结合自己的个性需求所选择的文化消费。"② 挖掘贵州少数民族酒文化的内涵，发展相关酒文化和民俗文化产业，有利于贵州文化产业结构的调整及竞争力的提高。

少数民族酒文化的产业化经营，突出了民族酒文化独特的价值。将之合理而有序地开发利用，不仅有助于民族文化的弘扬，而且有利于区域经济的快速增长，更有利于强化各民族的自我认同感。

---

① 申满秀：《贵州少数民族传统文化与少数民族地区的经济互动》，《贵州教育学院学报》2007年第6期。

② 胡展源：《酒文化的发展道路》，《酿酒科技》2003年第1期。

四、贵州少数民族酒文化的宣传

在广大民众中营造出浓郁的文化情感氛围，无疑是进行酒文化宣传的基础，而酒文化的打造、传播又是推广民族民间文化的重要内容。在某种程度上，宣传酒文化即是播扬中华传统文化。民族性在中华酒文化中可谓根深蒂固，而这正是中国文化中最为稳定的部分，正是文化的灵魂。

深入挖掘并不断创新酒文化中所孕育的民族精神，是进行酒文化宣传的关键。强大的民族精神是酒文化传播过程中吸引民众的法宝，"它对传统酒文化有去污排垢、正本清源、整顿秩序、指引方向、领导潮流、树立个性、增加神韵、提供支持等巨大作用"①。饮酒并非纯粹是为了满足生理需求，而常常是"醉翁之意不在酒"。贵州民族文化发展的多元化特点，决定了贵州各少数民族酒文化的多元性。

1.酒博会对贵州少数民族酒文化的宣传

1988 年，在西安举办的首届中国酒文化节上，遵义与宜宾、绍兴等五个城市，被共同命名为"酒文化名城"。贵州酒文化博物馆于 1989 年 7 月在遵义市建成。该馆以物态化方式，从历史学、酿造学、社会学、民俗学的角度，展示了贵州悠久的酿酒史和多姿多彩的酒风俗文化。"贵州酒风俗文化"部分详细展现了贵州省多民族不同的饮酒用酒方式和酒礼酒俗。别具情趣的打酒印，厚谊深情的拦路酒、交杯酒，热烈活泼的节日酒、婚礼酒，庄重肃穆的祭祀酒、丧葬酒；彩绘雕花的牛角酒杯，内髹黑漆的藤编酒海，装饰独特的婚礼酒罐，满含山野情趣的山螺酒杯、葫芦酒具，奇特的倒壶等，均以生动写实的图片或实物表现出来。②

2011 年 8 月，在中国贵州国际酒文化论坛上，王崇琳在题为《茅台酒与国酒文化》的演讲中指出："国酒文化包涵了悠久的历史文化、发展文化、红色文化、质量文化、健康文化、诚信文化、创新文化、营销文化、

---

① 胡展源：《中国酒文化振兴的实质》，《酿酒科技》2002 年第 6 期。
② 无畏：《贵州酒文化博物馆简介》，《山花》1993 年 Z1 期。

管理文化、责任文化等丰富内涵，是中华民族的优秀文化之一。"[①]"国酒文化城"是茅台集团较早在国内建成的酒文化博物馆之一，它现在不仅成为贵州省爱国主义教育基地，更是生动展示国酒文化的重要窗口。贵州举全省之力召开的中国（国际）酒类博览会不仅能推进中国的白酒产业发展，同时对宣传和推广黔酒文化有所裨益。

2. 经典的红色资源融入酒文化的宣传

贵州的红色旅游资源相当丰富。红军长征时，酒文化曾产生过积极影响。因而，在贵州少数民族酒文化的宣介中，应当恰如其分地融入经典的红色资源内容。我们要尽量将民族酒文化与红色资源结合起来，让酒文化与红色文化进行"联袂"，共唱主角。通过加大对两者的宣传力度，来推动区域经济社会的发展。在这个方面，贵州具备得天独厚的有利条件，若能紧紧抓住酒文化与红色文化这两根主线，紧扣主题并且使其相互交融，定能将酒文化产业做大做强。

3. 助推贵州少数民族酒文化产业的发展

挖掘厚重的少数民族酒文化资源，形成少数民族酒文化产业，能够推动贵州经济社会的发展。助推贵州少数民族酒文化产业的发展，应着力做好以下几个方面的工作：

一是设立少数民族酒业发展专项基金，用于酒类技术改造、创名牌和少数民族酒文化的挖掘、宣传及打造。

二是强化少数民族酒文化研究、宣传及推广工作，提升贵州少数民族酒文化在学术界的知名度，为其发展提供智力支持。

三是弘扬民间酒礼酒俗的精华内容，融入现代元素，打造"民族酒道"，在"多彩贵州"大型文化活动和传统节日中集中展演。

四是彰显"中国酒都"的人文个性，在城镇规划和新农村建设中要充分考虑少数民族酒文化因素。

五是做好酒类文化遗产申报与保护，力争通过申遗平台，将贵州少数

---

① 《贵州商报》，2011 年 8 月第 202 版。

民族酒文化产业推向世界。①

综上所述，要充分挖掘贵州少数民族酒文化的内涵，赋予其鲜活的灵魂，并且对民族酒文化进行形象设计和宣传，同时通过对民族酒文化的研究，提炼出贵州少数民族酒文化的精髓。如此不仅可以宣传贵州，扩大贵州少数民族文化的知名度和美誉度，而且能够促进贵州少数民族酒类产业及酒文化产业的快速发展，为贵州少数民族的经济发展和文化建设贡献力量。

第三节　非遗保护对于酒文化的意义

维护文化的多样性是保护非物质文化遗产的核心。少数民族非物质文化遗产是指"被中国各少数民族社区、群体或个人视为其文化遗产组成部分的各种社会实践、观念表述、表现形式、知识、技能及其有关的工具、实物、手工艺品和文化场所"②。借助于物质载体所呈现出来的历史文化信息，是文化遗产的核心价值所在。与一般意义上的非物质文化遗产相比，"少数民族非物质文化遗产的突出特点是强调某些非物质文化遗产的源生主体归属于相应的少数民族"③。少数民族传统手工艺的核心是通过物质载体所呈现的具有鲜明民族文化特质的传统技能、技艺。现已公布的两批《国家级非物质文化遗产名录》中共有 59 项少数民族传统手工艺项目入选。入选项目涉及了器具制作、民居建筑、制陶、金属冶炼、造纸、印刷、酿造、烹饪、镶嵌、纺织、印染等技艺。

一、非遗保护与贵州少数民族酒文化

我国少数民族非物质文化遗产虽具有重要的价值，但也具有特殊的濒

①　周山荣：《挖掘酒文化内涵助推发展》，《贵州日报》2009 年 12 月 15 日。
②　韩小兵：《中国少数民族非物质文化遗产法律保护基本问题研究》，中央民族大学博士学位论文，2010 年，第 42 页。
③　同上文，第 45 页。

危性。少数民族非物质文化遗产易被主流文化或者外来文化所吞没。"在发展过程中，许多少数民族都面临着传统与现代的两难选择：一方面渴求尽快实现现代化；另一方面又希望长久保留本民族的传统文化，担忧以至恐惧传统文化消失。"① 对于生活在这种文化场域之中的"局内人"而言，文化遗产是其自身文化的延续和发展。因而，大部分少数民族非物质文化往往呈现出集体参与的特征，比如苗年节喝"串寨酒"等习俗活动。

1. 贵州非物质文化遗产保护概况

2003 年 1 月 1 日，贵州省人大颁布施行了《贵州省民族民间文化保护条例》。该条例对民族民间文化的内容，保护民族民间文化应遵循的原则和社会各部门的义务，民族民间文化抢救与保护的措施及民族文化的顺承和开发等方面都做了较为详细的规定，从法律的层面保证了贵州非物质文化遗产保护工作的开展。2004 年，贵州省民族民间文化保护委员会正式成立。为了有效保护这些文化遗产，省政府建立了省级非物质文化遗产保护名录，累计公布了两批共 293 项遗产项目。在国家级名录中，贵州有 40 项文化遗产于 2006 年被列入国家名录；随后各州、市、地、县级非物质文化遗产名录也相继颁布，初步建立了非物质文化遗产名录体系。2006 年，贵州省文化厅设立了非物质文化遗产保护处，建立了省非物质文化遗产保护中心，在体制上为非遗保护工作创设了条件。此外，贵州省政府还组织力量，开展了对民族民间文化的普查、调查、收集、整理工作，发掘研究这些宝贵的遗产。"茅台酒酿造技艺"作为酱香型白酒的代表入选"首批国家级非物质文化遗产代表作名录"。

贵州素有"文化千岛"之美誉。"以歌养心、以舞养身、以酒养神"，可以说是贵州少数民族人民普通生活的真实写照。这种日常生活形态和模式流淌了千百年，特色独具、世代传承。在现代化进程中，文化变迁势不可挡，于是少数民族面临着传统文化与现代化如何调适的问题。而要想传承少数民族优秀的传统文化，就要在抢救和保护少数民族文化遗产上不遗余力。

---

① 祁庆富：《少数民族非物质文化遗产的抢救与保护》,《光明日报》2005 年 6 月 17 日。

酒文化是一种高层次的文化旅游资源。随着文化产业的蓬勃兴起和西部大开发的日渐深入，大力发展贵州以酒文化为代表的民俗文化产业，对贵州经济的可持续发展具有重要的意义。发掘和弘扬贵州少数民族酒文化的精华，对增强民族自信心，进而推动文化自觉、增强文化自信、实现文化自强，最终带动贵州经济和文化发展将起到积极的促进作用。

酒文化中既有精华也有糟粕，酒文化遗产则是传统酒文化中顺承下来的精华部分。传统酒文化可以变异、创新、重构甚至再造，但非物质的酒文化遗产却只能保护其原形态而不能进行创新，因为遗产具有不可再生性。

2. 贵州少数民族酒文化面临的传承危机及其对策

贵州少数民族酒文化虽然越来越受关注，但因受到现代化和市场经济的严重冲击，仍面临空前的危机，酒文化的基础正在逐渐消失。因此，我们应该思考如何保护和传承酒文化，并提出切实可行的解决方案。

（1）少数民族酒文化面临的传承危机

首先，少数民族酒文化的稳定性和完整性受到市场经济的猛烈冲击，甚至面临着失传的危险。20世纪90年代以来，随着市场经济的持续发展，少数民族地区因地域和空间限制而造成的闭塞环境正逐步改变。与之相伴的是，某一特定民族群众对民族酒文化进行选择的权利与空间也变得越来越宽松，不再具有唯一性。特别是近年来高度发达的现代传媒的巨大冲击，使外来文化大量涌入贵州，形成了新的多元文化格局，少数民族人民对文化有了更大的选择空间，致使传统酒文化受到了前所未有的冲击。

其次，社会发展的开放性使少数民族酒文化的民族性特点开始逐步淡化，这极有可能导致传统酒文化的异化甚至消亡。在开放性的社会环境和文化语境中，"习惯法"在规约族群成员的行为方面显得无能为力，少数民族酒文化有可能失去存在的基础而成为无本之木。

最后，通过现代传媒所获取的精彩的外部世界影像，无形中切断了少数民族地区的人们传习和顺承传统酒文化的"神经元"，给传统酒文化的传承和发展带来了致命性的冲击。少数民族文化不属于主流文化和通俗文化，它对主流文化影响甚微，而外面的世界映射给少数民族地区的是主流文化和通俗文化，这些文化势必会对传统酒文化的顺承与发展造成挤压。

（2）少数民族酒文化传承危机的对策

当然，少数民族酒文化也在顺应经济社会发展的趋势而不断对自身运行的轨辙进行修正，加之政府的行政干预措施，一定程度上可以缓解少数民族酒文化的传承危机。

首先，加大开发力度，为老百姓带来真正的实惠，让他们真正体会到传统酒文化也可以成为他们谋生的重要手段。当少数民族酒文化产业真正成为当地群众主要生计的时候，他们的思想会自觉地从"要我保护"变成"我要保护"。唯有如此，才能真正应对少数民族酒文化所面临的传承危机。

其次，做好"少数民族酒文化进课堂"工作。从教育抓起，做到少数民族酒文化顺承传习，夯实少数民族传统酒文化传承的根基。只有夯实了基础，才能从根本上应对民族酒文化的传承危机。

最后，正确运用"行政干预"。由政府出面，举办各类有关酒的民族民间工艺制作展示和比赛，培养或复制传承精英，真正让少数民族酒文化成为民族文化传承的一部分。

二、非遗保护生态中贵州少数民族酒文化的传承模式与原则

发掘利用少数民族酒文化的内涵及其民俗展演形式，尽可能正确地引导人们的酒文化生活，对于复兴中华民族优秀传统文化以及构建和谐社会都将产生积极作用。

1. 贵州少数民族酒文化保护与发展的关系

贵州少数民族酒文化的保护与发展是辩证统一的关系。传承和保护是发展的前提和基础，健康而积极的发展又为保护提供了强大的动力。在全球化视域下，贵州少数民族酒文化虽有其特定的生存区位和实际功用，但它仍然需要找寻生存策略。而生存策略的确立，既需要辩证性的发展思维模式，更需要具体情况具体分析。就贵州少数民族酒文化而言，其首要的生存策略应当是做好传承与保护。只有首先确保少数民族酒文化的存在，即在做好传承与保护的基础和前提下，才有可能谈发展的问题。

2. 贵州少数民族酒文化传承保护模式

随着我国加入"世界文化遗产公约"等国际公约组织，贵州少数民族酒文化的传承保护模式也日益丰富，拥有了多种选择，也更加合理、可行。

（1）文化拥有者自发保护模式

文化拥有者自发保护主要有"禁忌"和"习惯法"两种保护模式。"禁忌"保护具有文化和文化保护双重功能。其主要特征就是运用民族文化的"规约功能"来抵御异质文化的冲击和同化。"习惯法"保护是黔东南地区各少数民族中运用较为普遍的民族文化自发保护模式。这种模式本身就是一项具体的民族文化事象，它同时具有保护其他文化事项的功能。"习惯法"具有"准法律"的效力，可以规约社区内所有的社会成员，可以有效地保护社区文化。

（2）国家推行的民族文化保护模式

就贵州的实际状况而言，国家推行的少数民族酒文化的保护模式主要有申遗保护、原生态民族文化保护区保护、民族文化生态博物馆保护、旅游开发性保护等几种模式。国家推行的保护模式往往以国家的强制力作为后盾，因而具有较为强大的约束力和推动力，在贵州民族文化的保护上占据着主导地位。

3. 贵州少数民族酒文化传承保护原则

对贵州少数民族酒文化的保护，要根据贵州的实际情况坚持以下原则：

第一，坚持有形化原则。有形与无形是同一个事物对立统一的两个方面。大到酒会小到酒杯，都是由有形与无形两个方面共同组成的。比如将传统酒文化的仪式过程完整地记录下来，就是有形化的过程。

第二，坚持以人为本原则。对少数民族酒文化的保护，在关注酿造本身的同时，还要特别关注那些深谙传统酒文化的民间技艺传人。只见物不见人的做法是不可取的。

第三，坚持整体保护原则。整体保护是对文化遗产进行保护的关键所在，物质文化遗产如此，非物质文化遗产亦然。特别是对于具有活态性质的少数民族酒文化而言，离开了整体保护，就很容易失去其赖以生存的文化土壤。

第四，坚持活态保护原则。少数民族酒文化一直以鲜活的面貌出现在现实生活之中，这就要求我们必须在动态环境中完成对酒文化遗产的保护。贵州少数民族传统酒文化的保护正需要这样一种理念。

4. 贵州少数民族酒文化进入文化产业市场的条件分析

贵州少数民族酒文化是集生活性、娱乐性、品味性、交际性和参与性于一体的文化事项。这些根植于民间沃土的酒文化历史悠久，种类繁多，内涵丰富，底蕴深厚，影响深远。作为"多彩贵州""醉美"的色彩，作为贵州多元文化格局中最活跃的文化元素，少数民族酒文化是完全可以进入文化产业市场的。

（1）贵州少数民族酒文化进入文化产业市场的可能性

第一，文化多元化格局的形成为贵州少数民族酒文化进入文化产业市场提供了客观的外部环境。文化的多样性如同生物多样性一样，是不容回避的。文化的多样性既为贵州少数民族酒文化进入文化产业市场提供了客观的可能性，又为其提出了客观要求。

第二，贵州民族文化长期以来形成的"多元一体，和而不同"的多元文化格局，客观上为贵州少数民族酒文化进入文化产业市场提供了传统的参照系。由于这个参照系的存在，少数民族酒文化在进入文化产业市场时更易于被贵州各民族群众所接受。

第三，全球经济一体化格局的形成，使民族文化成为文化拥有者谋生的手段，为少数民族酒文化进入文化产业市场提供了主观冲动，也为贵州少数民族酒文化进入文化产业市场提供了可能性。

（2）贵州少数民族酒文化进入文化产业市场的现实性

第一，随着电子传媒技术的高速发展，许多主流媒体深入、广泛地传播贵州的少数民族酒文化。特别是通过"多彩贵州""醉美贵州"等宣传活动，使以酒文化为代表的贵州民族文化的形象，以前所未有的力度和广度反复博取人们的眼球，这种视觉文化盛宴使贵州在全球形成了"贵州多彩、贵州醉美"的良好形象，形成了一定规模的文化产业市场。

第二，人们对文化的多元需求，是贵州少数民族酒文化进入文化产业市场的客观需要。贵州少数民族酒文化所体现的文化多样性，恰恰满足了各个领域和阶层的多元文化需求，从而使少数民族酒文化有了广阔的文化产业市场前景。

第三，文化体制改革为贵州少数民族酒文化进入文化产业市场提供了政策上的支持。

第四，贵州少数民族酒文化的内在功能和外在形式的发展，为其进入文化产业市场提供了内在的动力。特别是"农家乐"经营模式，直接派生出民族酒文化的经济功能，奠定了酒文化进入文化产业市场的群众基础。

（3）贵州少数民族酒文化进入文化产业市场应注意的问题

在推动少数民族酒文化进入文化产业市场时，必须注重对资源的保护。首先，要做好开发的总体规划，深入研究各类酒文化的外在形式和内在蕴涵。其次，不要人为拔高，不要"伪俗""媚俗"和"恶俗"。

三、民族特色旅游的开发促进了少数民族酒文化的保护与传承

"抢救非物质文化遗产的根本出路在于把它推向休闲市场，使之形成文化品牌效应，形成一种新兴文化产业。文化遗产一旦转化为文化产品，将推动旅游等相关产业的发展，最终走向'以文养文、以文兴文'的良性循环。"① 如果我们能够对贵州少数民族酒文化资源进行科学规划并做到合理开发，同时坚持可持续发展的原则，协调好利益相关者的关系，便可极大地促进少数民族传统文化的顺承与发展。

1. 民族特色旅游开创少数民族酒文化保护的新模式

从世界非物质文化遗产保护、传承的实践来看，主要有政府供养（或补贴传承人）模式、教育传承模式、原生态模式和旅游模式。实际上这四种模式都可用于少数民族酒文化的传承保护。对于旅游模式而言，就是结合酒文化的独特性，采取旅游开发的方式来实现对酒文化的保护。

---

① 刘玉清：《把非物质文化遗产推向休闲市场》，《市场观察》2003 年第 3 期。

2. 民族特色旅游的开发为酒文化保护提供了经费来源

对非物质文化遗产的深入挖掘、系统整理和长期保护需要耗费大量的人力、物力和财力，仅靠政府投入可能无法满足需要。秉持在保护中合理开发、在开发中促进保护的理念，适当引入市场竞争机制，既可以有效地解决酒文化保护中所面临的资金短缺问题，又可以进一步弘扬酒文化。

3. 民族特色旅游的开发提升了利益相关者保护酒文化的积极性

酒文化遗产保护工作所涉及的利益相关者包括政府及其职能部门、投资者、科研机构、传承人、旅游者、社区以及教育部门等。首先，当地民众因为旅游业的发展而增加了收入，改善了生活条件，强化了民族酒文化的自我认同感和民族自豪感，从而能让他们更加自觉地传承和弘扬本民族的酒文化。其次，旅游业的发展能够增加政府的财政收入，增加投资者的经济收益，从而使他们更加关注少数民族酒文化，并自觉地进行保护与开发。

第四节　贵州少数民族酒与文化的相互促进

酒文化是一种高层次的文化资源。贵州少数民族酒文化内容丰富、形式多样、特色鲜明。发掘和弘扬贵州少数民族酒文化的精华，对增强民族自信心，进而推动文化自觉、增强文化自信、实现文化自强，最终带动贵州经济和文化发展。

一、少数民族酒文化与酒文明

酒始终是社会生活的一个重要组成部分，从古至今，酒作为一种文化介质所起到的调节作用渗透到人类社会的各个领域，产生了重要的社会影响力。可以说，"酒文化贯穿了人类社会文明史的全过程，成为文化与文明的一种特殊标志"[1]。酒文化与酒文明往往交融在一起，具有重叠性。

---

① 张功：《论酒文化与酒文明》，《酿酒科技》2011 年第 6 期。

饮酒是一种发挥着诸多功能的交流媒介和交往手段。以酒消愁，以酒请教，用酒结盟，用酒施恩，以酒化仇，以酒添兴，以酒当药，以酒为礼……古人如此，今人亦然。大多数民族都喜好喝酒，只不过酒礼、酒俗以及对酒所赋予的意义有所不同。贵州少数民族地区的民众不光饮用成品酒，他们还喜欢喝自酿的酒，很多少数民族妇女更是把酿酒作为必备的手艺和副业。酒已经成为民族文化生活的重要部分。敬神祭祖是中国少数民族中常见的习俗，在此过程中更凸显了酒的作用与价值。在贵州的苗族中，有饮酒前以手指蘸酒对天对地弹过之后才能饮用的习俗。"乌差①才罢又斟盅"，以酒飨客，是少数民族民众自古以来的风俗。酒被人们赋予神圣意味，用来表达纯真友情，甚至表示生死之交的情谊，彝族的歃血结盟便是例证。

由于族源、生存环境、历史演进过程等诸多差异，各少数民族形成了特色各具的文化。"当细察少数民族文化时，人们不难发现，这幅色彩斑斓的民族文化画卷，是由'三元色'调和而成。酒，则是其'三元色'的调合剂之一。"②由此，我们也就能逐渐领悟到，德国哲学家尼采（Friedrich Wilhelm Nietzsche）援引古希腊神话中的人物酒神狄俄尼索斯（Dionysus）来概括一种人格类型，而美国人类学家本尼迪克特（Ruth Benedict）使用"酒神型"这一特定概念来指称美洲印第安人的基本文化形貌的初衷与缘由了。酒与文化之间的内在联系，可见一斑。

在贵州各民族的生产、生活、社交等方面，酒文化都可以说是一种不可缺少的饮食文化。于广大民众而言，酒绝非单纯的饮品，它是贵州少数民族悠久历史和灿烂文化相融合，并经漫长岁月"发酵""蒸馏"出的琼浆玉液。各民族绚丽多彩的酒俗酒礼，构成了令人陶醉的"醉美"酒文化。

发展以少数民族酒文化为代表的民俗文化产业，有助于贵州社会主义新农村建设。对酒文化资源进行就地取材并发展酒文化产业是建设新农村

---

① 乌差：一种民族舞蹈。
② 何明：《少数民族酒文化刍论》，《思想战线》1998 年第 12 期。

的重要途径。保护并发展富有民族特色的酒礼酒俗，不仅可以提高当地民众的民族归属感和自我认同感，而且有助于人们自发地参与到新农村的文化建设活动之中，进而形成文化自觉，推进文明乡风建设和经济发展。

贵州很多地方以少数民族酒文化为依托来发展民俗风情游。如通过黔东南苗族、侗族的民俗风情游可以参与并体验到苗、侗人家的风土民情，入乡随俗，如住苗乡侗寨、喝米酒、吃农家饭、做农家活、听苗歌侗曲等。

二、少数民族酒的文化功能与意义

贵州少数民族酒文化不仅具有深厚的文化意义，而且具有实际的社会功能，能够解决生活中的矛盾和纠纷，甚至起到维护社会稳定的作用。

1. 少数民族酒的文化功能——以乡土纠纷的解决为例

酒在贵州的乡土纠纷解决过程中具有重要的地位和作用，发挥了确认、惩罚、警戒和教育等功能。少数民族地区人们在纠纷解决过程中之所以要喝酒，是受传统酒文化的影响，也是民族心理的反映。"在普通民事纠纷中，喝酒具有物质性和场域性基础，将矛盾双方当事人置于一个超然于日常生活空间的特殊情景之下，在平等对话的基础上来解决问题，并以喝酒的方式对相关的解决方案表示认可和确认，……而在偷盗、打架等治安案件中，喝酒则具有惩罚功能、警戒功能和教育功能。"[1]

酒文化在贵州少数民族日常生活中几乎无处不在、无时不有。"蛮民独嗜此物，持杯在手，喜笑颜开，未饮而神先醉矣。"[2] 倘若遇上盛大的节日，饮酒之风更是浓烈，"桑柘影斜春社散，家家扶得醉人归"[3] 即是此情景的真实写照。之所以将饮酒活动运用于纠纷的解决过程之中，并显得那么理所应当、顺理成章，正是因为酒及其所蕴含的文化因子在民族地区具有极其

---

① 粟丹：《酒与乡土纠纷的解决——贵州省苗侗地区的法文化考察》，《甘肃政法学院学报》2010 年第 5 期。

② 刘锡蕃：《岭表纪蛮》，商务印书馆 1934 年版，第 56 页。

③ 杜树海等：《广西各民族酒文化资源调查研究》，载廖国一：《历史教学与田野调查》，广西民族出版社 2004 年版，第 539 页。

深广的影响。在一些民族地区，就有携酒见官的习俗①。据载，当彝族地区人们出现纠纷时，一般要遵照当地习惯法来进行说和与调解，一旦双方达成和解协议，当事人就会摆酒、杀牲口款待并抚慰受害人及其亲属，并向他们赔礼致歉，这便是当地人所说的"喝和解酒"与"吃和解肉"。② 另据贵州锦屏县文斗下寨的一份被称为"参后必要"的记事簿中记载："自议之后，毋论大小事件，两边事主诣本地公所各设便宴一席，一起一落，请首人齐集，各将争论事情一一说明，不得展辩喧哗强词夺理，众首人廉得其情，当面据理劝解，以免牵缠拖累播弄刁唆之弊。"③ 以上例证充分说明，喝酒是少数民族地区的民众在解决纠纷过程中的一项十分重要的内容，甚至可以说是必需的内容，无可取代。时至今日，酒在少数民族地区所发挥的功用依然如故，相沿成习的酒文化有着强大的生命力。在纠纷解决过程中所特有的饮酒习俗，俨然已经内化为该民族地域所独具的律法文化和民俗文化而延续顺承。

喝酒习俗是少数民族民众所享有的特殊的酒文化使然，饮酒成为族群之间彼此认同或者接纳的一种行为模式，在维系群体团结方面，一定程度上起到了黏合剂的作用。这种饮酒行为成为当地民众世世代代沿袭和传承民族民俗文化的有效路径，他们所特有的民族性格和民族精神得到强化与彰显。在中国传统文化中，"和"不仅是一种思维理念，也是一种行为方式，更是人们孜孜以求的一种理想境界。正确处理好人与人、人与自然以及人与社会的关系是"和文化"的主旨所在。在人与自然的关系上，少数民族民众注重寻求人与自然的和谐相处；在人与人的交往过程中，他们十分讲究友爱团结、互帮互助、尊老敬贤。在解决纠纷过程中，酒之所以被称为"和解酒"，其中自然蕴含了广大少数民族民众长期以来所怀揣和秉持

---

① 在少数民族习惯中，调解时备酒，上诉时携酒，告状时送酒，不但是一种使人能够接受的行为，而且光明正大，甚至被明确列入地方法规。要告状，送酒来；要应诉，送酒来；要调解，送酒来。这就是"携酒见官"。

② 张晓辉、方慧：《彝族法律文化研究》，民族出版社2005年版，第285—287页。

③ 潘志诚、梁聪：《清代贵州文斗苗族社会中林业纠纷的处理》，《贵州民族研究》2009年第5期。

的和谐观念。饮酒除了能迎合并满足广大民众生理上的需要外，还表达了友善、热情、真诚等友好的礼仪与信息。"它能加深人们对社会价值的认同，为人际交往渲染和谐气氛，从而有利于和为贵传统对纠纷当事人产生积极的心理暗示。"① 在解决纠纷的过程中，饮酒不仅能够将双方当事人的想法与意念呈现出来，还能通过影响双方当事人的心理和情感，让当事人已经失衡的心理由冲突趋向缓和直至平衡、平和。这个活动过程实质上就是凭借饮酒这个表意符号所涵盖的象征体系，来暗示并传达民众对和谐这一终极目标的追求。

2. 贵州少数民族的酒与礼

酒文化是民族文化的深厚积淀和集中体现。酒与礼的密切关系深刻体现了酒文化负载着浓重的社会意识形态观念。礼属于儒家的道德规范之一，所谓"礼者……贵贱有等，长幼有差，贫富轻重，皆有称者也"（《荀子·礼论》）。《礼记》中说："酒食所以合欢也。"所谓合欢者，亦即亲和、欢乐之意。因为酒与世俗的人情冷暖、悲欢离合、亲疏远近、喜怒哀乐等有密切的关系，所以它能够满足中国人追求个性解放与自由等本性需求。"在古代礼仪文化中，酒是大礼，是规定'君君、臣臣、父父、子子'等社会秩序的重要方式。"② 在长期的历史发展过程中，中国人的饮酒活动形成了贯穿儒家礼教思想的酒礼。中国传统酒文化演进历程中的一个突出的特征就是，将酒行为、酒活动吸纳到礼的范畴之中，即通过饮酒行为负载礼的政治伦理功能。讲究酒礼，是甄别中华酒文化与其他民族酒文化的主要标识之一。酒礼作为中国传统社会中饮酒行为的道德要求和规范，对中华民族饮酒心理和酒文化素质的养成起到了重要的潜移默化作用。酒在黔地少数民族的饮食活动及其文化中占据着举足轻重的位置，饮酒作为一种独特的民族民间文化风俗，有所谓"无酒不成礼，无酒不成敬，无酒不成席，无酒不成欢"之说。

---

① 陈会林：《"讲吃茶"习俗与民间纠纷解决》，《湖北大学学报》2008 年第 6 期。
② 王岳川：《酒文化：国学与传统艺术之重要维度》，《陕西师范大学学报》2011 年第 6 期。

贵州苗族人招待宾客时，都是使用双杯给客人敬酒，寓意主人祝福客人能够福禄双至、好事成双，当然也寄寓平安康健之意，意即客人是双脚走来的，仍能平平安安、完好无损地双脚走回去。如果客人推却不喝，女主人便会捧起酒杯献唱敬酒歌，直至客人领情为止。布依族人在宾客进门坐定以后，便会即刻端出一大碗"茶"来招待宾客，然而有经验的人是不会贸然饮用的，因为这是以酒代茶来款待客人的一种礼仪。

酒是彝族人迎来送往、结交朋友、联络感情的桥梁。民间有"彝区敬美酒，汉区敬茶水"和"彝族以酒为大"的说法。彝族人家招待宾客，既真诚又大方。彝族谚语中有"一斗不分十天吃，就不能过日子；十斗不做一顿吃，就不能待客人"的说法。除了喝酒之外，还得让客人"见血"，即宰杀家中的禽畜来款待客人。酒还是彝族人调解社会纠纷、化解矛盾的赔偿物和赔罪物。彝族谚语中有"一个人值一匹马，一匹马值一杯酒"以及"世间没有酒不成的事"的说法。彝族"家支"或个体成员间有了矛盾或产生纠纷时，经中间人说解调和，理亏的一方就会打酒并赔礼道歉，通过酒消除民事纠纷，真可谓"一酒泯恩仇"。

3. 贵州少数民族饮酒习俗之变化映射社会变迁

贵州少数民族的饮酒习俗与当地独特的民族传统、生活方式和价值观念密切相关。随着经济的发展和社会的进步，贵州高原上的少数民族地区饮酒的社会功能在悄然发生着改变，这种变化映射了社会的现代化变迁。

（1）饮酒习俗与社会环境

饮酒习俗不仅仅是广大民众实实在在的物质生活内容，更是人们表达精神诉求、满足心理需求的重要媒介和呈现方式。酒文化除了体现在酿造技术、饮用器具等物质层面上，也体现在一个民族的价值观、审美观以及民族性等精神层面上。它们共同构筑了一个存在于社会体系之中的文化系统。马林诺夫斯基在《文化论》中指出：风俗是一种能依传统的力量使社区成员遵守的标准化的行为规范。[1] 对于贵州少数民族民众来说，饮酒已

① ［英］马林诺夫斯基：《文化论》，费孝通等译，华夏出版社 2002 年版，第 33 页。

经成为一种由来已久、约定俗成的风俗习惯。在择偶、订婚、待客、奔丧、祭祀等众多场合都有饮酒之风。酒作为民族民俗文化传承沿袭的介质与社会环境完美地交融在一起。因此，饮酒习俗的变化能够较为准确地映射出社会的变迁，而社会的变迁也在改变着饮酒习俗的内容与功能。伴随着社会环境的变迁，饮酒的种种规约礼制、与饮酒相关的各种民俗活动，都会发生不同程度的变化。因此可以说，饮酒习俗的变迁是社会环境变迁的必然结果。

（2）少数民族饮酒功能的变迁

饮酒习俗一旦形成便具有一定的稳定性和延续性，但并非一成不变，它将随着社会的发展而不断变迁。伴随着少数民族地区经济的发展，饮酒习俗的功能也发生了相应的变化。

一是饮酒之"填充"功能在弱化。酒的特殊性就在于它可以通过生理作用来满足人们心理上的某些需求，具有"填充"功能。随着少数民族地区社会的发展和人们生活水平的不断提高，从前那种大伙围着火塘边喝酒边唱歌的生活方式已渐渐淡出了历史舞台。广播、电视、电脑等现代媒体直接改变了人们的休闲方式和娱乐生活，亦间接改变着人们的生活观念。饮酒已成为生活的一种点缀，因为人们可以通过其他多种方式来满足精神生活之需。

二是饮酒之"解脱"功能在变异。在喝酒时，人们可以更为自由地表达和宣泄情感，从而缓解许多不良情绪带来的压力，使个体行为跟社会要求更好地融合。酒的这种解脱功能亦会随着社会环境的变化而发生变异。市场经济的发展改变了人们的生活诉求，更多的人摒弃了那种把有酒喝当成生活理想的观念。然而，新的社会环境又给人们带来了新的困惑与压力，从而使产生了一个心理上的"裂谷"，此时人们往往会在心理和精神上感到不适。近年来青年人饮酒现象日益增多就折射出这种心理上的断裂和精神上的空虚。

三是饮酒之中介功能在增强。正所谓"无酒不成礼"，酒的中介功能在少数民族社会中非常突出。一直以来，酒被人们当成一种"礼物"，用来表情达意以增进感情或者求助于人。在过去较为闭塞的社会环境中，酒的中介功能有限，仅仅局限于当地的社会圈子。但如今随着市场经济的发展和人们交际面的扩大，酒的中介功能也在日趋增强。它不单单在当地熟人社会中发挥功用，还能作为一种商品在更为广阔的空间和地域中流动，从而能够更有效地满足人们的多种需求。

四是从"目的性饮酒"到"工具性饮酒"的转向。在少数民族社会生活中，尤其是在婚丧嫁娶等人生礼仪和场合里，酒是必不可少的。"在某些仪式上的狂饮烂醉，这种活动是一种欲冲破禁忌，复归原始自然状态的体验。"[1] 醉，应当说是饮酒要达到的一种追求或境界，正所谓"一醉方休"，人们寻求的就是醉酒后那种飘飘欲仙的极致快乐。这种饮酒方式或心态便是"目的性饮酒"。"工具性饮酒"则不同，它是将饮酒当成一种工具，用来达成特定的目的，具有象征性和仪式性，"醉"并非是其真实目的。从"目的性饮酒"转向"工具性饮酒"，是广大民众对饮酒方式和饮酒心态进行重新选择与权衡的结果。

综上所述，酒是多功能的载体，它贯穿于贵州各民族的社会、礼仪、宗教、教育、娱乐之中。在贵州少数民族中对酒文化兴利除弊，建立酒文化的新格局，使贵州少数民族酒文化走向新的文明高度是十分必要的。"讲究酒德，节制饮酒，是我国传统酒文化的重要组成部分，是人们扬酒性之善，避酒性之恶的选择。"[2]

三、少数民族酒与生态旅游

积淀深厚的酒文化是生态旅游的宝贵资源和重要体现。"醉美"多彩的贵州文化，尤其是其中的酒文化以它的神韵与魅力吸引着中外游客。

1. 少数民族酒的旅游功能

内涵丰富的贵州少数民族酒文化作为一种文化载体，有着重要的旅游功能。

---

① 杜景华：《中国酒文化》，新华出版社1992年版，第54页。

② 陈国光：《中国彝族酒文化》，《毕节学院学报》2008年第6期。

（1）体验功能

文化是一种既看不见也摸不着的无形的东西。人们唯有深入其间，通过田野体验、亲自参与去理解和感知它的存在。贵州酒文化极具体验功能，如黔东南地区的迎客酒，远方异乡的游客会顿时被这种盛情所打动。另外，像交杯酒、打酒印、送客酒等等，都会使人们在实实在在的体验中得到非同寻常的新奇感受。

（2）娱乐功能

吃、住、行、游、购、娱是旅游业的六大要素，其中娱乐、愉悦是最为重要的。旅游的目的归根结底就是要将诸种享受（物质、娱乐、视听等方面的享受）转化为心情愉悦的心理感受。贵州少数民族酒文化蕴含着大量娱乐的成分，能够满足人们精神享受方面的需求。酒既可解忧亦可浇愁，贺喜庆功更是离不开酒。更为重要的是，喝酒还能够活跃气氛，比如饮酒过程中的酒舞、酒歌、酒令等对活跃气氛起着重要作用。

（3）审美功能

除了具有实用功能外，酒文化还具有审美功能。贵州少数民族酒文化在审美功能上较多地体现在其艺术性方面。在重要民族节日或招待贵宾等场合都是离不开酒的，而饮酒的方式方法或礼节仪式极易让人们得到一种美的享受。名扬中外的苗族飞歌（一种敬酒歌），就是苗家人在迎接远方的客人时所奉献的最高等级的礼遇。那动人的旋律、优美的歌声加上香醇的美酒往往给人一种如痴如醉的美感。

（4）经济功能

民族文化是贵州高品位的旅游资源。随着贵州旅游业突飞猛进的发展，少数民族酒文化也产生了相应的经济效益。闻酒而来贵州旅游，充分体现了黔酒文化强大的旅游经济功能。像苗族的糯米酒、布依族的米酒等，已不是纯粹的饮品，而是衍化成了一种独特的文化。这种文化—经济—文化螺旋上升式的协调发展，必将使内涵丰富的贵州少数民族酒文化大放异彩。

酒文化与旅游之间是一种互容关系，二者紧密结合构筑了较深的文化底蕴。酒文化与旅游联姻的历史由来已久，欧阳修在《醉翁亭记》中就已经

第十章　贵州少数民族酒文化的传承与发展

揭示了酒文化与山水旅游文化的特殊关系。由此可见，只有将饮酒之乐与游山赏水之乐交融在一起，才能达致物质需求与精神享受的高度统一，才是高端的旅游文化。正如马林诺夫斯基在《文化论》中论及娱乐和游戏的文化功能时所说："把人从常轨故辙中解放出来，消除文化生活的紧张与拘束……可促成新的社会结合，友谊与爱情的联络，远亲和族人的相会，对外的竞争和对内的团结——这些社会的品质，都可以由公开的游艺中发展出来。"① 马林诺夫斯基所秉持的这一观点，恰与"醉翁之意不在酒"的精神境界不谋而合。

2. 少数民族酒与生态旅游的相互促进

为使贵州少数民族酒与生态旅游和谐发展、相互促进，应从如下几个方面入手。

（1）开展酒风俗旅游

贵州酒风酒俗兼具酒文化与民俗风情的双重属性。苗族的牛角酒、打印酒；布依族的苞谷酒、鸡头酒；彝族、侗族、水族等少数民族中盛行的咂酒、交杯酒、转转酒、拦路酒、送客酒等，都十分具有民族特色和民俗风情，展现了特有的民族风情及其文化底蕴。酒风俗旅游可满足游客猎奇寻胜的心理需求。

（2）开展酒乡土旅游

大凡出产美酒之地，必有美丽的山水。贵州堪称美酒的故乡。茅台酒、习酒出于赤水河边，湄窖产于湄江之畔。除自然景观外，贵州又兼有众多人文景观，如遵义是革命圣地，青酒的产地镇远县有"三教合一"的青龙洞古代宗教建筑群等等。

（3）弘扬酒的药用保健功能

酒与中华医药相结合，是中国酒文化的一大特征。《汉书·食货志》称酒为"百药之长"；《本草纲目》也认为酒"少饮则和血，壮神御风，消愁遣兴"。利用酒的药用功能以及酒医药的丰富资料，在科学、合理饮酒的前

---

① 唐康、史宝华：《酒文化与旅游的关系漫谈》，《渤海大学学报》2006 年第 4 期。

提下，宣传酒的保健作用，可以迎合并满足众多游客的需求。

（4）将酒的文化意识渗入旅游

酒文化集历史人文、思想意识、风土民情、神话传说、民俗风习等于一体，其本身就是一种独特的旅游资源。关于酒的趣闻逸事不胜枚举，这些资源都特别适合用来开展文化生态旅游。

酒文化具有民族性、地域性、直观性、自娱性等诸多特征，这种多维多重的组构特征，适于旅游主体实现自我目标和追求，从而获得日常生活所无法给予的新鲜感和愉悦感。

四、酒与文化的相互促进

透过百年茅台酒文化的发展历程，我们可以窥见其在保护当地生态环境、活跃地方经济、净化社会风气等方面所起到的积极作用。

1. 茅台酒文化促进了民族文化发展

茅台酒不仅文化底蕴深厚，而且突显了本土文化的保护和民族文化的承传。面对着现代化进程和国际化市场，茅台人依然守望着传统文化。这正是茅台酒中的民族之魂、文化之根，也因此展现了其作为国酒的永恒魅力，从而可使其屹立于酒峰之巅。茅台镇因茅台酒而出名。茅台酒在突显其历史文化方面的厚重蕴含之外，还极力倡导其地域特征，大力宣传"离开茅台即酿不出茅台酒"的理念，在感性和理性两方面给人非常强烈的心理暗示与刺激效果，形成一种地域文化的心理氛围。

2. 酿酒理念促进茅台生态建设

茅台人的酿酒理念是：文化酒、生态酒、绿色酒。试验表明，茅台酒必须在茅台镇才能酿出。保护赤水河生态、生产绿色原料成为茅台酒厂的首要工程。生态建设的观念融入了茅台居民的日常生活中。从茅台镇的生态建设实践中，我们可以体悟到："一种文化战胜其他文化或一种理念战胜其他理念的最佳办法是，让其载体即人从生活琐事上自觉履行自己的理念或价值观。"[1]

---

[1] 张丽美、罗玉达：《贵州茅台集团酒文化功能研究》，《科教文汇》2010年第9期中旬刊。

3. 茅台酒文化塑造了良好的社会风气

茅台镇居民很重视养生之道。茅台集团的人通过自己的酿酒理念，引导当地居民养成了良好的饮酒习惯。茅台镇居民的娱乐和消费都会到仁怀市去进行。这样不仅能保证茅台集团一万多名职工的作息时间，还能保证茅台镇水资源免于生活污水的污染。这样的产业设置，塑造了良好的社会风气。茅台酒文化渐渐地渗入茅台镇居民的日常生活之中，并与当地社会生活和文化语境相交融。

后 记

《贵州少数民族酒文化研究》历经五年，几经周折，终将付梓。

陈刚作为主编，总体策划、统筹负责全书统稿与定稿。各章具体撰写分工如下：第一章《贵州少数民族酒文化概述》由贵州民族大学陈刚撰写；第二章《贵州少数民族酒文化史略》由玉林师范学院梁家胜撰写；第三章《贵州少数民族的酒类与酒器》由《民间文化论坛》编辑部丁红美撰写；第四章《贵州苗、侗、布依、水、彝族酒文化概述》由贵州民族大学刘洋撰写；第五章《茅台酒文化研究》由贵州民族大学刘丽丽撰写；第六章《贵州少数民族酒文化与岁时节日》由华侨大学张博锋撰写；第七章《贵州少数民族酒文化与人生仪礼》、第八章《贵州少数民族酒歌研究》由山西省音乐舞蹈曲艺研究所刘彦撰写；第九章《贵州少数民族酒文化的功能》由玉林师范学院梁家胜撰写；第十章《贵州少数民族酒文化的传承与发展》由安阳师范学院高艳芳撰写。

在此，感谢各位作者任劳任怨的撰写、不计得失的奉献、不厌其烦的修改。感谢肖远平教授的帮助，感谢责编辛岐波的认真审阅与严谨校对，感谢美编张军的精心设计。

陈 刚

2020 年 2 月